炼化企业设备完整性
管理体系基本知识问答

徐　钢　刘小辉　许述剑◎主编

孙新文　屈定荣　胡　佳　郑显伟　邱志刚◎副主编

LIANHUA QIYE SHEBEI WANZHENGXING GUANLI TIXI JIBENZHISHI WENDA

中国石化出版社
HTTP://WWW.SINOPEC-PRESS.COM

内容简介

本书以问答的形式，系统介绍了炼化企业设备完整性管理体系基本知识，包括系统思维、我国石化设备管理优良传统、完整性管理的由来及基本概念、CCPS“机械完整性体系指南”和“资产完整性管理指南”内容介绍、炼化企业设备完整性管理体系要求、炼化企业设备完整性管理体系实施指南、炼化企业设备完整性管理体系文件、炼化企业设备完整性管理信息系统、炼化企业设备完整性管理体系应用实践、设备完整性体系评审细则、设备完整性管理体系相关标准与规范等内容。

本书可供炼油化工、石油天然气开采、煤化工、电力、危化品生产等行业从事生产、设备、设计、制造、科研、安全、环保工作的管理人员和技术人员，以及基层生产操作、维修人员学习和参考。

图书在版编目（CIP）数据

炼化企业设备完整性管理体系基本知识问答 / 徐钢，刘小辉，许述剑主编．—北京：中国石化出版社，2020.8（2021.9 重印）
ISBN 978-7-5114-5924-4

Ⅰ.①炼… Ⅱ.①徐…②刘…③许… Ⅲ.①石油炼制-化工设备-设备管理-问题解答 Ⅳ.① TE96-44

中国版本图书馆 CIP 数据核字（2020）第 152984 号

中国石化出版社出版发行

地址：北京市东城区安定门外大街 58 号
邮编：100011　电话：(010)57512500
发行部电话：(010)57512575
http://www.sinopec-press.com
E-mail：press@sinopec.com
北京科信印刷有限公司印刷
全国各地新华书店经销

*

787×1092 毫米 16 开本 15.75 印张 389 千字
2020 年 8 月第 1 版　2021 年 9 月第 2 次印刷
定价：88.00 元

《炼化企业设备完整性管理体系基本知识问答》

编　委　会

主　编：徐　钢　刘小辉　许述剑

副主编：孙新文　屈定荣　胡　佳　郑显伟　邱志刚

编　委：徐　钢　刘小辉　许述剑　孙新文　屈定荣
胡　佳　郑显伟　邱志刚　张艳玲　邱　枫
刘曦泽　许　可　吕红霞　黄夏林　史富生
朱　强　丘学东

《炼化企业设备完整性管理体系基本知识问答》
编 委 会

主 编：[illegible]

副主编：[illegible]

[illegible]

前　言

早期的设备管理主要是设备维修管理。设备维修管理开始于20世纪30年代，经过了事后维修、定时维修、状态维修、预测维修等方式的转变。在设备维修方式发展的基础上，从行为科学、系统理论的观点出发，20世纪60年代又形成了设备综合管理的概念，先后出现了后勤学、设备综合工程学、全员生产维修等理论，它是对设备实行全面管理的一种重要方式，是设备管理方面的一次革命。20世纪90年代以后，特别是21世纪以来，国外石油石化企业的设备管理纷纷推行完整性管理，以风险理论为基础，着眼于系统内设备整体，贯穿设备生命周期全过程管理，综合考虑设备安全性、可靠性、维修性及经济性，采取工程技术和系统化管理方法相结合的方式来保证设备功能状态的完好性，用于预防和遏制重大安全事故的发生。目前，设备完整性管理是当前国际设备管理的发展趋势。

本书以问答的形式，系统介绍了炼化企业设备完整性管理体系基本知识，是一本不可多得的设备完整性管理实用指南。全书共分为11章，徐钢提议和审定了编写提纲，徐钢、刘小辉、许述剑、孙新文、屈定荣、胡佳、郑显伟、邱志刚、张艳玲、许可、邱枫、刘曦泽、吕红霞、黄夏林、史富生、朱强、丘学东等编著。其中，刘小辉负责第1章系统思维、第2章我国石化设备管理优良传统的编写，许述剑负责第3章完整性管理的由来及基本概念、第10章设备完整性体系评审细则内容的编写，张艳玲负责第4章CCPS《机械完整性体系指南》和《资产完整性管理指南》内容介绍的编写，邱志刚负责第5章炼化企业设备完整性管理体系要求、第11章设备完整性管理体系标准与规范的编写，邱枫负责第6章炼化企业设备完整性管理体系实施指南的编写，许可、刘曦泽负责第7章炼化企业设备完整性管理体系文件的编写，邱志刚、许可负责第8章炼化企业设备完整性管理信息系统的编写，胡佳、许述剑、邱志刚、吕红霞、黄夏林、史富生、朱强、丘学东负责第9章炼化企业设备完整性管理体系应用实践的编写。刘小辉、许述剑对全书进行了统稿。孙新文、屈定荣、郑显伟对全书进行了校对。徐钢对全书进行了最后的审阅定稿。

本书可供炼油化工、石油天然气开采、煤化工、电力、危化品生产及其他涉及设备设施管理的行业或企业领导人员，从事生产、设备、设计、制造、科研、安全、环保工作的管理人员和技术人员，以及基层生产操作、维修人员学习和借鉴参考，从而对设备完整性管理水平和整个企业管理水平的提升起到积极的促进作用。

由于作者水平和时间有限，书中难免疏漏和不妥之处，恳请读者批评指正。

目　　录

第1章　系统思维

1.1　为什么要学习系统思维?

我们面对的是高度复杂的系统——炼油与化工设备，要管好它就必须有方法、工具和技术，而系统思维正是教会这些方法、工具和技术的一门非常实用的知识；同时系统思维是一种新的全球性语言，它超越过去语言文化所造成的隔阂，看到彼此之间紧密的联系和互动关系[1]。

1.2　什么是思维?

思维是人类所具有的高级认识活动。按照信息论的观点，思维是对新输入信息与脑内储存知识经验进行一系列复杂的心智操作过程。

（1）分析与综合

分析是最基本的思维活动。分析是指在头脑中把事物的整体分解为各个组成部分的过程，或者把整体中的个别特性、个别方面分解出来的过程。

综合是指在头脑中把对象的各个组成部分联系起来，或把事物的个别特性、个别方面结合成整体的过程。分析和综合是相反而又紧密联系的同一思维过程不可分割的两个方面。

没有分析，人们则不能清楚地认识客观事物，各种对象就会变得笼统模糊；离开综合，人们则对客观事物的各个部分、个别特征等有机成分产生片面认识，无法从对象的有机组成因素中完整地认识事物。

（2）比较与分类

比较是在头脑中确定对象之间差异点和共同点的思维过程。分类是根据对象的共同点和差异点，把它们区分为不同类别的思维方式。比较是分类的基础。

比较在认识客观事物中具有重要的意义。只有通过比较才能确认事物的主要和次要特征，共同点和不同点，进而把事物分门别类，揭示出事物之间的从属关系，使知识系统化。

（3）抽象和概括

抽象是在分析、综合、比较的基础上，抽取同类事物共同的、本质的特征而舍弃非本质特征的思维过程。概括是把事物的共同点、本质特征综合起来的思维过程。抽象是形成概念的必要过程和前提。

1.3　什么是思考?

思考是思维的一种探索活动，思考力则是在思维过程中产生的一种具有积极性和创造性的作用力。在物理学上，力具有三个基本要素：大小、方向、作用点。思考力同样也离不开三个基本要素：大小、方向、作用点。

大小——思考力首先取决于思考者掌握的关于思考对象的知识量和信息量（大小），如果没有相关的知识和信息，就不可能产生相关的思考活动。一般情况下，知识量和信息量越大，思考就越加具体、全面和完整，从而决定了思考的维度。

方向——这里所说的思考有别于妄想和幻想，而是一种有目的性、有计划性的思维活动，因此这种思考需要有一定的价值导向，也就是思路——体现为目的性、方向性和一致性。

漫无目的地思考难以发挥强有力的思考力，常常会把思考引进死胡同，导致思路夭折和无果而终。目的性、方向性、一致性和价值导向，决定着思考的角度和向度。

作用点——必须把思考集中在特定的对象上，并把握其中的关键点，这样的思考就会势如破竹。如果找不准思考的着力点，就会精力分散、思维紊乱、胡思乱想，出现东一榔头西一棒的现象。思考就会停留在事物的表面上浮光掠影，无法深刻认识事物的本质。思考在作用点上的集中性程度，决定着思考的强度和力度。

1.4　思考与思维的区别是什么?

思考与思维都与大脑活动有关，区别只在于意思和词性的不同，如下所述：

①意思不同。思维是想关系，怎么想，认识的方法和过程，在表象概念的基础上进行分析、综合、推理等认识活动的过程。思考即是想问题，想什么，认识的起点，思索、考虑。

②词性不同。思考是动词，表示大脑活动。思维是名词，表示逻辑推导所反映的客观事实。

1.5　何谓系统？系统工程又是什么?

系统（systems）是一群相互连接的实体，这是对构成我们所感兴趣的实体事物之间的连接的一种强调性定义。在这种情况下，可以将系统的对立面理解为“堆”（heap），因为尽管“堆”也由很多实体构成，但它们没有相互连接。

按照贝塔朗菲的定义，所谓系统，就是由一组元素通过它们之间的相互联系构成的有机整体。这里有两个关键：一是一组元素；另外是这些元素之间的相互关系。我们把不同元素之间的关系称为系统的结构。企业是一个系统，而且是一个复杂系统。复杂系统的一个典型表现就是“牵一发而动全身”，这就从根本上决定了企业现代管理创新只能采取系统思维。

我们也可以这样理解，系统是由相互作用和相互依赖的若干组成部分结合成的具有特定功能的有机整体；这些组成部分作为分系统，又是更大系统的组成部分；系统工程是组织管理系统的规划、研究、设计、制造、实验和使用的科学方法。钱学森系统工程思想的理论精髓可以归纳为：顶层设计、科学管理、自主创新、全国协作、综合集成。

1.6　什么是系统的结构与功能？

系统内部各组成元素之间的关系就是系统的结构，系统在外部关系中的表现就是其功能。系统具有一定的结构，才能执行一定的功能。因此，结构是功能的依据和基础。功能表现于系统和环境的外部关系之中。外部关系是系统结构变化和新特性产生的根本原因，结构变化和新特性的产生一定由于加入了新的外部关系。结构变化和新特性产生之后，系统便可以执行新的功能。人们常说“铁打的营盘，流水的兵”，是指虽然兵如流水，但如铁的营盘相当于系统的结构不变，因此，依然可以具有不变的战斗功能。

1.7　企业与系统是什么关系？

企业是一个系统，企业就成了社会经济活动的基本单位[2]。从本质上讲，企业是一个契约性组织。为了参与企业，每个人都要让渡出一部分自由。但是，他同时希望他的这个“牺牲”能够给他带来一定的利益。企业既然是一个系统，就完全符合经济系统的一般规律。奥地利管理学家德鲁克认为，企业的目标应当是创造顾客，而不是追求利润最大化。

1.8　影响系统最终状态的关键因素是什么？

影响系统最终状态的关键因素是慢变量。我们所熟知的“龟兔赛跑”，是慢变量战胜快变量的经典故事。顾名思义，慢变量的变化幅值很小，但随着时间的变化始终朝着一个方向持续不断地进行，虽然在短期内不容易看出明显变化，一旦积累到一定程度，效果就会非常明显。正是由于积累效应的存在，使得慢变量成为决定系统最终状态的关键因素。中国古典哲理“不积跬步，无以至千里”说的就是慢变量的重要性。从一定意义上讲，一个人的成长、一个企业和国家的发展，乃至整个人类文明的进步都是由慢变量决定的，关键是持之以恒。

1.9 系统思维是什么？

系统思维（systems thinking）就是用整体的观点观察周围的事物，这也是我们处理真实世界中复杂问题的最佳方式。只有拓宽视野，才能避免“竖井”式思维和组织“近视”这对孪生并发症的危害——前者的危害经常表现为，对一个问题的补救只是简单地将问题从“这里”挪到了“那里”；后者的危害则通常表现为，对“现在”一个问题的补救只会导致“未来”一个更大的需要补救的问题。系统思维就是“既见树木，又见森林”，而不是“只见树木，不见森林”。

系统思维根本就不是那种充满学究气、象牙塔中的活动，它极其实用且务实，已被成功地应用于设备完整性管理体系、质量管理体系、能源管理体系、管道完整性管理体系、健康、环境、安全管理等体系建设与实践中[1]。

系统思维的雏形可以追溯到古希腊。比如，亚里士多德在《形而上学》（Metaphysica）中指出：“任何由多个部分组成的事物都不只是那些组成部分的简单相加，比如一堆柴，而是作为一种超过各部分的整体而存在的，这中间必有原因。”——这完全是“整体功能大于部分功能之和”这一现代俗语在2300多年前的古老版本。

“系统思维”是彼得·圣吉提出五项修炼的核心和归宿。系统思维所要训练的是一种在动态过程中整体的搭配能力。彼得·圣吉强调的系统思维是要求人们转变自己习以为常的思维习惯，用系统的观点看待组织的发展。系统思考引导人们从看局部到纵观整体，从看事物的表面到洞察其变化背后的结构，以及从静态的分析到认识各种因素的相互影响，进而寻找一种动态的平衡；从自己身上、自己行为中查找问题的原因。系统思维是整合其他各项修炼为一体的理论和实务。系统思维强化其他每一项修炼，并不断提醒我们：融合整体能得到大于各部分总和的效力。系统思维不仅仅是个人一种思维模式，还需要借助一些工具与方法，使团队成员的心智模式浮现出来，从而有机会加以改善。目前在企业实践领域，因果回路图、计算机建模与仿真（未来实验室）以及情景规划等，都是一些逐步发展起来、行之有效的系统思维工具与方法。

系统思维源自系统动力学，并且又是系统动力学系统观的发展，以系统方法论的基本原则考察客观世界，在过去的岁月中随着它自身的发展，也丰富充实了系统方法论。现在国际系统动力学界中已习惯于用“系统思维”一词来概括系统方法论的基本原理及其系统观。

系统思维的原理最主要的是阐明社会经济系统具有动态复杂性，其复杂程度的高低主要地取决于系统内外、组成部分之间的非线性关系的性质与复杂程度，时间延迟环节的多少与种类，系统内外动力与制约力的共同驱动与作用。在以上诸因素的综合作用下，将使系统的整体动态结构、功能、行为模式随着时间的推移产生复杂的变化。因此为了确定在这些系统管理中的政策杠杆和作用点，人们必须了解和掌握其“动态性复杂”，看清其中主要的互动关系和变化形态，而不是“细节性复杂”。我们的眼界必须高于只看个别的事件、个别的疏失或是个别的个性。我们必须深入了解影响我们个别的行动，以及使得这些个别行动相类似背后的结构。只有在看清了行动之间的相互关系以及行动与后果之间的时间延迟之后，新的视野才会产生，才能作出正确的对策。

系统思维是分析研究和解决动态复杂系统问题的一种系统方法架构，其核心为唯物系统辩证观。从本质上看，它实际上是一种分析、综合系统内外反馈信息、非线性特点和时间延迟影响的整体动态思考方法。它强调系统、辩证、发展的观点，系统内各部分之间，系统与环境之间相互作用、相互影响、不断发展变化的关系。它让我们看见相互关联而非单一的事件，看见渐渐变化的形态，而非瞬间即逝的一幕，即它展现在人们眼前的是动态发展的情景，而不是静态的一幅幅快照。

系统的结构与行为是动态变化的，而不是静止不变的；系统整体动态结构的优劣，即其健全度、匹配度与协调度的高低，主要地决定系统功能与行为特性的好坏。整体动态结构较优的系统，其整体大于部分之和。最有效的政策杠杆、问题的成因主要在系统内部，应着力从内部找解决办法——即为了提高系统效益，须尽全力朝内挖潜。

系统思维是一种丰富的语言，用以描述各种不同的网（环）状互动关系及其变化形态，最终帮助人们更清楚地看见复杂事件背后运作的简单结构，而使人类社会不再那么复杂。

系统思维是人们洞察客观世界和解决系统动态复杂性问题的以简驭繁的通用钥匙。系统思维原理最突出的贡献是看清了复杂事物背后一再重复发生的结构形态，即系统基模。它是指那些具有比较基本功能的共性结构，它们的结构和行为模式在多类系统中普遍、重复地存在和出现，遍布诸领域，横贯众学科。

总之，系统思维是纵观全局，看清事件背后的结构及要素之间的互动关系并主动地“建构”和“解构”的思维能力。如何在纷繁复杂的设备管理活动背后抽丝剥茧出简单的结构——设备完整性管理体系，从而引导我们做正确的决定，系统思维正是帮助我们走向成功的睿智的“慧眼”。

1.10　什么是连接?

构成系统的实体之间的连接是系统思维中非常重要、非常基础的概念。我们处在一个复杂的世界，之所以复杂，是因为连接的存在。只有几个事件参与、在时间和空间上都受限的事情易于预测，而那些难以预测的事情通常都涉及很多紧密连接的实体，而且因果事件链在时间和空间两个维度都扩展得很广。

1.11　连接会产生什么效应?

最为典型的例子就是我们正处在一个万国互联互通的系统时代，互联网打破了时间壁垒和空间壁垒。“连接”正在发挥无比的威力，有人用“连接红利”来形容互联网创造的价值增值。“连接红利”的本质就是通过连接产生系统化，进而产生“整体大于部分之和”的系统效应。

1.12　为什么必须从整体上研究系统？

我们知道，系统中存在实体间的连接才表现得像一个系统，使得系统表现出总体大于局部之和的特点。因此，如果我们试图理解系统及其特性，就必须维持系统内的连接，并从整体上去研究系统。

对于我们很多人来说，这种方式有违直觉。因为当面临复杂问题时，我们的直觉反应就是将感兴趣的系统划分成几块，研究这些块，最终以对这些块的知识为基础来理解整个系统——这是很自然采用的简化方式。这种化整为零进行研究的思路确实能够对这些“块”有所了解，但通常很难针对整个系统得出深刻见地。究其原因有二：一是将系统分块通常破坏了所试图研究的系统；二是很多系统表现出它们的任何组成部分都不具备的特征。

系统思维可以帮助人们避开上述陷阱，复杂系统必须原封不动地作为一个整体来进行研究。

1.13　阐述系统思维的参考书有哪些？

系统思维的两本奠基之作:《控制论》，也叫作《动物和机器内部的控制和通信》（Control and Communication in the Animal and the Machine），诺伯特·维纳著，1948 年首次出版，并于 1961 年再版;《通用系统论》（General System Theory），路德维格·冯·贝塔朗菲著，1968 年首次出版，1976 年出版修订版。

《工业动力学》，杰伊·福雷斯特著，1961 年首次出版，书中展示了从整体出发的系统思维方法是如何为大量的问题带来解决之光的。这些问题包括维持一项生意、管理复杂的供应链和市场的动态行为、有效制定管理政策以及进行决策。

《增长的极限》，1972 年出版，展示了人类的困境是这一项目的成果，这一项目由罗马俱乐部的智囊库首倡，由来自麻省理工学院的丹尼斯·梅多斯（Dennis Meadows）领衔的多学科交叉国际专家组完成。他们的结论就是对耗尽自然资源的警告，这一结论在当时争议非常大。《增长的极限》和 1962 年出版的卡逊（Rachel Carson）所著的《寂静的春天》（Silent Spring）一起为环保运动做出了巨大的贡献。

《第五项修炼》，彼得·圣吉著，1990 年首次出版，并很快成为一部商业畅销书，而且可能是关于系统思维的书中最广为人知的一部。这本书最大的特点就是将系统思维作为一种管理过程进行强调，而不是一种基于风险或者数学的技术。

《商业动力学》（Business Dynamics），约翰·斯特曼著，2000 年出版，这本书是对

《第五项修炼》的天然补充。这本书语言优美，对系统思维和系统动力学建模进行了详尽而严格的描述，充分展现了作者作为当时麻省理工学院系统动力学研究组主任的实力。

《论系统工程》是 2007 年上海交通大学出版社出版的图书，作者是钱学森。本书记录了钱学森的系统工程思想，同时收集了一些其他学者的相关思想。

近年来还有不少这方面的书，在此就不一一罗列了。

1.14　系统思维的精髓是什么？

系统思维的精髓在于实现四重转变：一是从专注于个别事件到洞悉系统的潜在结构，也就是要深入思考；二是从线性思维走向环形思维，也就是动态思维；三是从局限于本位到关照全局，也就是全面思维；四是从机械还原论到整体生成论，也就是整体思维。

1.15　系统思维常用工具有哪些？

系统循环图（或称因果回路图）（causal loop diagrams），可以以因果关系链的形式来描述系统。

系统动力学建模（system dynamics computer models），可认识在一系列不同的假设下，系统随时间变化的特性。

系统循环图和系统动力学建模一起使用，来处理最复杂系统的复杂性问题，从而有如下非常有价值的用途：

通过提供结构化的思考方法，平衡考虑各项因素，并选择全面视角，以照顾到细节的合适层次，系统思考可以帮助处理真实世界中的复杂问题。

作为一种用以捕获当前处理复杂问题的图示化方法，系统循环图是一种有力的交流工具，可以保证你所在的群体能够真正深刻地共享这一视图。

系统循环图还可以成为分析所感兴趣的系统的最睿智的方式。其结果就是，可避免拙劣的决策。

系统动力学建模是一种允许对一个复杂系统的运行状况进行仿真的计算机建模工具，与系统循环图所隐含的意义一样，但可以随着时间的推进而演变。这就提供了一种“未来实验室”，可以在最终做出决定之前用它来测试当前的行动、决策或者是政策的后果。

1.16　什么是多维度的系统思维？试举例说明。

如企业过程安全生产管理的“四维时空”系统思维，从“高度、广度、深度、时间”四个维度逐步摸索、实践，构建起了企业过程安全管理体系——PSM，确保企业生产安、稳、长、满、优，风险可控。具体做法是：

①高度上：优化顶层设计，从领导力和执行力上保障企业生产安全；

②广度上：向外延伸，全方位拓展生产过程全链条安全管理；

③深度上：层层递进，确保生产安全；

④时间上：把握管理节点，确保生产安全全过程受控。

1.17 《论系统工程（新世纪版）》中有哪些主要内容？

本书记录了钱学森的系统工程思想，同时收集了一些其他学者的相关思想。

本书的著者是一个群体，因为本书中除有钱学森与他人合作写成的文章外，还按照钱学森的意愿收入了其他一些人的文章。《论系统工程（增订本）》编辑时，书中体例是按钱学森意见确定下来的。故本书新世纪版出版时，除对书中文字的差错做更正，并注明各篇的写作时间、出处外，其他的不做改动，以体现原书风貌。

系统工程的推广和运用已经渗透到整个社会的各个部门，"系统工程"一词也成为使用频率最高的科技词汇之一。在《论系统工程（新世纪版）》编辑过程中，新搜集到这一时期散落他处的8篇钱老的文章。决定将这8篇文章收录到《论系统工程（新世纪版）》中，以便更全面地反映以钱学森为代表的系统科学界在这个时期的工作。

1.18 系统工程中国学派是谁创立的？什么时候创立的？

1978年9月27日，钱学森的一篇理论文章——《组织管理的技术：系统工程》问世，由此而创立"系统工程中国学派"。系统工程中国学派的创立，是钱学森为人类永续发展找到的"钥匙"。

1.19 钱学森的"系统论"思想体系是如何形成的？

钱学森的晚年，总结他在美国20年奠基、在中国航天近30年实践、毕生近70年的学术思想，融合了西方"还原论"、东方"整体论"，形成了"系统论"的思想体系。这是一套既有中国特色，又有普遍科学意义的系统工程思想方法。它形成了系统科学的完备体系，倡导开放的复杂巨系统研究，并以社会系统为应用研究的主要对象。正如钱学森所说，这实现了人类认识和改造客观世界的飞跃。

1991年，钱学森作为"国家杰出贡献科学家"荣誉称号的唯一获得者，在领奖后说了这样一句话："两弹一星工程所依据的都是成熟的理论，我只是把别人和我经过实践证明可行的成熟技术拿过来用，这个没有什么了不起，只要国家需要，我就应该这样做，系统工程与总体设计部思想才是我一生追求的。它的意义，可能要远远超出我对中国航天的贡献。"

钱学森的一生昭示了系统工程是从实践中得来的。系统工程的“中国学派”见证了惊心动魄的历史巨变、蕴藏着振聋发聩的观念突破，是钱学森等人历尽千辛万苦、付出巨大代价所取得的智慧结晶。也是钱学森等人以其独特的历史逻辑、独到的时空逻辑、独创的理论逻辑、独有的价值逻辑，历尽千辛万苦、付出巨大代价所取得的智慧结晶，至今发挥不可替代的作用。

系统工程思想是钱学森晚年的重要理论建树和思想结晶，是支撑其人生历程中第三座科技创造高峰的代表性成果。

1.20　钱学森撰写的《组织管理的技术—系统工程》最为核心的贡献是什么?

1979 年 9 月 27 日钱学森在《文汇报》发表了《组织管理的技术——系统工程》著名文章。在这篇文章中，钱学森逐步把航天系统工程的基本原理推广到经济社会更为广阔的领域，其中最为核心的贡献有两条：其一，在思想和理论层面，推动了整体论、还原论的辩证统一，开创了“系统论”；其二，在方法和技术层面，提出了“从定性到定量的综合集成方法”，将其作为经济社会发展总体设计部的实践形式。在应用系统论方法时，从系统整体出发将系统进行分解，在分解后研究的基础上，再综合集成到系统整体，实现系统整体涌现，最终是从整体上研究和解决问题。系统论方法吸收了还原论方法和整体论方法各自的长处，也弥补了各自的局限性，既超越了还原论方法，又发展了整体论方法[3]。

“天下之势，循则极，极则反。”系统论的发展应用，定会扭转“越分越细”的趋势，为解决当今世界不平等、不平衡、不可持续问题，提供中国方案、贡献中国智慧。

1.21　钱学森在中国高校创办的系统工程专业涵盖了现代科学技术哪些学科?

系统工程学科专业涵盖了现代科学技术的四大学科：系统科学与系统工程、数学科学、航天学科、信息科学，具体包括系统学、运筹学、信息论、控制论、系统工程、应用数学、计算机技术、电子信息、飞行器总体技术等。

1.22　为什么说钱学森系统工程思想体现了中国特色?

钱学森系统工程思想就是在中国特色社会主义伟大实践中形成并发展起来、集其毕生心智的重大理论创新成果，蕴含着显著的中国基因，体现了鲜明的中国特色。

钱学森系统工程思想与西方系统工程思想虽然在探索整体与部分关系以及研究各组成要素、组织结构、信息流动和控制机理等方面有相似的一面，但彼此在理论内涵、思维模式、目标要求、实践形式等层面存在很大不同。钱学森系统工程思想的显著特色在于“中国化”：第一，注重总体设计。即从国家和民族的高度来思考社会主义建设问题，在做好顶层设计、实现所要达到的目标时，一方面从组织领导上突出民主集中制和党的领导，另一方面在具体落实上倾全国之力集中攻关，体现了中国特色社会主义的制度优势和组织优势。第二，强调内部协调。社会主义建设本身就是一个大的系统工程，牵涉经济、政治、文化、社会和生态文明等方方面面，协调发展是系统运行的本质要求。第三，植根传统文化。中国传统文化为钱学森系统工程思想提供了文化滋养和思维方式。钱学森系统论建立在中国传统整体论基础上，并做到了东方整体论与西方还原论的辩证统一。因此，钱学森系统工程思想具有鲜明的民族性和本土性。

参考文献

[1] 舍伍德（Sherwood，D.）. 系统思考［M］. 邱昭良，刘昕 译. 北京：机械工业出版社，2013

[2] 昝廷全. 系统思维（Ⅱ）［J］. 中国传媒大学学报（自然科学版），2015，22（2）：70

[3] 钱学森等. 论系统工程（新世纪版）［M］. 上海：上海交通大学出版社，2007

第 2 章　我国石化设备管理优良传统

2.1　我国石化设备管理经历了哪些阶段?

我国石油化工已走过了 60 多年的历程，设备管理经历了 4 个阶段：

①新中国成立初期至 60 年代初——百业待兴阶段；

② 20 世纪 60 年代至 70 年代——石油会战阶段；

③ 20 世纪 80 年代至 90 年代——改革开放阶段；

④ 21 世纪以来——追赶一流阶段。

2.2　新中国成立初期至 60 年代我国石化设备管理特色是什么?

1949 年新中国成立时，全国炼油能力只不过 19 万吨 / 年，且只炼了不到 12 万吨。对原有的炼油厂进行了改建和扩建，并从苏联引进了技术和设备，相继建了一批新的炼油厂，如 1961 年开始建 100 万吨 / 年的大庆炼油厂，1962 年动工，18 个月建成，1963 年建成投产。我国石油产品实现了基本自给，结束了依靠进口“洋油”的历史。此阶段可谓是百业待兴阶段，设备管理特色就是艰苦奋斗、奋发图强。

2.3　20 世纪 60 年代至 70 年代我国石化设备管理特色是什么?

此阶段的设备管理有比较鲜明的“会战”特色——石油会战精神贯穿始终。

20 世纪 60 年代，大庆石油会战发扬自力更生、艰苦奋斗的精神，不但为我国实现了石油自给，还为我国在企业管理，特别是在设备管理方面创造了很多好经验好办法：

①“三老四严”的严细作风；

②“三基”工作；

③“岗位责任制”的制度建立和执行；

④岗位练兵，培养技能。

建立健全设备管理组织和维修机构；企业设置有主管设备的副厂长，设备副总工程师或总机械师，车间主管设备的副主任，设备技术员，班组有不脱产的工人设备员；企业有维修车间（或机修车间）、检修机构（或分厂），有的企业生产车间也有维修班组。各企业根据自己的特点进行设置，负责日常的维修工作。装置大检修则动员全部维修力量统一安排进行。

企业建立各项设备管理制度和各种设备维修规程；统一编制《炼油厂设备管理制度》和《炼油厂设备维护检修规程》，并于1960年发布。修订后的《炼油厂设备维护检修规程》于1973年4月发布执行。

企业建立岗位责任制，开展岗位责任制大检查。学习大庆，开展群众性的岗位责任制大检查。这一好传统目前在一些石化企业仍在实行，如大庆石化公司、长岭炼油化工公司等企业，仍坚持岗检。

组织开展炼油化工系统的设备大检查。石油工业部早在20世纪60年代开始，就组织全系统企业的设备大检查。到了70年代燃料化学工业部主管时，依然每年进行一次。

开展设备“创完好”和“完好岗位”活动。设备“创完好”是大庆会战的好经验、好做法。岗位责任制大检查中，检查设备是否完好，计算所在岗位和单位设备完好率的大小，也作为岗检评比的主要指标之一。

大打消除跑冒滴漏的“人民战争”。1974年，燃料化学工业部在兰州召开的设备管理工作会议上，提出要求各企业要大搞消除跑冒滴漏，把各厂的泄漏率降到2‰以下。1975年石油化学工业部成立后，颁发了“无泄漏装置（区）标准”：①密封点统计准确无误；②作风过硬，管理完善，见漏就堵，常查常改不间断；③泄漏率经常保持在0.5‰以下，并无明显泄漏；④静密封档案做到资料记录齐全。

搞好设备的精心维护和科学检修，各企业创出了很多好经验，如“五个环节”“三件宝”“五字操作法”十字作业法“五定”和“三级过滤”“特级维护”“三不见天”“三不落地”“四不开车”等。

在搞好设备区域环境现场管理中，创出了“一平、二净、三见、四无、五不缺”的好经验。各企业还纷纷成立设备技术研究机构，为企业解决技术难题。早期的炼油厂、化工厂都组建了企业自己的设备技术研究机构，有的叫室，有的叫所。如兰州炼油厂设备研究所、抚顺设备研究所、辽阳化纤机械技术研究所、独山子炼油厂设备研究室、长岭炼油厂设备研究室、茂名石化设备研究室，以后都改为所或中心，天津石化机械研究所后改为院。

企业在节约器材与修旧利废中，创出的好经验是：采用“焊、补、喷、镀、铆、镶、配、改、校、粘”十字作业法，将其修旧如新。

2.4 20世纪60年代至70年代石化行业总结的跑冒滴漏十大危害是什么？

跑冒滴漏有十大危害：①毒害空气；②损害人体；③污染水源；④腐蚀设备；⑤引

起爆炸；⑥造成火灾；⑦增加消耗；⑧损害农田；⑨毁坏建筑；⑩影响厂容。

2.5　20世纪60年代至70年代石化行业搞好设备精心维护有哪些好经验？

20世纪60~70年代，石化在搞好设备精心维护中创出了很多好经验，主要的有以下6条：

（1）“五个环节”：正确使用，精心维护，科学检修，技术攻关，更新改造；

（2）“三件宝”（扳手、听诊器、抹布）；

（3）“五字操作法”（听、摸、擦、看、比）；

（4）“清洁、润滑、调整、坚固、防腐”十字作业法；

（5）润滑管理“五定”（定点、定时、定质、定量、定期清洗换油），“三级过滤”（从领油桶到岗位储油桶，从岗位储油桶到油壶，从油壶到加油点都要过滤）；

（6）关键设备实行“机、电、仪、操、管”五方联检的“特级维护”制。

2.6　20世纪60年代至70年代石化行业搞好设备科学检修有哪些好经验？

20世纪60~70年代，石化行业在搞好设备科学检修中创出了以下好经验：

“三不见天”（润滑油脂不见天、洗过的机件不见天、铅粉黄干油不见天）；

“三不落地”（配件零件不落地、工具量具不落地、污油脏物不落地）；

“三条线”（工具摆放一条线、配件零件摆放一条线、材料摆放一条线）；

“五不乱用”（不乱用大锤管钳扁铲、不乱拆乱卸乱拉乱顶、不乱动其他设备、不乱打破保温层、不乱用其他设备零附件）；

“三净”（停工场地净、检修场地净、完工场地净）；

“两清”（当班施工当班清、工完料尽场地清），对工程质量要一丝不苟，坚持高标准、严要求、认真执行检修规程和质量标准；

“三不交工”（不符合质量标准不交工，没有检修记录不交工，卫生规格化不好不交工）；

“四不开车”（工程未完不开车，安全没保证不开车，有明显泄漏不开车，卫生规格化不合格不开车）。

2.7　20世纪80年代至90年代我国石化设备管理特色是什么？

此阶段适逢国家改革开放，我国石化设备管理可以说迎来了科技的春天，是比以往任何时候都受到上下高度重视的年代，也是设备管理模式呈现多样化的年代。

1983年7月7日，中国石油化工总公司正式挂牌成立。中国石油化工总公司成立后，当年12月即召开了第一次石油化工机动工作会议。由1983年到1992年共开了6次。在这期间，由于总部重视，整个系统企业的积极努力，石油化工设备管理可以说处于鼎盛时期。加强“三基”，进一步夯实设备管理的基础工作。

制定设备技术管理制度。参照原石油化学工业部1977年7月发布的《炼油厂设备技术管理制度》，中国石油化工总公司制定了《设备技术管理制度》并于1984年4月试行，经试行后于1989年根据国务院颁发的《全民所有制工业企业设备管理条例》进一步修改制定中国石油化工总公司《工业企业设备管理制度》，于1989年5月发布试行。

编制《石油化工设备维护检修规程》：石油工业部1963年发布了《炼油厂设备维护检修规程》；燃料化学工业部进行了修订并于1973年4月重新发布。中国石油化工总公司成立后重新编制《石油化工设备维护检修规程》，于1992年12月发布，1994年3月由中国石化出版社出版发行。重新改组的中国石油化工集团公司成立后，于2004年又重新修订过一次。

成立中国石化设备管理协会，利用协会协助行政开展工作；学习和借鉴工业发达国家现代设备管理理念、手段、方法和维修技术，促进石化设备管理现代化。

把延长装置运行周期工作列入设备管理重要议事日程。长期以来，石油化工企业的装置大检修一直沿用着“一年一大修，大修保一年”的传统做法，这与欧美工业发达国家一些企业装置较长的运行周期存在着明显的差距。中国石油化工总公司领导对此十分重视，决心改变过去的传统做法，创造条件，逐步将这一差距缩小，把运行周期延长，以增加企业的经济效益。

中国石油化工总公司的“八五”计划纲要中明确提出：企业要通过加强设备管理，提高检修质量，使主要生产装置逐步过渡到二年一次大检修。这给石化企业设备管理工作提出了新的更高的要求。

1992年，中国石油化工总公司在南京召开的第六次机动工作会议上，对延长装置运行周期向石化企业做了具体的部署。

为了缩小与国外工业发达国家的差距，把装置延长运行周期工作做好，我国石化系统通过资料搜集、信息传递、引进技术、出国学习多种渠道了解一些情况，特别是当时中国石化总公司先后组织过专门的考察团出国进行考察调研，了解国外的实际情况，带回宝贵的资料和信息供我们思考、对比和学习。

由于各级领导重视和企业职工的积极努力，过去企业长期沿用的“一年一大修，大修保一年”的传统做法发生了根本的变化。通过“三年二修”的过渡，进而将主要生产装置的运行周期向着“二年一修”迈进。据1998年末统计，中国石油化工总公司考核的20类188套主要生产装置，已有122套运行周期在2年以上。其中，常减压30套，催化裂化25套，乙烯裂解5套，大化肥10套均已实现了“二年一修”。金陵石化、茂名石化、广州石化、四川维尼纶厂、沧州炼厂、湖北化肥厂6个企业的所有考核装置全部实现了“二年一修”。

2.8　搞好设备区域环境现场管理的好经验是什么？

搞好设备区域环境现场管理的好经验是："一平、二净、三见、四无、五不缺"。

"一平"（地面平整），"二净"（门窗玻璃净、四周墙壁净），"三见"（沟见底、轴见光、设备见本色），"四无"（无垃圾、无杂草、无废料、无闲散器材），"五不缺"（保温油漆不缺、螺栓手轮不缺、门窗玻璃不缺、灯泡灯罩不缺、地沟盖板不缺）。

2.9　设备"创完好"和"完好岗位"内容是什么？

设备"创完好"是大庆会战的好经验、好做法。

设备完好有"四项标准"，即：①运行正常，效能良好；②内部构件无损，质量符合要求；③主体整洁，零附件齐全好用；④技术资料（设备技术档案、设备结构图及易损配件图）齐全准确。

根据完好设备的"四项标准"，对企业各种机泵、炉、塔、换热器等众多设备都有分项的具体标准，便于对照衡量，找出差距进行整改。

1974 年，燃料化学工业部在兰州召开的设备管理工作会议上，提出了进一步开展"完好岗位"的要求。要求各企业进一步发动职工群众，由设备的单机完好，发展到一个泵房、一个仪表操作室、一个变电所等的岗位完好，不断向更高的水平迈进。

"完好岗位"的标准是：①设备状况好。室内所有设备台台完好；②维护保养好。认真执行岗位责任制及设备维护保养等规章制度；③室内规整卫生好。设备沟见底、轴见光、设备见本色，物品放置规整有序；④资料齐全保管好。运行记录、交接班日志，记录清晰保管好。

对于具体的设备岗位，根据这 4 条标准，还制定有"完好泵房""完好仪表操作室""完好变电所"以及"完好压缩机室""完好炉区""完好罐区""完好换热器区"等等的具体完好标准。

中国石油化工总公司于 1990 年 6 月颁布了《石油化工设备完好标准（试行）》[1]，内容共有三篇。

第一篇为通用设备标准，涵盖：①工艺设备类的完好标准，如塔类完好标准、管式加热炉完好标准、固定床式反应器完好标准、管式换热器完好标准、空气冷却器完好标准、常压贮罐完好标准、压力贮罐完好标准、气柜完好标准、球罐完好标准；②机泵设备类的完好标准，如往复泵完好标准、离心泵完好标准、往复式压缩机完好标准、离心式压缩机完好标准、螺杆式压缩机完好标准、离心式风机完好标准、轴流式风机完好标准、板框式过滤机完好标准、真空回转过滤机完好标准、离心机完好标准、减（增）速机完好标准；③动力设备类的完好标准，如工业锅炉完好标准、废热锅炉完好标准、工业汽轮机完好标准、电动机完好标准、变压器完好标准、高压断路器完好标准、蓄电池完好标准、水处理设备完好标准；④仪器、仪表类的完好标准，如测量、控制仪表完好标准、质量仪表完好标准、计算机完好标准；⑤机修设备类的完好标准，如金属切削机床完好标准、热处理炉完好标准、锻压机械完好标准、卷板机完好标准、剪板机完好标准、电焊机完好标准；⑥起重运输设备类的完好标准，如电动葫芦（3吨以上）完好标准、桥式（龙门）起重机械完好标准、液压轮胎（履带）式起重机械完好标准、汽车完好标准、叉车完好标准、皮带输送机完好标准。

第二篇为专用设备标准，涵盖：①炼油专用设备类的完好标准，如催化裂化反应器、再生器完好标准、烟气轮机完好标准、套管结晶器完好标准、制氢转化炉完好标准；②化肥专用设备类的完好标准；③化工专用设备类的完好标准，如挤压机完好标准、膨胀干燥机完好标准、蒸发器完好标准、反应釜完好标准、电解槽完好标准、裂解炉完好标准、压块机完好标准、超高压反应器完好标准；④化纤专用设备类的完好标准，如干纺纺织机完好标准、湿纺纺织机完好标准、牵伸机完好标准、卷曲机完好标准、烘干机完好标准、切断机完好标准、打包机完好标准、假捻机完好标准、梳毛机完好标准、细纱机完好标准等；⑤电站专用设备类的完好标准，如锅炉完好标准、汽轮机完好标准、发电机完好标准、磨煤机完好标准等；⑥空分专用设备类的完好标准，如活塞式膨胀机完好标准、透平式膨胀机完好标准、空气冷却塔完好标准、分子筛钝化器完好标准、空分塔完好标准等；⑦供水专用设备类的完好标准，如大阀门完好标准、转子加氯机完好标准、沉淀池完好标准、快滤池完好标准、循环水冷却塔完好标准等。

第三篇为完好岗位、装置标准，涵盖：完好机、泵房（区）标准、完好仪表控制室标准、完好变电所（配电室）标准、完好罐区标准、无泄漏装置（区）标准、完好装置标准。

2.10 “四懂三会”是什么？

“四懂”：对本岗位、本班组的设备、仪器、工具，要“懂结构，懂性能，懂原理，懂故障判断及预防的措施”。

“三会”：“会操作、会维护、会小修”。

这是20世纪60年代大庆石油会战中进行岗位练兵活动总结出来的经验，一直沿用至今。

2.11 “三老四严”的严细作风是什么？

“三老四严”是20世纪60年代指挥大庆石油会战的石油工业部领导余秋里、康世恩提倡的。

这是大庆最宝贵的经验之一。“三老”指的是“当老实人，说老实话，办老实事”；“四严”是指“严格的要求、严密的组织、严肃的态度、严明的纪律”。“三老四严”的核心就是个“严”字。搞设备管理，“严”字当头就是搞好设备管理的灵魂。炼油企业和石化企业具有高温、高压、易燃、易爆、易腐蚀、易中毒的特点，设备一旦发生问题，会造成装置停产甚至会引起火灾爆炸、人身伤亡等重大事故，后果十分严重。搞好设备管理，必须“严”字当头，来不得半点松垮和虚假。学习大庆，就是要把“三老四严”贯彻到管理的整个过程和方方面面。正是继承了这个传统作风，多年来才使我们的石化设备管理基础牢靠，保证了生产装置的安全、稳定、长周期运行。

2.12　21 世纪以来我国石化设备管理特色是什么?

当今时代，是变革的时代，是追赶世界一流的时代。石化企业的设备管理模式经过不断的探索和实践，从模式多样化逐渐趋于与工业发达国家普遍采用的体系化完整性管理模式看齐。

工业发达国家均推行体系化的设备完整性管理模式，其特色非常鲜明，就是系统思维的体系化管理。将我们原本习惯的割裂式的思维变为体系化思维，运动式的检查变为基于体系思维的检查，碎片式的管理变为完整性管理。

在继承石化企业多年来长期实践行之有效的传统设备管理经验的基础上，积极学习工业发达国家现代设备管理的理念、手段、方法和维修技术，不断提高我国石化企业设备管理的现代化水平，是摆在石化企业面前的一项迫切任务。

改革开放以来，随着石油化工大规模技术改造和成套装置设备从工业发达国家的不断引进，石油化工系统先后派员出国进行考察、培训、检查、验收，以及参加联合国和其他国际组织举办的设备维修会议和设备管理研修班的参观、交流和学习，欧美和日本等工业发达国家设备维修和管理的理念、手段、方法和维修技术不断地被借鉴引进，对提升我国石化设备管理现代化水平，发挥了积极的作用。

在现代设备管理的理念方面，诸如，欧洲的设备综合工程学（Terotechnology），美国的预防维修（PM，Preventive Maintenance）和生产维修（PM，Productive Maintenance），日本的全员生产维修（TPM，Total Productive Maintenance）以及瑞典的状态维修（CBM，Condition Based Maintenance）等陆续引进了我国。这些现代设备管理的理念，尽管各有特点，但却都有一个共同点，都体现了以管好设备一生全过程为对象，以追求设备寿命周期费用最经济和设备效能最高为目的，动员全员参加，应用现代科学技术和管理方法对设备进行综合管理。

学习借鉴和引进以上现代设备管理的理念，石化企业提出对设备进行“全员管理”和“全过程管理”，就是对设备进行“综合管理”的核心，追求“设备寿命周期费用最经济”和“设备性能最高”则是总目标。与此同时，我们还学习引进设备可靠性（Reliability）、可维修性（Maintainability）、设备有效利用率（Availability）和设备寿命周期费用（LCC，Life Cycle Cost）等分析评价设备的新概念到日常设备管理活动中来，使石化设备管理充满了新鲜活力。

在学习引进现代设备管理的手段和方法方面，诸如应用计算机管理、全面质量管理、系统管理、网络技术和各种密封及表面修复等维修技术，特别是国外先进的状态监测和故障诊断技术和以后引进的风险评估技术 RBI（Risk Based Inspection）等，促进了石化企业设备面貌的不断改善，进一步提高了设备维修和管理的现代化水平。

进入 21 世纪以来，中国石化所属各企业对设备管理进行了很多有益的探讨与研究，先后出现了镇海模式、天津模式、茂名模式、广州模式、扬子模式、上海模式等。

如何变革？将我们原本习惯的割裂式的思维变为体系化思维，运动式的检查变为基于体系思维的检查，碎片式的管理变为完整性管理，这是摆在我们面前必须攀越的一道屏障。

只有到了完整性管理阶段才能够将碎片式的管理转变为体系化管理，将经验型为主的管理转变为风险为主的管理。由于有了信息化手段，才能将此项工作真正落地，为最终实现智能化工厂打下基础，包括实现因特网 +、数字化交工等。

2.13 设备大检查和设备管理“评优升级”活动是什么？

石化企业的设备大检查起源于 20 世纪 60 年代，石油工业部组织的炼油系统设备大检查。由于大检查确实推动企业的设备管理，收到了实效，从那时起，每年进行一次全系统设备大检查，形成了制度，传承了下来。20 世纪 80 年代中国石油化工总公司成立后，继承传统，每年进行一次石化系统的设备大检查，的确对推动和提高石化企业的设备管理水平起到了积极的作用。

为了认真贯彻国务院《全民所有制工业企业设备管理条例》和中国石油化工总公司《工业企业设备管理制度》，进一步调动石化企业职工搞好设备管理的积极性，中国石油化工总公司于 1986 年制订了《石油化工企业设备管理检查评级办法及标准》，在实施中先后于 1988 年、1989 年及 1990 年结合实践进行了三次修订。

（1）办法规定以总公司下属企业的二级生产厂为基本单位，按一、二、三级评优升级，每年一次。

（2）申请三级单位，由下属企业组织评审员进行检查评分验收；申请二级单位，由地区检查组组织评审员进行检查评分验收；申请一级单位，由总公司组织评审员进行检查评分验收。

（3）取得设备管理三级单位一年后方可申请二级，取得二级单位一年后方可申请一级，不得越级申报。

（4）总公司下属企业的二级厂有三分之二达到设备管理一级单位，其主要二级生产厂必须达到设备管理一级单位，其他二级厂必须达到设备管理二级单位，由总公司授予该企业设备管理一级单位证书。

（5）连续二年获得设备管理一级单位的企业，可参加国家“设备管理优秀单位”的评选。

整个“评优升级”活动可与每年的总公司石化系统设备大检查同步进行。每年的总公司机动工作会议对升级的单位颁发证书、奖牌，给予表彰奖励。

此项活动至今还保留着。每年中国石化都要组织一次设备大检查。从 2018 年始，将完整性管理体系思维嵌入到检查标准中；将检查内容归结到管理要素，可进行体系管理薄弱环节的分析；同时创建了大检查的信息管理平台，可进行更多层面的分析。

参考文献

[1] 中国石油化工总公司 . 石油化工设备完好标准（试行）[S] .1990

第 3 章　完整性管理的由来及基本概念

3.1　完整性概念的起源是什么?

完整性和完整性大纲的概念起源于美国空军。1972 年，完整性和完整性大纲概念正式出现于美国空军军用标准 MIL-STD-1530《飞机结构完整性大纲（ASIP）》中。以后美国军方陆续在发动机结构、电子设备、机械设备、软件开发等方面颁发一族完整性大纲：1984 年《发动机结构完整性大纲（ENSIP）》、1986 年《航空电子设备完整性大纲（AVIP）》、1988 年《机械设备与分系统完整性大纲（MECSIP）》、1988 年《软件开发完整性大纲（SDIP）》等。该大纲中完整性是反映设备效能的综合设计特性，是安全性、可靠性（耐久性）、维修性等设备特性的综合。完整性（管理）大纲是设备研制、生产和使用管理的系统性方法，其目的是以最佳的全寿命费用保证所需的完整性，以满足设备效能的要求。

石化行业完整性概念来源于美国过程安全管理（PSM）。随着完整性理念的发展，20 世纪 90 年代，完整性管理开始应用于石油石化行业。1992 年 2 月 24 日，美国劳工部职业安全与健康管理局（OSHA）颁布了《高度危险性化学品过程安全管理法规》（CFR29 Part 1910.119，美国联邦法规第 29 章第 1910 条 119 款），该过程安全管理（PSM）法规包括员工参与、过程安全信息、过程危害分析、操作程序、培训、承包商管理、开车前安全审查、机械完整性（Mechanical Integrity，简称 MI）、动火作业许可、变更管理、事故调查、应急响应计划、安全审核和商业秘密 14 个要素，其中机械完整性是第 8 个要素，指出关键工艺设备的机械完整性对于预防工艺安全事故至关重要，因此需要确保关键设备的正确设计、安装和合理操作来确保“妥善容纳工艺物料”。

石化行业完整性管理发扬光大于美国化学工程师协会化工安全中心（CCPS）。在过程安全管理需求的推动下，2006 年美国化学工程师协会化工过程安全中心（CCPS）出版了《机械完整性体系指南》，包括引言、管理职责、设备选择、检验测试和预防性维修、设备完整性培训方案、设备完整性纲领性程序、质量保证、设备缺陷管理、特定设备完整性管理、完整性项目执行、风险管理工具、完整性项目持续改进 13 章内容。2016 年，美国化工过程安全中心出版了《资产完整性管理指南》，是《机械完整性体系指南》的更新和扩展，涉及过程工业中固定设施的资产完整性，属于过程安全和风险管理系统的一部分，从机械完整性（Mechanical Integrity，简称MI）到资产完整性管理（Asset Integrity Management，简称 AIM）的变化反映了国际趋势，这个变化与 CCPS 最新的过程安全管理指南的要素基本保持一致。同时 CCPS 认识到还有更多的资产需要进行完整性管理。

3.2　过程安全管理建立的背景是什么?

过去几十年世界范围内重大危险化学品事故不断发生，一方面引起各国政府监管部门的高度重视，相继颁布或更新相关法律法规和标准规范，用于预防和遏制重大危险化学品事故的发生；另一方面也表明，单纯应用工程技术，无法有效杜绝意外危险化学品事故的发生，必须辅以完整而有效的系统化管理方法。过程安全管理（PSM）就是在这背景下建立的。

化工过程安全管理紧紧围绕过程安全风险管控，全面、科学总结化学品事故的影响因素，确定了化工企业防范事故的管理要素和原则要求。美国联邦法规《高危化学品的过程安全管理》主要内容包括：员工参与、过程安全信息、过程危害分析、操作规程、培训、承包商、启动前检查、机械完整性、高温作业许可、变更管理、事故调查、应急计划与响应、符合性审查、商业秘密，另外还有 A、B、C、D 四个附录，分别是附录 A 高危险化学品、技术和反应清单（强制性），附录 B 流程框图和简化的工艺流程图（非强制性），附录 C 过程安全管理合规性导则和建议（非强制性）以及附录 D 参考信息来源（非强制性）。

化工发达国家 30 多年的实践证明，过程安全管理是国际先进的流程工业事故预防和控制方法，全面提升化工过程安全管理水平，是有效遏制安全生产事故，特别是重特大事故发生的重要抓手。

石化工业的设备完整性管理的概念是在过程安全管理的需求下得到发展并逐步成熟起来的，规避重大安全事故是设备完整性的重要出发点！几十年来，设备完整性活动已经成为工业过程预防事故、保持生产力的一种有效方法（长周期运行）。

3.3　过程安全管理标准有哪些?

美国于 1992 年发布、1996 年修订的《危险化学品过程安全管理法规》（CFR 29 Part 1910.119）明确要求所有工艺装置必须建立以工艺危害分析为基础的过程安全管理体系，包括 14 个要素。该法规要求进行 HAZOP 分析，并每 5 年进行一次回顾；明确了设施完整性应从设计开始控制，注重设备检测、设备预先维护，确保整个生命周期都能满足设计需要。

CCPS 于 1994 年发布、2010 年修订的《过程安全管理指南》，包括 20 个要素，包括人为因素的关键要素，如程序、培训、文化和操作要素帮助形成人为可靠性；增加了过程安全能力、安全文化要素，从整个团队建设方面强化领导层和员工层共同的价值观，来提升过程安全；强化设备开启前检查、非日常作业的作业原则和作业许可等等。

2010年，我国推出了《化工企业工艺安全管理实施导则》(AQ/T 3034—2010)，该导则参考美国OSHA《危险化学品过程安全管理法规》要求，提出国内过程安全管理体系框架和基本要求，目前该标准正在修订中。

过程安全管理体系要素对比见表3-1。

表3-1 过程安全管理标准要素对照表

CCPS要素(2007)	OSHA PSM要素(2000)	AQ/T 3034—2010
过程安全承诺 过程安全文化 遵守标准 过程安全能力 员工融入 相关方	1 过程安全信息 4 员工参与	工艺安全信息
理解危害和风险 过程知识管理 危害识别和风险分析	2 过程危害分析	工艺危害分析
风险管理 操作程序 安全工作规范：有效控制非日常活动，如受限空间作业、打开工艺设备 资产完整性和可靠性 承包商管理 培训和表现评估 变更管理 操作(运行)准备：设备启动前或维修前检查 运行控制(体系) 应急管理	3 操作程序 5 培训 6 承包商 7 开车前审查 8 机械完整性 9 动火作业许可 10 变更管理 12 应急计划和响应	操作规程 作业许可 机械完整性 承包商管理 试生产前安全审查 培训 变更管理 应急管理
经验学习 事件调查 测量和指标 审核 管理评审和持续改进	11 事件调查 13 符合性审核 14 商业秘密	工艺事故/事件管理 符合性审核

3.4 过程安全管理的基本含义是什么？

2007年，美国化工过程安全中心(CCPS)出版了《基于风险的过程安全》。该书总结了最初一轮过程安全管理系统实施的经验教训，提出了新一代过程安全管理框架——基于风险的过程安全(RBPS)。

基于风险的过程安全管理的基本含义是：过程安全管理和技术资源应根据风险的不

同进行分配。基于风险的过程安全管理策略是从基于合规性、基于持续改进策略发展而来的，是灾害事故教训的总结。采用本理论方法，将促进企业在以下方面进行改进：

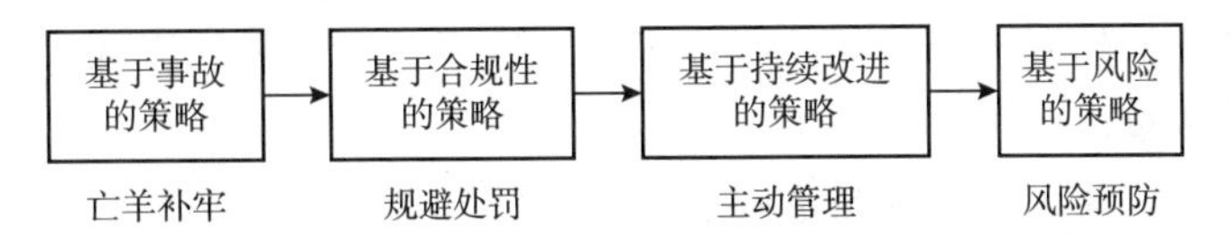

- 改进事故预防方法，从基于事故的管理、基于合规性的管理升级为基于风险的管理策略；
- 将风险评估准则运用到各种安全管理决策中，解决无章可循的决策难题；
- 将资源集中应用在高风险活动中，避免灾害事故。

基于风险的过程安全管理策略应落实在具体的管理要素和企业的全寿命周期中。如：

- 设计过程应在概念设计时根据物料和工艺条件的安全分析提出安全设计策略，如阀门的防火防爆等级、密封策略、安全仪表等级、管道等级、设备材料要求等。
- 工艺单元进行的 HAZOP、LOPA、SIL 等过程危害分析，能够识别到高风险的操作程序、关键设备、安全仪表，可指导确定操作规程重点、培训重点、预防性维护重点。
- 设备的故障失效分析、RBI 分析可指导设备检测频率、大检修方案、预防性维护方案。

3.5 过程安全管理的管理策略是什么？

基于风险的过程安全的主要目的是帮助企业建立并实施更为有效的过程安全管理系统，保证企业在各项工作上所投入的精力适当，既能满足安全生产要求又能优化资源，提高过程安全绩效和整体运营绩效。

在此策略下，装置或过程涉及的风险等级应作为策划和改进过程安全管理工作时的主要指导标准。资源必须适应风险需求，否则风险将演变成事故，其后果造成的损失将远高于投入的资源。从这个角度来看，安全投入产生效益；基于风险的过程安全使效益最大化。

过程安全工作所耗费的资源包括设备投入、维修投入、人工投入等，而人工的投入又包括培训投入、巡检投入、演练投入等，这些资源核算成经济指标是很困难的，因此应用频率来衡量会更简单。比如高风险操作程序的培训频率、高风险工艺参数的巡检频率、高风险设备的在线监测达到每 5min 一次数据传输等。对高风险单元投入一个团队进行为期 2 个月的过程危害分析，这也是基于风险的资源投入。

（1）企业必须意识到过程安全管理基于风险的重要性。

引入基于风险的过程安全管理策略将促进企业：①充分、准确的识别和理解风险；②策划风险控制措施，合理分配资源；③避免灾害事故发生。

（2）基于风险要求企业必须了解风险。

准确了解一个过程或工作涉及的实际危害或风险存在一定的难度，我们建议从以下方面寻找潜在危害或风险：

- 物质的特性，如闪点、毒性、反应活性、腐蚀性；
- 操作条件，如高温、高压，或接近失控反应温度的放热反应或其他活性反应；
- 危险物质数量；
- 暴露于潜在危险场所的人员数量、活动；
- 操作频率，如一天内多次使用软管充装危险物料，比一周一次造成的泄漏概率更高；
- 企业文化，一个不遵守程序的企业文化比执行力高的文化危险更高。

（3）基于风险的过程安全管理要素必须实现系统性。

CCPS 提出了 20 个过程安全管理要素。这 20 个要素不是独立存在的，每个要素都是围绕风险策划的。广义上风险包括经营风险、质量风险、安全风险、财务风险等，企业管理均是围绕这些风险来策划的，安全领域中的风险管理更为突出。

系统的每个要素是相互关联的。系统不存在孤立元素，所有元素或组分间相互依存、相互作用、相互制约。例如，根据风险确定操作程序，操作程序是培训的需求，开车前应审查关键风险的操作程序和培训情况，绩效指标设计时考虑关键操作程序的正确性、人员培训效果等，各个要素基于风险策划又相互关联。

系统依靠信息流动。所有要素的信息要流动、传递、反馈。发现隐患、报告隐患、分享经验、讨论措施、控制隐患，信息滞后或反馈不及时都可能造成事故。

系统是动态的。风险是动态的，原料成分变化、设备老化、新员工引进、城市管网改变等，有的风险在消失，有的风险在产生，人员在变化，因此我们的系统也应变化。必须认识到变化，及时改变系统，做出响应。

3.6　过程安全管理要素的主要内容是什么？

CCPS 过程安全系统 20 个要素的主要内容概述如下：

（1）过程安全文化

过程安全文化是决定过程安全管理方式的集体价值观和行为的综合体现，通俗地说，就是过程安全方面的理念、意识以及在其指导下的各项行为的总称。过程安全文化集中表述了“如何做事”“期望值”以及“在没有任何监管时的行为准则”。

（2）标准符合性

识别、获取或者制定（参与制定）对过程安全造成影响的各种适用标准、规范、法规及法律，并评估其符合性；对相关标准系统（标准、规范、法规及法律）进行广泛宣传、培训，并对相关人员授权以获得查阅标准系统权限。

（3）过程安全能力

过程安全能力主要指开发和保持过程安全的能力（用于保持、提高并拓宽知识面与经验水平的人力与物力），包括三种有关联的活动：①连续提高知识和能力；②确保需要信息的人能够获得相关信息；③持续应用所学到的知识。

（4）人员参与

人员参与是指企业各级及各岗位员工，包括承包商员工均有责任去加强并确保企业的生产安全。该要素不是要去创建一个所有员工或小组都有权制定基于风险的管理系统内容的机制，而是指员工有权提出自己的意见与想法，而管理层应适当并公正地考虑员工的意见与想法。

（5）与风险相关方沟通

与相关外部风险相关方进行沟通、确认、约定并保持良好关系的相关程序：①找出可能受本企业相关设施运营影响的个人或组织（社区各单位、其他公司等）；②与社区各单位、其他公司、专业团队、当地政府建立联系；③给风险相关方提供本企业有关产品、工艺、计划、危险及风险的准确信息，与其就过程安全进行充分沟通。

（6）过程知识管理

对过程相关知识、信息的收集、组织、维护与管理，并以文档的形式进行记录，包括：①技术文件及规范；②工程相关图纸及设计文件、计算书等；③工艺设备的设计、制造和安装技术规范；④物质的 MSDS；⑤其他相关的书面文件。

（7）危害识别及风险分析

在工厂的整个生命周期内，通过识别危险和评估风险，确保将员工、公众或者环境所面临的风险始终控制在企业风险容忍标准以内的一切危险识别及风险分析活动的统称。

（8）操作程序

操作程序也称作操作规程，是指完成给定任务所需执行的操作步骤以及完成这些步骤所需采取的行动或活动的书面说明。规范的操作程序应包含工艺描述、危险性分析、工具及防护设施的使用及控制方法、故障排除、应急操作等内容。

（9）安全作业规程

为了防止在非常规作业（不属于将原料转化为产品的正常流程）活动期间工艺物料或者能量的突然释放，所规定的一系列操作程序、政策、制度等，通常辅以安全许可证的形式（如动火、临时用电、进入受限空间、高处作业、吊装、爆破等），来管理非常规作业的相关风险。

（10）资产完整性及可靠性

系统化地实施必要的作业活动（如检查与测试），以确保重要设备设施在其生命周期内适用于预期用途。

（11）承包商管理

用于确保承包服务能够实现装置安全运行，并能够满足公司过程安全以及个人安全绩效目标的控制体系，通常包括承包商的选用、招投标、雇用以及对承包商工作的监控。

（12）培训及绩效考核

培训是指对员工工作和任务要求以及执行方法的实践性指导。

绩效考核是指对员工培训及实践应用效果进行测试，以了解员工对培训内容的理解和实践应用情况。

（13）变更管理

对系统（如工艺、工程设计、运行、组织机构或者活动）调整之前进行的风险评估及控制的程序，其目的是对变更可能带来的风险进行充分识别和评估，采取相应措施消除或控制风险，确保变更过程和变更后的风险始终控制在企业风险容忍标准以内。

（14）开车准备

在开车前先通过一系列的验证工作来确保新建或者停车后装置处于可安全开工状态的作业活动。

（15）操作守则

完美地完成一项任务或活动所必须遵守的准则，也称作“操作准则”或“操作纪律”。操作守则将追求完美地执行各项任务制度化，并减少执行过程中产生的偏差。

（16）应急管理

涉及应急及计划相关的作业活动。应急管理包括如下内容：①为可能发生的紧急事件制定应急预案；②提供执行应急预案所需的资源；③贯彻并持续改进该预案；④培训或者告知员工、承包商、邻近工厂以及地方政府，在事故发生时如何行动、通知的方式以及紧急事件的上报方式；⑤在发生紧急事件后，如何高效联络风险承担者。

（17）事件调查

确定导致某一事件发生的原因，并提议如何针对原因解决问题，以防止此类事件再次发生，或者减少此类事件发生频率的系统方法及活动。

（18）测量及指标

指标是用以衡量安全管理绩效或者效率的参数。测量是对产品或作业活动效果及质量的度量。

（19）审核

对基于风险的过程安全管理体系进行的系统化审查或评审的一项系统性活动，其目的在于确认此系统的适用性，并确认该系统是否得以有效贯彻实施。

（20）管理评审及持续改进

定期对其他过程安全管理要素进行的例行审查，旨在确定是否照章执行并产生良好的预期效果。通过持续的努力，而非因为某一个偶然的原因或者具体的变化，来实现绩效、效率两个方面的进步与改善。

3.7　国际能源化工公司的过程安全管理体系框架是什么？

目前国际石油化工公司都执行与美国过程安全管理法规一致的过程安全管理框架。2006 年前，国际石油公司倡导 HSE 管理体系，自 BP 公司炼油厂事故后，国际石油公司将过程安全管理在一体化体系中明确职责、关键管理程序。

杜邦公司将 HSE 管理分为行为安全与过程安全，过程安全管理包括独立的 12 个要素，如图 3-1 所示。BASF 公司责任关怀体系包括环境保护、过程安全等 9 个方面，都执行共同的责任关怀体系要求，其中过程安全控制方面建立特有的管理要求，如图 3-2 所示。

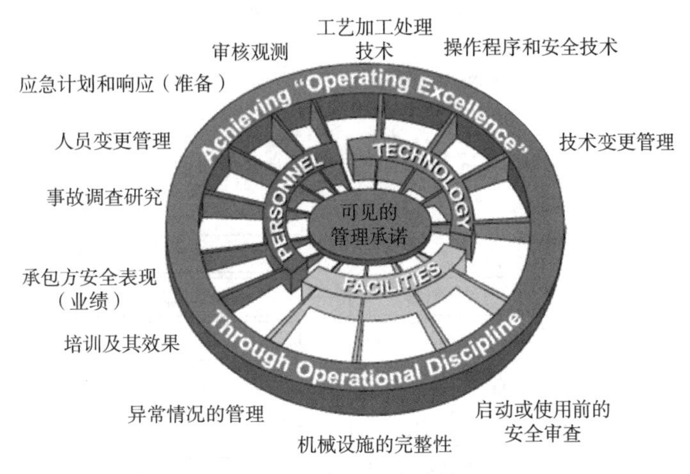

图 3-1 杜邦过程安全管理

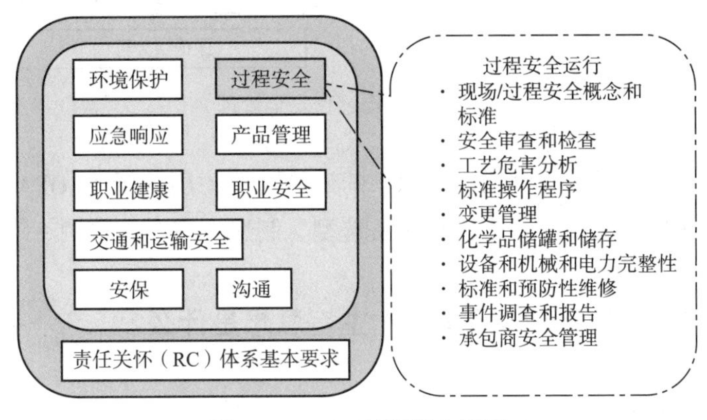

图 3-2 BASF 过程安全管理

SHELL 公司 2009 年整合的 HSSE 管理体系划分为 10 个部分，过程安全为其中一部分，是在执行 HSE 管理体系的原则下，建立特有的手册、标准等，见图 3-3。

陶氏化学公司在全球所有工厂推行一致的操作规范管理系统——ODMS（Operating Discipline Management System），整合了安全环保、生产、应急响应、物流、设备维护和保安等 8 个方面的要求、标准和最优实践。

陶氏参照 OSHA 过程安全法规，设定其过程安全管理 14 个要素，但在 ODMS 中未作为过程安全的管理要求单独列出，这 14 个要素的要求是分布于 05 通用管理系统和 06 责任关怀体系中。其内容见图 3-4，主要包括风险管理、设备的机械完整性管理、防损原则等。过程安全管理的相关要求在工艺设计、生产运行、设备的维护保养必须得到彻底地贯彻和执行。风险管理的目的是对工厂或装置可能存在的风险进行评估，包括火灾

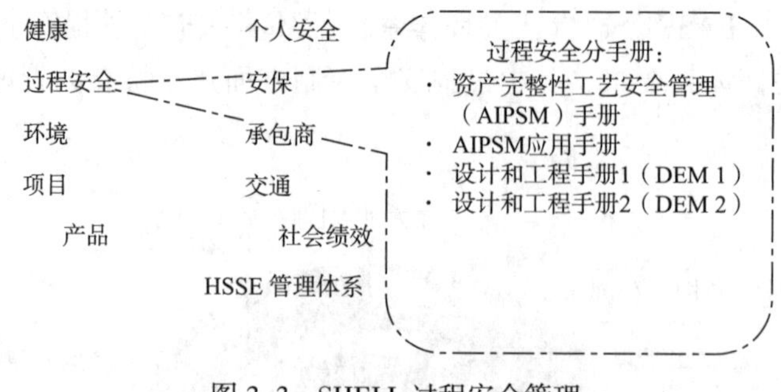

图 3–3　SHELL 过程安全管理

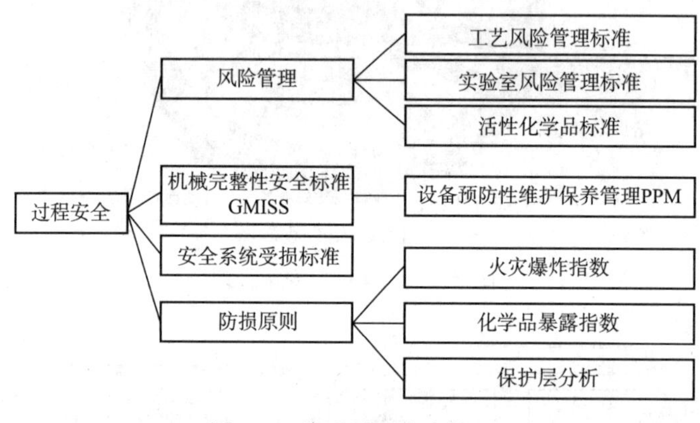

图 3–4　陶氏过程安全管理

爆炸指数（FEI）、化学品暴露指数（CEI）的计算，保护层分析（LOPA）等。机械完整性是对设备进行管理的完整体系，包括设备选型、制造、安全、检测、维护保养等。

3.8 《机械完整性管理体系指南》主旨思想是什么？

石化工业设备完整性管理的概念是在过程安全管理的需求下得到发展并逐步成熟起来的，规避重大安全事故是设备完整性的重要出发点！几十年来，设备完整性活动已经成为工业过程预防事故、保障企业长周期运行的一种有效方法。在过程安全管理需求的推动下，2006 年美国化学工程师协会化工过程安全中心（CCPS）出版了《机械完整性体系指南》，包括引言、管理职责、设备选择、检验测试和预防性维修、设备完整性培训方案、设备完整性纲领性程序、质量保证、设备缺陷管理、特定设备完整性管理、完整性项目执行、风险管理工具、完整性项目持续改进 13 章内容。机械完整性，又称设备完整性，是一套用于确保设备在生命周期中，保持持续的耐用性和功能性的管理体系。机械完整性中所指的设备是广义的，包括固定设备、转动设备、减压及排气系统、仪器仪表与控制、加热设备、电力系统、消防系统等，一旦设备失效或故障，会引起过程安全事故。

机械完整性管理体系至少包括设备选择、检验测试和预防性维修、设备完整性培训、设备完整性作业程序、质量保证和设备缺陷管理 6 大要素。执行机械完整性管理体系是在设备全生命周期内，要确保正确的设计、制造和安装设备；在设计界限内运行设备；根据审批的作业程序，由有资质的人员如期完成设备检验、测试工作；维修工作应该遵照规范、标准和制造商建议；采取适当的措施来解决设备缺陷和不足等。

3.9 《资产完整性管理指南》主旨思想是什么？

美国化工过程安全中心 2016 年出版了《资产完整性管理指南》，是《机械完整性体系指南》的更新和扩展，涉及过程工业中固定设施的资产完整性，属于过程安全和风险管理系统的一部分。从机械完整性到资产完整性的变化反映了国际趋势，这个变化与 CCPS 最新的过程安全管理指南的要素基本保持一致。同时 CCPS 认识到还有更多的资产需要进行完整性管理。

本书具体章节包括引言、管理职责、资产完整性管理寿命周期、失效模式和机理（ITPM）、资产选择和重要性确定、检验测试和预防性维修、制定测试和检验计划的方法、资产完整性管理培训和效果验证、资产完整性程序、质量管理、设备缺陷管理、特定设备完整性管理、资产完整性管理项目执行、计量审核和持续改进，共 16 章。首先介绍了资产完整性管理的基础，涉及资产完整性管理定义和目标、管理人员和公司其他人员的角色和职责、资产全生命周期中完整性管理的活动、资产损伤和退化的评估、检测和管理，以及选择纳入资产完整性管理的设施应该考虑的因素。其次，介绍了开展资产完整性管理时需要实施的系列活动，包括检验、检测和预防性维修、相关人员培训、资产完整性管理程序建立、质量管理、设备缺陷处理措施、资产完整性管理方案审核。再次，详细介绍了不同类型设备进行资产完整性管理的具体方法。最后，介绍了实施资产完整性管理所需的资源和数据管理系统、管理体系的绩效指标和持续改进，以及有助于制定资产完整性管理相关决策的风险分析技术。

3.10　资产管理体系标准的演变历程是什么？

在设备完整性管理的带动下，2004 年英国标准协会（BSI）及资产管理协会（IAM）首次颁布了 PAS 55 资产管理标准，包括：PAS 55-1：2004《资产管理：第 1 部分 固定资产优化管理规范》、PAS 55-2：2004《资产管理：第 2 部分 PAS 55-1 实施指南》。2008 年进行了更新，包括：PAS 55-1：2008《资产管理：第 1 部分 固定资产优化管理规范》、PAS 55-2：2008《资产管理：第 2 部分 PAS 55-1 实施指南》。

PAS 55 资产管理标准主要内容包括：0 简介、1 资产管理范围、2 引用标准、3 术语和定义、4 资产管理体系要求、4.1 总体要求、4.2 资产管理方针、4.3 资产管理策略、目标和计划、4.4 资产管理能力和控制、4.5 资产管理计划实施、4.6 绩效评估和改进、4.7 管理评审。资产管理实施方法遵循 PDCA 循环，如图 3-5 所示。

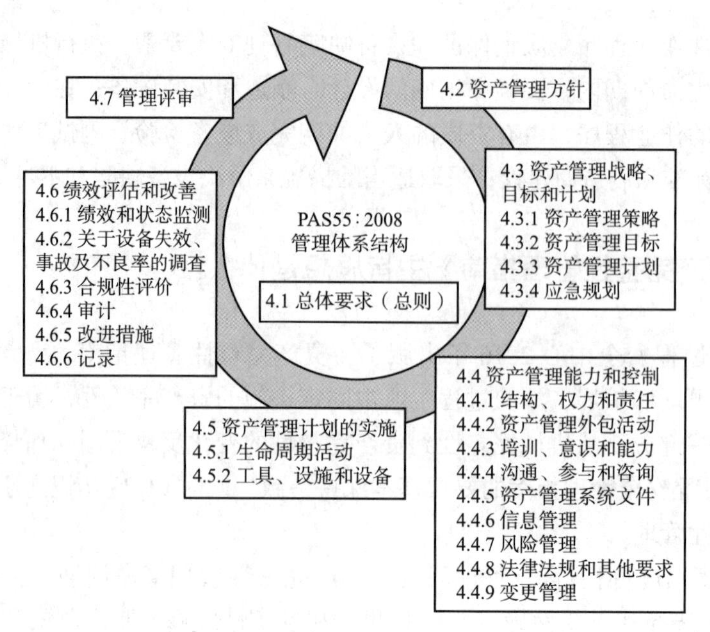

图 3-5　资产管理实施方法

2014 年 1 月，国际标准化组织（ISO）以英国 PAS 55 为基础，颁布了 ISO 55000 国际资产管理标准族，ISO 55000 是国际标准化组织发布的第一个专门针对资产管理的管理体系系列标准，是资产管理的最佳实践指导。包括：

ISO 55000：2014《资产管理—概述、原则和术语》

ISO 55001：2014《资产管理—管理体系—要求》

ISO 55002：2014《资产管理—管理体系—ISO 55001 应用指南》

2016 年 10 月，国家标准化管理委员会组织以国际标准化组织颁布的 ISO 55000 国际资产管理标准族为基础，建立了我国资产管理的管理体系系列标准，包括：

GB/T 33172—2016《资产管理　综述、原则和术语》

GB/T 33173—2016《资产管理　管理体系　要求》

GB/T 33174—2016《资产管理　管理体系　GB/T 33173 实施指南》

GB/T 33173—2016《资产管理　管理体系　要求》的主要章节内容如表 3-2 所示。

表 3-2　GB/T 33173—2016《资产管理—管理体系　要求》主要章节内容

章条号	章条标题
	前言
	引言
1	范围
2	规范性引用文件
3	术语、定义
4	组织环境

续表

章条号	章条标题
4.1	理解组织及其环境
4.2	理解相关方的需求与期望
4.3	确定资产管理体系的范围
4.4	资产管理体系
5	领导作用
5.1	领导作用和承诺
5.2	方针
5.3	组织的角色、职责与权限
6	策划
6.1	资产管理体系中应对风险与机遇的措施
6.2	资产管理目标和实现目标的策划
6.2.1	资产管理目标
6.2.2	实现资产管理目标的策划
7	支持
7.1	资源
7.2	能力
7.3	意识
7.4	沟通
7.5	信息要求
7.6	文件化信息
7.6.1	总则
7.6.2	创建与更新
7.6.3	文件化信息的控制
8	运行
8.1	运行的策划与控制
8.2	变更管理
8.3	外包
9	绩效评价
9.1	监视、测量、分析与评价
9.2	内部审核
9.3	管理评审
10	改进
10.1	不符合项和纠正措施
10.2	预防措施
10.3	持续改进

3.11 什么是设备完整性？

设备完整性是指设备在物理上和功能上是完整的，处于安全可靠的受控状态，符合其生命周期内的预期功能和用途。设备完整性反映设备安全性、可靠性、经济性的综合特性。

3.12 什么是设备完整性管理？

设备完整性管理是指为了确保设备完整性而开展的管理活动，包括设备完整性管理体系建设和维护、管理程序要求和操作过程要求的策划、实施、评审和持续改进，覆盖设备全生命周期和全过程。

3.13 什么是设备完整性管理体系？

设备完整性管理体系是指企业设备完整性管理的方针、策略、目标、计划和活动，以及对于上述内容的规划、实施、检查和持续改进所必需的程序和组织结构。

3.14 管理完整性、技术完整性、经济完整性概念的主要含义是什么？

2015年，中国海油设备设施完整性管理建设首次提出经济完整性的概念，作为中国海油设备设施完整性管理建设内容（包括管理完整性、技术完整性和经济完整性）之一。

管理完整性：通过开展全生命周期、持续改进的管理提升，具备科学的组织机构、合理的人员能力、完善的管理体系、配套的管理标准、先进的管理工具及浓厚的管理文化，形成先进的设备设施管理模式。

技术完整性：通过建立设备设施全生命周期的完整性技术体系，运用基于风险的完整性技术与方法，系统、动态管理设备设施风险，实现设备设施安全可靠，并为经济完整性提供技术保障。

经济完整性：基于管理完整性和技术完整性，通过对设备设施进行全生命周期成本管理，在确保安全可靠运行条件下，尽可能降低全寿命周期的整体。同时，通过建立经济完整性指标体系，掌握设备设施状况及资产管理的整体水平，实现设备设施保值增值及最大经济回报。

3.15 炼化企业设备完整性管理体系建设的背景是什么？

近年来随着装备的大型化、加工原料的持续劣质化、使用环境越来越苛刻、安全和环保要求越来越严格，同时，生产任务繁重，经济增长内动力不足等，企业设备管理表现出许多不足，主要表现在以下方面：

（1）各企业设备管理基于经验积累，做法不一，没有形成统一的设备管理体系和标准，好的做法没有得到共享和传承。

（2）偏重设备工程技术改进，轻设备管理体系的优化，体系化管理的理念不强。

（3）设备全寿命周期管理中风险技术应用不深、不广。

（4）设备管理绩效评价指标过于陈旧，与炼化企业现有的管理水平不相适应。

（5）设备管理工作存在诸多矛盾。例如：检维修管理问题；“三基”管理滑坡；设备全过程管理标准不高、把关不严；设备运维投力不足、维修费使用不规范；设备更新改造投力不足等，影响着设备安、稳、长、满、优运行水平，造成设备腐蚀明显加剧，设备可靠性降低、故障频发，设备老化、磨损严重，装置非计划停工次数增多。

为此，在加强日常管理工作的同时，开展设备管理模式的创新，探索管理层创新、管理方法创新及管理体系创新，通过创新来解决设备管理中的矛盾，强化设备管理、实现设备完好运行，是保障安全生产、完成效益指标的根本保证。开展设备完整性管理：

（1）是遵循国际设备管理发展规律，促进企业发展和进步的内在要求；

（2）是对标国际先进企业，建设“世界一流能源化工公司”的需要；

（3）是贯彻落实集团公司鼓励设备管理模式的创新，解决设备管理中的矛盾，保障企业长周期安全生产运行的必然需要。

3.16　炼化企业设备完整性管理体系与其他设备管理体系的不同点是什么？

炼化企业设备完整性管理体系不同于资产管理体系和机械完整性管理体系，资产管理体系缺少体现完整性管理理念所必需的风险管理、设备缺陷管理、设备变更管理、检验测试与预防性维修等核心管理要素。机械完整性管理体系没有体现管理体系的标准结构。因此，炼化企业设备完整性管理体系在编制过程中借鉴了资产管理体系的体系化管理要求，引用了机械/资产完整性管理的核心要素，并融合了炼化企业设备实际管理的特色做法。

要把机械完整性、资产管理中好的工作理念、方法与石化设备管理优良传统结合起来，建成具有中国石化特色的炼化板块的设备管理体系。

3.17　炼化企业设备完整性管理体系与企业其他管理体系有什么关系？

设备完整性管理体系与企业现有的质量、职业健康安全、环境、能源、HSE体系、计量、测量、内控、应急管理、安全生产标准化等管理体系是并行的体系，是企业一体化管理体系的重要组成部分，如图 3-6 所示。企业应该按照“共性兼容、个性互补、充分满足、高度简洁”的原则，做好体系一体化融合工作。其作用是：通过完善、系统的管理过程，使设备得到正确的设计、安装，合理的操作、维护、检修、改造和更新，保证设备的机械完整性、运行的可靠性。

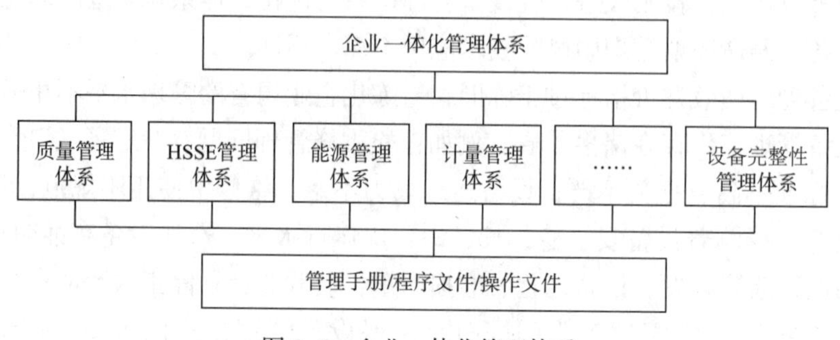

图 3-6　企业一体化管理体系

3.18　炼化企业设备完整性管理体系创建经过了哪些阶段?

中国石化炼化企业设备完整性管理体系（V1.0 版）是在炼油事业部、化工事业部和科技部的领导下，由青岛安全工程研究院和武汉石化团队、中国特检院和济南炼化团队经过多年研发和试点的基础上形成的，主要历程如下：

（1）调研分析、设备完整性管理体系规范编制及成立技术合作委员会

① 2012 年 3 月，炼油事业部在合肥召开了长周期运行试点启动会，安工院首次介绍了设备完整性管理技术，炼油事业部提出了转观念、夯基础、定目标、有措施，就一定能实现长周期目标。

② 2012 年 8 月，安工院在青岛召开了“设备完整性管理技术应用研讨会”，科技开发部、炼油事业部、化工事业部、生产经营管理部、13 个企业的设备经理和机动处长及工程建设公司、高校、科研院所专家共 45 人出席了会议。

③ 2012 年 11 月，炼油部在大连组织召开了试点企业长周期运行阶段总结会，安工院做了“炼油企业设备完整性管理体系”报告，炼油部提出：“要创新管理办法，推崇‘风险’+‘预防管理’。

④ 2013 年 3 月，安工院对中海油、青岛炼化、济南炼化、福建炼化等企业实地调研，并资料调研了 SHELL、埃森哲公司等国外多家石化企业，形成了“国内外设备完整性管理技术调研报告”，对国外现有设备完整性管理技术现状及国内设备完整性管理技术研究的现状进行了分析。

⑤ 2013 年 6 月，安工院翻译、整理以下标准和文献：

PAS 55-1：2008 资产管理（Asset Management）；

PAS 55-2：2008 资产管理实施指南（Asset Management Guidelines for the application of PAS 55–1）;

CCPS 机械完整性体系指南（Guidelines for Mechanical Integrity Systems）等。

⑥ 2013 年 10 月，安工院编写了《中国石化炼油企业设备完整性管理体系规范》和《中国石化炼油企业设备完整性管理体系实施指南》。依据 ISO 55000、CCPS 的机械完整性等最新的国内外设备完整性管理法规和标准，与中国石化现行“设备管理办法”和设备管理标准规范进行对照，并听取中国石化高级设备管理专家的意见，反复开会讨论、数次易稿，确定了 10 个一级管理要素。

⑦ 2013 年 11 月，炼油事业部在北京组织召开了“中国石化炼油企业设备完整性管理体系规范”及“实施指南”审查暨成立“设备完整性管理技术合作委员会”会议，会议决定由青岛安工院在武汉石化、青岛炼化开展设备完整性管理体系试点建设工作。

（2）设备完整性管理体系架构研究及试点

① 2014 年 3 月至 4 月，安工院基于科技部课题“炼油企业设备完整性管理体系架构研究”，召开项目启动会，开始武汉石化设备完整性管理体系试点工作，首先开展了武汉石化设备完整性管理初始状况评估。

② 2014 年 4 月至 8 月，安工院基于科技部课题“炼油企业设备完整性管理体系架构研究”，开展了青岛炼化设备完整性管理体系建设咨询服务。

③ 2014 年 5 月，青岛安工院、武汉石化、石化盈科策划设备完整性管理信息化布局工作。

④ 2014 年 8 月至 12 月，安工院整理和编写试点工作报告，召开了设备完整性管理体系试点工作阶段性总结和研讨会。

⑤ 2015 年 1 月，安工院基于科技部课题“基于完整性技术的设备缺陷管理系统开发”，启动武汉石化设备完整性管理信息化平台建设。

⑥ 2015 年 5 月 26 日，炼油事业部在武汉组织召开了设备完整性管理试点工作专题研讨会，对青岛安工院和武汉石化联合进行的设备完整性管理体系研究及目前试点工作给予肯定，认为设备完整性管理试点工作已经“破了局”，迈出了关键的一步。

⑦ 2015 年 7 月至 2016 年 12 月，青岛安工院和武汉石化基于炼油事业部课题“中国石化炼油企业设备管理指标体系研究”，开展设备完整性管理绩效指标（KPI）的研究。

⑧ 2015 年 8 月，武汉石化设备完整性管理体系文件发布并试运行。

（3）炼化企业设备完整性管理体系（V1.0 版）的建设

① 2016 年 9 月，炼油事业部在武汉组织召开设备完整性管理试点工作研讨会，会议认为青岛安工院和武汉石化开展的设备完整性管理体系试点取得了成绩，搭建了中国石化设备完整性管理体系的框架；提高了设备完整性管理的认识，统一了思想；会上确定 2017 年将发布由青岛安工院和武汉石化试点的中国石化炼油企业设备完整性管理体系 1.0 版。

② 2016 年 11 月，炼油事业部、安工院和武汉石化组建中国石化炼油企业设备完整性管理体系（V1.0 版）工作组，召开首次工作例会，推动体系（V1.0 版）的建设。

③ 2016 年 12 月至 2017 年 4 月，安工院和武汉石化联合工作组多次召开阶段性工作例会，对体系标准、体系实施方案、体系三级文件、体系评审方法、绩效指标设定及计算、信息化平台建设、运行机制等进行讨论，并提出修改完善意见，推动体系（V1.0 版）的建设。

④ 2017 年 5 月，炼油事业部在总部召开了阶段性研讨会，与会专家一致认为工作量很大、深度很深，设备专业的体系建设十分重要，先做体系试点是正确的，并指示炼油事业部设备处做好科学决策、统筹规划工作。

⑤ 2017 年 7 月，武汉石化设备完整性管理体系文件再次修订完善。

⑥ 2017 年 10 月，炼油事业部在武汉召开了设备完整性管理项目中期评估会议，得到炼油事业部肯定，认为试点工作取得了成功，达到预期目标，效果显著。

（4）炼化企业设备完整性管理体系文件的合并与发布

① 2016 年 8 月，济南分公司与中国特检院共同申报 2016 年科技部课题“基于风险的设备维护检修管理系统研究与应用”，在此基础上开展设备完整性管理体系的研究与应用，2017 年 12 月项目结题。

② 2018 年 3 月 25~27 日，按照炼油事业部指示，安工院和中国特种设备检测研究院开展了设备完整性管理体系文件（1.0 版）的融合工作。在安工院的主持下，双方经过梳理总部要求、讨论确定体系文件融合内容及修改完善体系文件，最后以安工院编制的体系文件为主，融合了特检院体系文件的部分内容。

③ 3 月 28 日，炼油事业部和化工事业部在总部办公大楼组织专家研讨会，对融合后的体系文件进行审查，在根据设备管理实际情况进行局部调整后，形成了中国石化炼化企业设备完整性管理体系文件（1.0 版）。

④依据 3 月 28 日专家审查会意见，安工院项目组对体系文件进行了修改；结合 4 月 3 日与总部企业管理体系规划部门研讨会的建议，项目组对体系文件进行了再次修改；4 月 4~5 月 25 日期间，根据总部领导建议和组内讨论，安工院项目组对体系文件进行了多次修改，5 月 25 日形成体系文件（V1.0 版）送审版。

⑤ 2018 年 6~8 月，总部要求对体系文件（V1.0 版）再次进行修改。

⑥ 2018 年 8 月 14 日，由炼油事业部和化工事业部组织，安工院承办的中国石化炼化企业设备完整性管理体系建设推广工作暨中国石化炼化企业设备完整性管理技术委员会换届会议在青岛召开，炼油事业部、化工事业部、科技部、信息部、生产经营管理部、9 家推广企业及其他直属企业的总经理或设备副总经理和设备处长等共计 50 余人参加了会议。中国石化炼化企业设备完整性管理体系文件（V1.0 版）发布。此外，会议宣读了第二届中国石化炼化企业设备完整性管理技术委员会成员名单，秘书处挂靠青岛安工院，完成了设备完整性管理技术委员会换届工作。

3.19 《炼化企业设备完整性管理体系文件（V1.0版）》包括哪些内容?

（1）文件结构与层级见图3-7。
（2）文件目录见图3-8。

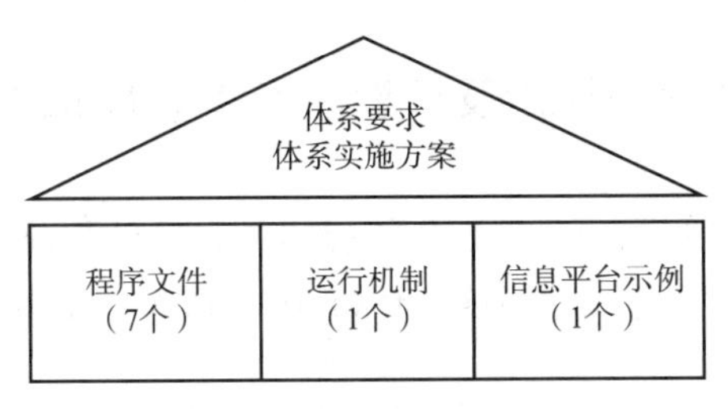

图3-7　文件结构与层级

分类	文件名称
总体要求	1.《中国石化炼化企业设备完整性管理体系要求》 2.《中国石化炼化企业设备完整性管理体系实施方案》
运行机制	《中国石化炼化企业设备完整性管理体系运行机制》
程序文件	1.《中国石化炼化企业设备选择和分级管理程序》 2.《中国石化炼化企业设备风险管理程序》 3.《中国石化炼化企业设备过程质量管理程序》 4.《中国石化炼化企业设备检验、检测和预防性维修管理程序》 5.《中国石化炼化企业设备缺陷管理程序》 6.《中国石化炼化企业设备变更管理程序》 7.《中国石化炼化企业设备完整性绩效管理程序》
信息平台示例	《武汉石化设备完整性管理信息平台说明文档》

图3-8　文件目录

3.20　SHELL公司设备完整性管理体系架构是什么?

SHELL认为成功的设备完整性管理（AIM）系统是设计完整性、技术完整性和操作完整性的组合。SHELL汇编形成了多项设计和好的工程实践，是SHELL在安全和可靠性方面的工业设计、工程标准和设计规范的多年积累。在勘探、钻井、采油、工艺、运输、储存危险物质或能源方面有强制性技术标准，采用严格的过程对任何偏离这些强制性技术标准的行为进行审查和变更管理。制定了过程安全方面的强制性技术标准。根据其他工业事故调查报告中的建议对这些标准进行完善，如Baker报告的得克萨斯城事故——临时移动式建筑的安全选址指导和如何避免液体物料通过泄压装置释放到大气中。

目前，对于如何提高设备可靠性、可用性，延长设备使用寿命，减少非计划停工和维修事件，降低操作成本，SHELL公司设备完整性管理技术走在世界前沿，能有效应对原油劣质化对设备冲击（如腐蚀等）时对设备的安全监管。S-RCM、S-RBI、IPF（仪表保护功能）、Civil RCM等技术已被广泛延伸到上游采油设备、近海海上平台、输运管道、LNG设备及炼厂及化工很多装置设备中。

3.21 SHELL公司设备风险及可靠性管理（RRM）是什么？

对于风险及设备设施管理，SHELL公司提出了自己的思路和技术路线——风险及可靠性管理（RRM），见图3-9。在这个管理体系中，包含四个方面的技术支撑：

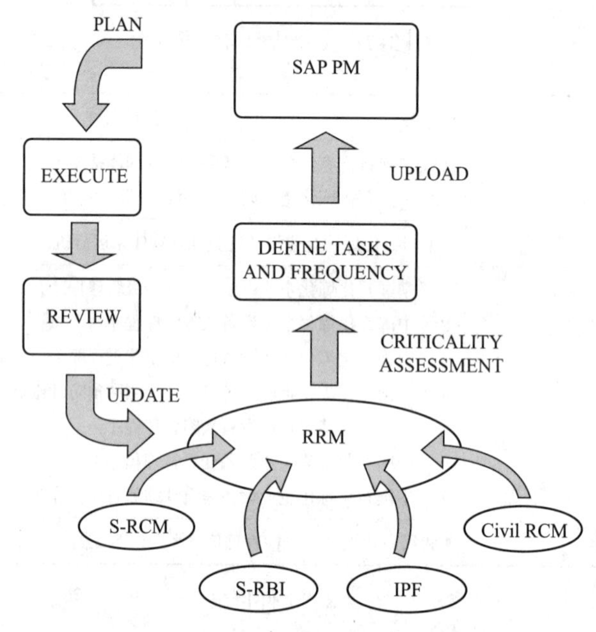

图3-9　SHELL公司RAM管理体系

（1）S-RCM为装置提供基于风险的检维修策略；

（2）S-RBI为压力容器等提供基于风险的检验；

（3）IPF（仪表保护功能）提供仪器仪表检验维护的频率；

（4）Civil RCM为公用工程系统提供基于风险的检验。

如此达到装置设备全方位的管理。

对于风险及可靠性管理，SHELL提出了“Bow-Tie领结模型”，见图3-10、图3-11。

这一模型用于识别评估HSE有害因素，用于评估并实施补救措施，以求将危害及风险降到最低。

同时，为所有的风险隐患及危害设置“Barrier”屏障，见图3-12。这些屏障就是针对设备设施管理的具体技术，包括S-RBI/IPF/RCM/ESP等。

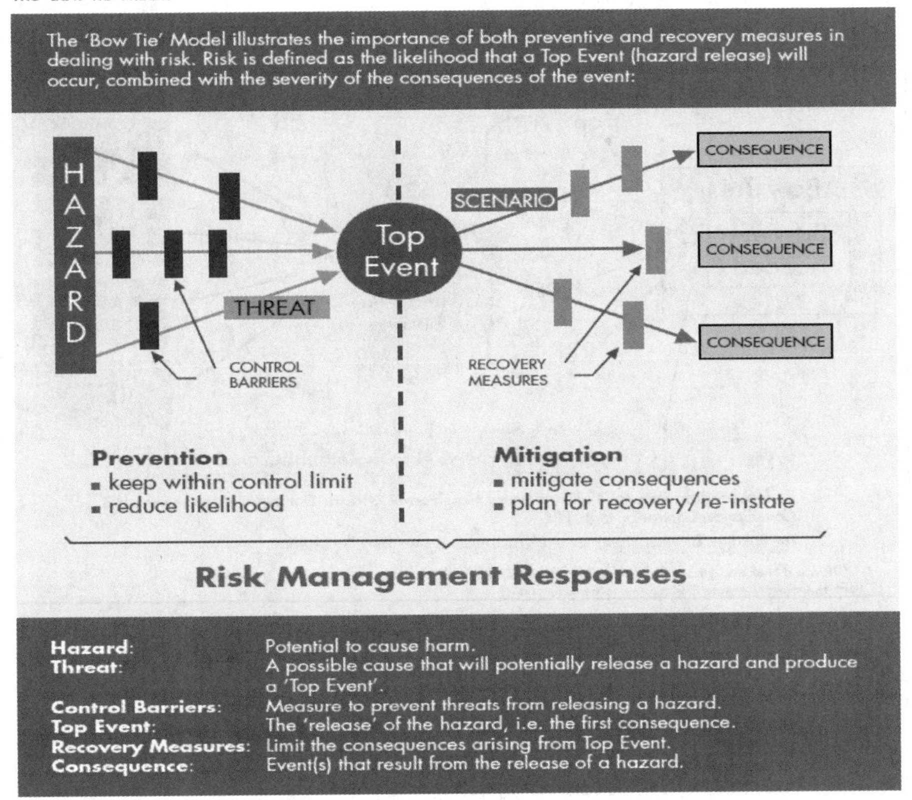

图 3-10 SHELL 公司提出的“Bow-Tie 领结模型”（1）

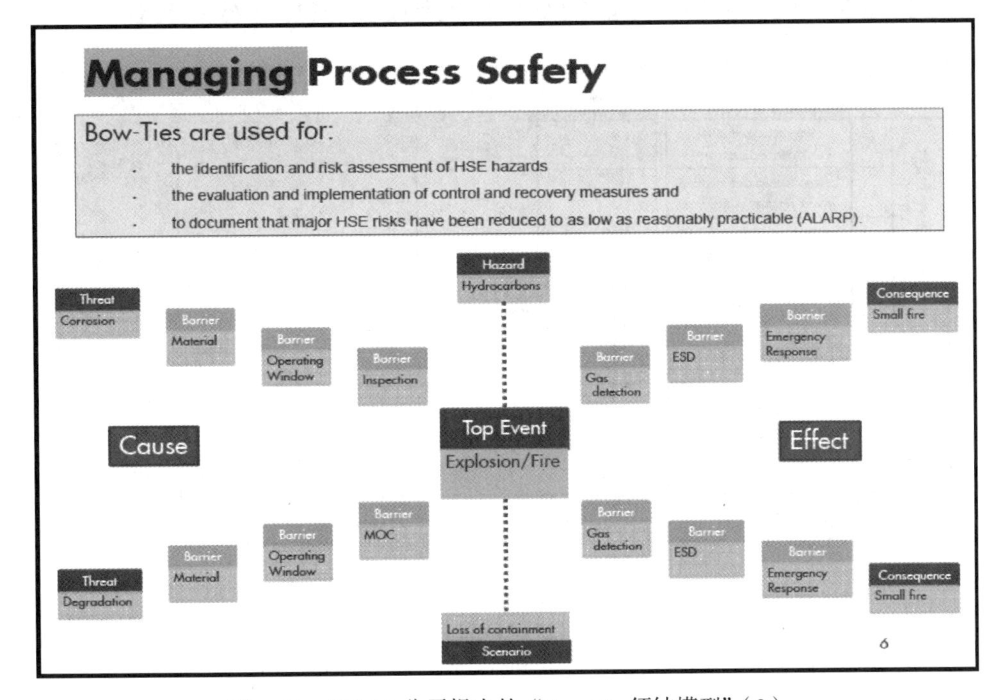

图 3-11 SHELL 公司提出的“Bow-Tie 领结模型”（2）

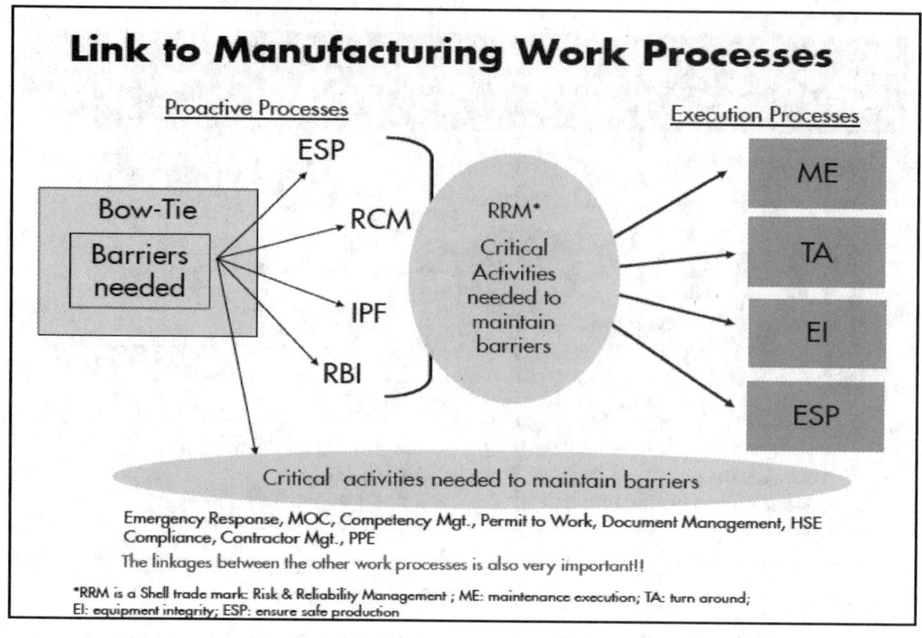

图 3-12 SHELL公司提出的“Bow-Tie领结模型”消除“障碍”支撑技术

针对S-RBI技术，SHELL还提出了风险分析评估的风险评估矩阵（RAM），见图3-13。分级别列出失效可能性，从经济核算、HSE各方面列举出可能的后果严重性，以此综合评估整个设备设施的可能存在和面临的风险。

Assessment of the Criticality (RAM)

		Susceptibility to Failure	Criticality				
PROBABILITY CLASS	H	Very susceptible to degradation	L	MH	H	E	E
	M	Susceptible to degradation under normal conditions	L	M	MH	H	E
	L	Susceptible to degradation under upset conditions	N	L	M	MH	H
	N	Not susceptible under any forseen conditions	N	N	L	M	MH
CONSEQUENCE CATEGORY		ECONOMICS (US$)	no/slight damage	minor damage	local damage	major damage	extensive damage
		HEALTH & SAFETY	no/slight injury	minor injury	major injury	single fatality	multiple fatalities
		ENVIRONMENT	no/slight effect	minor effect	local effect	major effect	massive effect
CONSEQUENCE CLASS			NEGLIGIBLE	LOW	MEDIUM	HIGH	EXTREME

RAM=Risk Assessment Matrix（风险评估矩阵）

N=Negligible（可忽略的） L=Low（低） M=Medium（中）

MH=Medium High（中高） H=High（低） E=Extreme（极端的）

图 3-13 SHELL公司风险评估矩阵

3.22　SHELL 公司在设备完整性方面技术研发成果有哪些？

SHELL 公司在设备完整性方面的技术研发取得了很好的成果，见图 3–14。

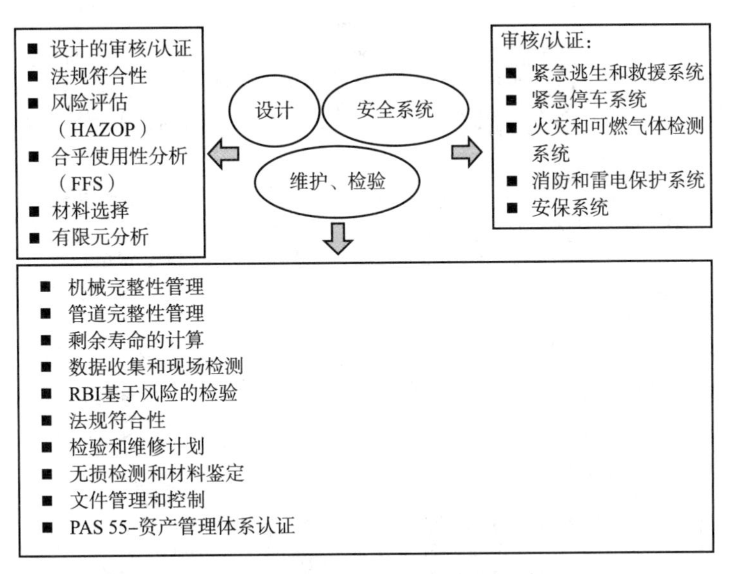

图 3–14　SHELL 公司在设备完整性方面技术研发成果

为了达到最好的设备完整性管理目标，SHELL 公司还在工程设计、安保系统、检验维护等方面集成了众多的技术，用于支撑完整性管理目标的实现，这些技术包括：设计阶段的设计认证、风险评估（HAZOP）、服务适应性（FFS）评估、材质特性分析、有限元分析等；全保系统方面的紧急逃生救援系统、紧急停车系统、火焰气体检测系统、点火系统、安全系统等；以及维护检验方面的机械完整性管理、管道完整性管理、剩余寿命分析、数据采集、基于风险的检验、检维修计划、材料无损检测、文件管理及控制、资产管理系统审核等。

随着时间推移，设备的完整性会因多种原因而降低。SHELL 开发了两个方法来对完整性进行评估，称之为 FAIR（Focused Asset Integrity Reviews）。

FAIR+ER：对设备的完整性指标进行评估。

对设备状态进行评估，首先定义设备的用途和功能，采用统一、可重复的模型进行评估。

FAIR+MS：对管理系统的有效性进行评估。

对完整性管理体系进行结构化的审核，并针对特定的资产类型开发了不同的审核模块。如针对静设备管道、仪器仪表、动设备、油田、管道和离岸设施结构等的模块。

3.23 BP 公司设备完整性管理体系架构是什么？

BP 公司（Texas City Refinery）实施承压设备完整性管理（PEI），见图 3-15。

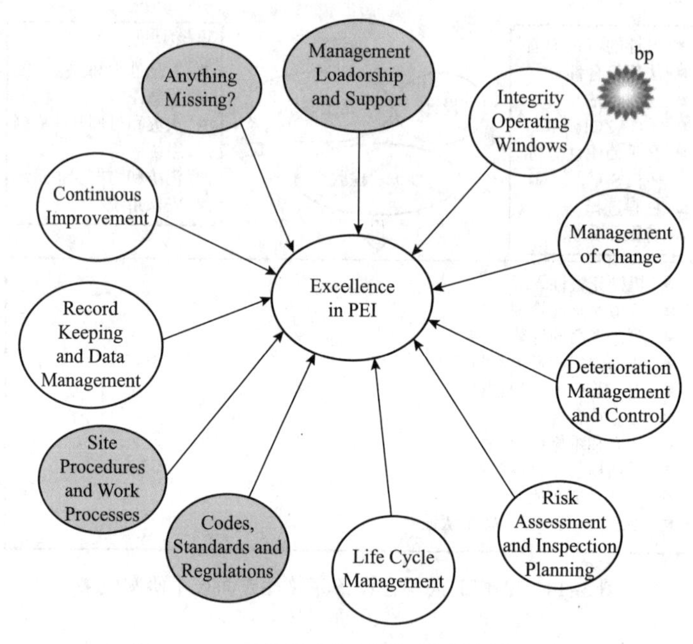

图 3-15　BP 公司实施承压设备完整性管理

BP 公司在设备完整性管理过程中，整合了腐蚀控制、完整性观察窗口、腐蚀流分析、RBI、IDMS（完整性驱动的监测系统，Intelligent Device Monitoring System ）等先进技术，见图 3-16。

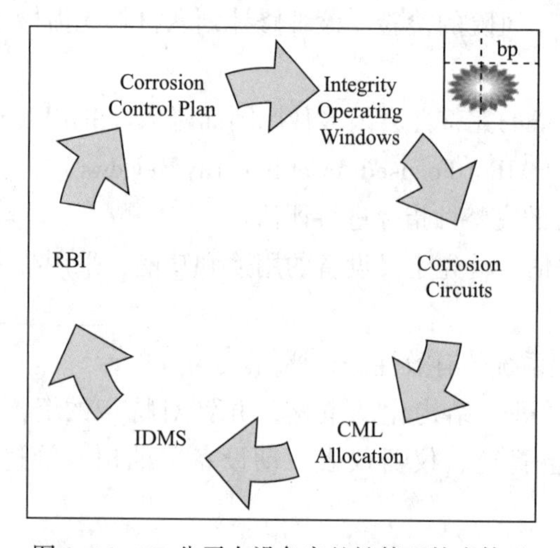

图 3-16　BP 公司在设备完整性管理技术体系

3.24　福建联合石化设备管理体系的主要特点是什么？

福建联合石化参照美孚 GRS 体系建立了可靠性管理体系（RS），与 OIMS 等体系并行，并做一体化融合。该体系文件层级为三级，包含 10 个要素和 19 个子系统。形式与埃克森美孚基本一致，体系要素有：管理层领导、承诺与问责、风险评估和管理、装置设计与施工、信息资料 / 文件、人员和培训、操作和维护、变更管理、第三方服务、事故调查和分析、评估和改进。

RS 体系内审工作依托可靠性体系管理委员会，该委员会由企业总裁担任主席，由生产、设备、技术规划等部门主管领导组成，负责体系推进和执行审查。要素的建设实行业主制，每一个要素指派专人作为负责人，除此之外每个要素还设置了管理者，二者共同负责要素的建立和维护。

每年由委员会组织开展内审，要素的业主负责编制审查方案，要素的管理者和观察者参与审核。审核方式主要为人员访谈、现场查看与资料查阅。审查范围为所有要素全覆盖，在全厂进行抽查。审核的内容为二级文件中的要求，审核时间约为 1 周，最终评价每个要素有一个定性的分值。同时给出不符合项，评价不符合项分 4 个等级。要素业主根据每一个差距要求，制定行动项计划，体系管理者对后续进行追踪，要素管理者推动计划执行并提交关闭证据。

3.25　福建联合石化操作完整性管理体系是什么？

（1）OIMS 框架

福建联合石化操作完整性管理体系（OIMS）从 2009 年开始实施。在埃克森美孚研究院提供的 OIMS 版本上，根据本企业的情况进行细化和改进形成联合石化 OIMS 2009 年版（目前正在编写 OIMS 2011 版）。

福建联合石化公司承诺安全、可靠及无害环境的操作，这种承诺要求对危险进行系统的识别、评估和控制，从而对危险带来的风险加以管理，使员工、承包商、客户、公众及环境得到保护。该承诺还要求完全遵守安全、健康与环境方面的法律。OIMS 系统为实现上述目标提供一套结构化的方法。

事实上，OIMS 系统就是中国石化的 HSE 管理体系，但其中强调了过程安全中的信息资料、操作与维护（工艺操作与设备维护）、机械完整性、操作界面管理。这些在中国石化 HSE 管理体系中是弱化的。

OIMS 管理系统框架由 11 个要素组成，见图 3–17，各要素均包括一个基本原则和一套在装置设计、施工及操作过程中需要达到的期望目标（共计 65 个）。第 6 个要素包括 7 个子要素，是风险控制的关键要素，见表 3–3。

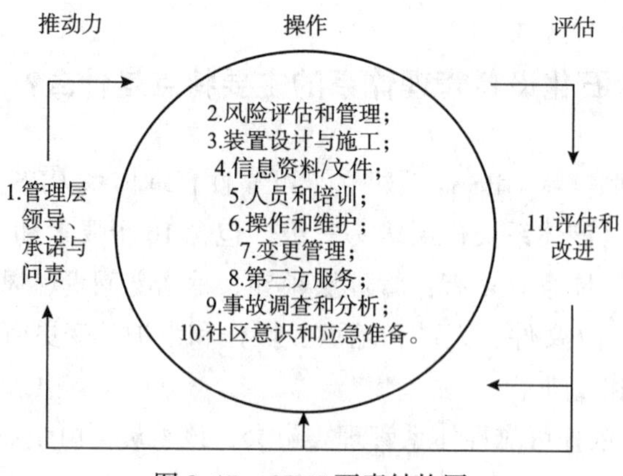

图 3–17　OIMS 要素结构图

表 3-3　OIMS 体系 21 个子要素

1.1	管理层领导、承诺与问责	6.4	机械完整性
2.1	风险评估与管理	6.5	环境保护
3.1	装置设计与施工	6.6	法规履行
4.1	信息资料 / 文件	6.7	操作界面管理
5.1	人员安全	7.1	变更管理
5.2	职业健康	8.1	第三方服务
5.3	人员	9.1	事件调查与分析
5.4	培训	10.1	应急准备
6.1	操作与维护规程	10.2	社区意识
6.2	作业许可证	11.1	评估和改进
6.3	关键安全设备		

（2）管理委员会与要素业主

公司还成立 HSE 委员会，负责统筹 HSE 管理，每季度召开 1 次会议。还成立了安全生产委员会、OIMS 委员会、承包商管理委员会、可靠性及维修指导委员会、团队指导委员会，每月召开 1 次会议。

公司成立由各要素业主组成的 OIMS 管理委员会，公司总裁担任主席，在总裁的领导下对体系进展和执行情况开展审查。

在福建联合石化，总裁的第一要务就是 OMIS 体系的建立和推行。总裁和副总裁分别担任两个要素（1，11）的业主。

专业职能部门作为要素业主，是“谁主管、谁负责”的专业安全的良好实践方法。

◆ OIMS 协调员

公司指派 OIMS 协调员，负责总体协调 OIMS 体系运行中的相关事务。

◆ 要素业主及体系管理者

要素业主负责 OIMS 21 个要素的建立和维护，并审查其执行情况。每个要素都指定一名体系管理者配合要素业主进行OIMS体系的日常管理工作。各体系管理者与要素对应关系见表3–4。

表3-4 各体系管理者与要素对应关系图

序号	体系管理者职位	要素
1	FREP总裁	1.1
2	FREP副总裁	11.1
3	HSE总经理	2.1、5.1、9.1
4	生产运行总经理	6.1、6.4
5	设备部总经理	6.3、8.1
6	HR部总经理	10.2
7	技术与规划部总经理	3.1
8	生产部总经理	6.2
9	生产部副总经理	6.7、7.1、10.1
10	技术与规划部副总经理	4.1
11	HR副总经理	5.3、5.4
12	HSE副总经理	5.2、6.5、6.6

要素业主职责：

◇ 确保获得系统所需的资源；

◇ 对系统进行审查，并获得管理层的批准；

◇ 为管理层监督该系统的绩效。

体系管理者职责：

◇ 协调编制系统所需的程序和计划；

◇ 协调系统的实施；

◇ 执行系统要求的核实和测量活动；

◇ 不断改进系统。

◆ 每个要素设置了监测指标，监测指标上报管理评审。

业主组织收集关键测量指标，每季度评审1次，成熟企业每半年1次。绩效指标测量是促进管理体系有效执行、促进持续改进的重要举措。要素监测绩效指标如表3–5所示。

表3-5 要素监测绩效指标摘录

序号	体系归口职位	要素	监测绩效指标
1	总经理	领导 持续改进	见表3–6
2	副总经理	组织机构 审核、管理评审与持续改进	• 审核计划完成率 • 内审员审核能力（优、中、差级别） • 内审问题整改率 • 管理评审决议完成率

续表

序号	体系归口职位	要素	监测绩效指标
3	HSE 部门主任	6.1 作业许可	• 根本原因与该要素有关的事件数量 • 作业许可审查数量 • 作业许可证填写完整性和准确性 • 作业现场与作业许可证相对应的百分比 • 现场作业许可证按适当的职责层级审核并批准 • 监护人、值班长作业许可培训（复训每年 1 次）率 • 承包商作业负责人作业许可培训（复训每年 1 次）率
4	HSE 部副主任	绩效测量	• 该要素缺陷引发事件次数 • 绩效指标测量数据有效性 • 各专业检查计划完成率 • 检查问题数量 • 问题原因分析数量 • 问题同期降低百分比
5	生产部主任	工艺操作	• 该要素（程序与工艺控制）缺陷引发事件次数 • 操作平稳率 • 操作纪律执行率 • 完成有效性验证的工艺操作 / 现场操作规程的总数量 • 进行更新的工艺操作 / 现场操作规程的百分比
6	设备部主任	设备完整性	• 该要素缺陷引发事件次数 • 关键安全设备的检测计划完成率 • 安全阀检测计划完成率 • 安全阀延期检测数量 • 关键仪表系统检测计划完成率 • 关键仪表延期检测数量 • 关键安全在线分析仪检测计划完成率 / 延期检测数量 • 可燃有毒报警仪检测计划完成率 / 合格率 / 延期检测数量 • 远程紧急切断阀检测计划完成率 / 合格率 / 延期检测数量 • 关键电气系统检测计划完成率 / 合格率 / 延期检测数量
7	人力资源部主任	培训	• 培训教材适用性（审核数量 / 建议修改数量） • 培训计划完成率 • 培训有效性 • 操作正确性
8	工程部主任	工程，新改扩建	• 该要素缺陷引发事件次数 • 现有承包商企业数量 • 承包商现场培训完成率 • “三同时”执行抽查问题数量 • 工程资料正确率 • 施工现场检查问题数量

◆ 高层领导职责

建立了《管理层领导承诺与问责程序》。高层领导（包括职能部门一把手）除了是要素责任人外，还有 HSE 观察、承包商经理人伙伴活动、参加事故分析会，负责 3 级以上风险措施的审核、关闭跟踪等。高层领导每月1次HSE观察（实际执行记录显示总裁、副总裁每月5次左右），填写观察记录。高层领导与承包商经理人一一结成“伙伴关系”，必须进行定期沟通。体系协调人为高层领导建立计划表、保存相关记录。

管理层绩效考核指标见表3-6。

表3-6　管理层绩效考核指标

OIMS1.1 管理层领导、承诺与问责				2012年	2013年					
业主：陆东　管理者：桂华										
序号	核实和测量	目标	警戒值		10	20	30	40	年初至今	状态 ●●●
1	其根源与本系统有关的事故数量			5	3	0	0	3	6	
2	内外部评估获得的操作完整性管理系统评级									
	●体系状态			2.2						
	●体系有效性			1.9						
	●整体平均			2.1						
3	关键的操作完整性系统的建议跟进（例如操作完整性评估、风险评估危险与HAZOP审查及事故调查—确定出更高的优先级）									
	1.HAZOP审查中具有较高风险等级问题未关闭数量（一级和二级风险）	12		41	42	42	42	42	42	●
	2. 完成/未完成事件调查建议的数量。（中、高风险等级）	NA/O		131/17	3/2	1/1	5/1	3/1	17/0	●
	3. OIMS内/外审查中具有较高风险等级问题未关闭数量									
4	安全、健康与环保绩效评分卡指标									
	●总可记录事故率（员工+承包商）	≤ 0.20	0.18	0.08	0.08	0.07	0.00	0.00	0.08	●
	●生产安全事件	≤ 10		5	0	0	0	2	2	●
	●燃烧事故	≤ 15		14	5	5	9	34	54	●
	●环保事故	≤ 4		17	2	1	1	5	9	●
	●未遂事件	NA		152	191	228	194	43	656	
5	与计划相比，所进行的观察与管理层到现场视察次数	100%	90%	29%	95%	100%	70.0%	18.0%	71%	●
	●表现好									
	●表现不如意，警示									
	●表现不好									

说明：该数据为全部人员观察次数总和，如按人安全观察次数统计，仍有部分未实现每月任务。

（3）组织机构与职责

埃克森美孚的组织机构与责任的理念是弱化部门的作用，实施 BTM（business team manager）模式，即以生产业务为核心成立生产领导小组，设备、工艺、培训等部门为生产服务。

福建联合石化机构改革中的重要部分还包括设备员、安全员等全部从车间调至职能部门，听候职能部门调遣，其办公桌都搬至职能部门。但一些人认为这种倒三角形的人员结构不利于车间紧急情况处理。

（4）风险评估

埃克森美孚公司将风险评估作为安全管理核心，所有问题是否采取措施需要先进行风险评估。

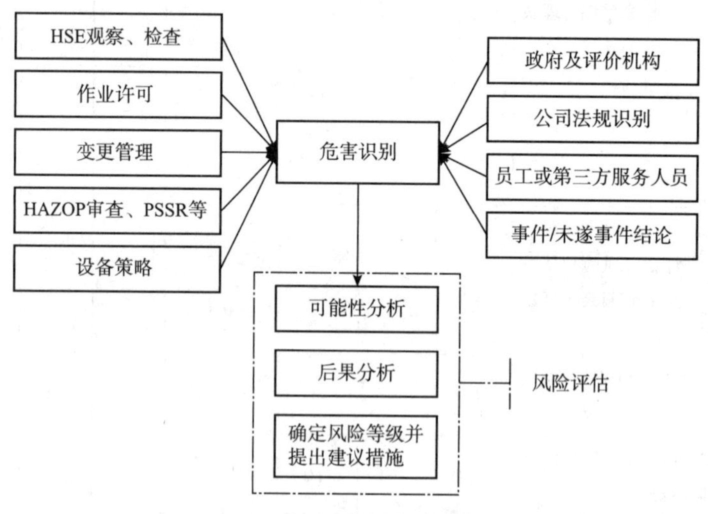

图 3-18　安全管理流程图

对风险采取分级控制。风险及采取措施的必要性、可行性审批则进行分级审批、关注，审批者关注采取措施后的残余风险。所有三级以上的风险由 HSE 部门进行备案、趋势分析。安全委员会进行闭合检查。该方法能够确保企业风险控制优先级得到贯彻实施，确保高风险及时消除。风险措施分级审批如表 3-7 所示。

表 3-7　风险措施分级审批

风险	批准者	关注者	残余风险与批准要求
第 1 级	部门总经理	生产副总裁	若有关 HSE，则不能接受；若仅与财产损失有关，由生产副总裁批准。
第 2 级	部门副总经理	部门总经理	生产副总裁批准。
第 3 级	团队经理	部门副总经理	部门总经理批准。

（5）审核

每年进行内审，并每 3 年由埃克森美孚专家进行 1 次外方审核。研究中心开发了一套审核指导检查表，内外部审核以一致的审核标准进行审核。

福建联合石化人员反映埃克森美孚审核过程基本都在使用安全管理的语言，认为石化企业管理基本就是安全管理。因为质量控制无非是生产过程中的几个工艺指标，原料、中间物料的几个指标的控制。

审核重视问题关闭。

（6）事件管理

建立了《事件风险分析工具》。事件分为工艺安全、人员安全、环境、可靠性四类。按照潜在后果，建立了四个等级的分类表，确保高风险事件得到彻底调查和经验分享。事件调查时要找出：事件的起因条件，即直接导致事件的一种条件，包括疏忽，必须调查出根本原因，根本原因是归结到管理体系要素，如 OIMS 体系要素 6.1 操作与维护规程。事件风险等级 = 实际后果分数 * 潜在后果分数 * 屏障分数。高于 800 分的为高风险。重大事件对上级进行通报。

要求企业“具有较高获取价值的事件（HLVI）”的报告和跟踪。企业建立 HLVI 委员会，由管理员、化学 HSE 代表、炼油代表、设备可靠性代表组成，委员会负责审查全球 HLVI 事件包，并向全球专家请教，确定事务或技术的相关性并提出合适的行动计划。

（7）操作与维护规程

建立了《操作与维护规程》程序。程序中描述了操作与维护规程如何编制，必须包括开车、正常操作、临时 / 特殊操作、应急停车、正常及紧急停车作业标准，必须描述产生潜在 HSE 影响的操作极限，其他还有原材料的质量控制、危化品的库存水平、MSDS 等等。

（8）埃克森美孚体系提升研究中心

中国石化 HSE 管理与埃克森美孚对比的几点不足包括：

- 专业化角度不足
- 更新改进不足
- 安全经验利用不足
- 技术支持不足

埃克森美孚在这些方面的良好做法是：

◆ 改进提升方面：

埃克森美孚管理体系改进是由埃克森美孚下属的一研究院专门负责，每年提出持续改进的建议。该中心编制的文件也是知识产权，均通过销售方式下发至企业。如 GMG（global manufacture guideline）直接作业环节的几个制度（受限空间、打开设备、动火作业、高处作业等）是第一优先级程序，每个企业必须购买；福建联合石化花费 8 万元买到了审核员培训课件与审核检查表；因为程序文件价格较高，福建联合石化的设备可靠性的大多数程序还没有买进。

合资企业有较高比例的设备、工艺、安全专业人员接受过该中心组织的相关培训。

◆ 安全经验分享

埃克森美孚建立了全球安全经验分享信息平台，一家企业有疑难，如事件原因分析不出，在平台上可以提问，其他企业人员就会将类似事件的经验进行分享。

◆ 技术支持

建立了 HAZOP 支持数据库，进行资源共享。建立了各类设备失效分析数据库（合资企业要出钱购买）。建立了亚太地区资料中心库，但资料管理严格，资料获取需要签字。

3.26 福建联合石化可靠性系统是什么？

福建联合石化可靠性系统（RS）为提高可靠性提供了一个通用的框架。RS 体系的目标是实现“持续可靠性、可用性与成本目标”。为了在世界级的成本下安全地实现持续高标准的装置可靠性及可用性，同时对装置最大盈利能力及其他设施提供支持。RS 体系关注与所有可靠性和维护绩效要素的有效管理方面，并对 OIMS 体系进行补充。RS 体系结构见图 3-19。

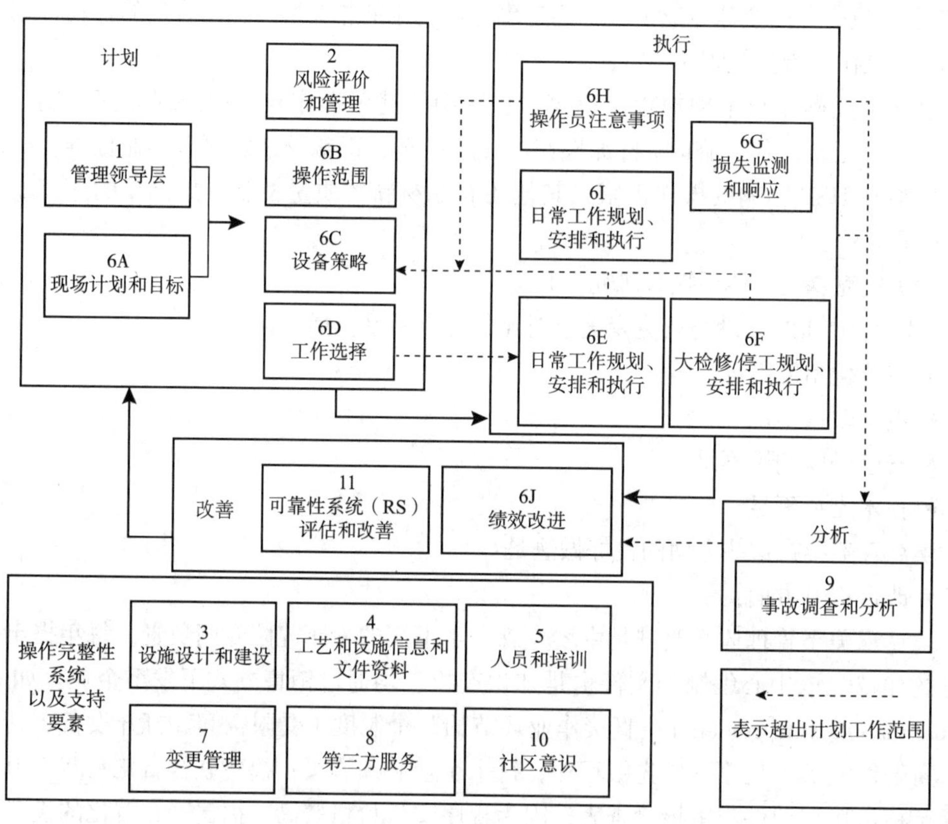

图 3-19　RS 体系结构图

RS 体系还仿照安全金字塔提出了可靠性金字塔，见图 3-20。从金字塔的底层往上分别是“消除低层的可靠性缺陷——降低设备故障——提高主要产品质量、减少主要设备故障——减少装置减产——减少装置停车”。

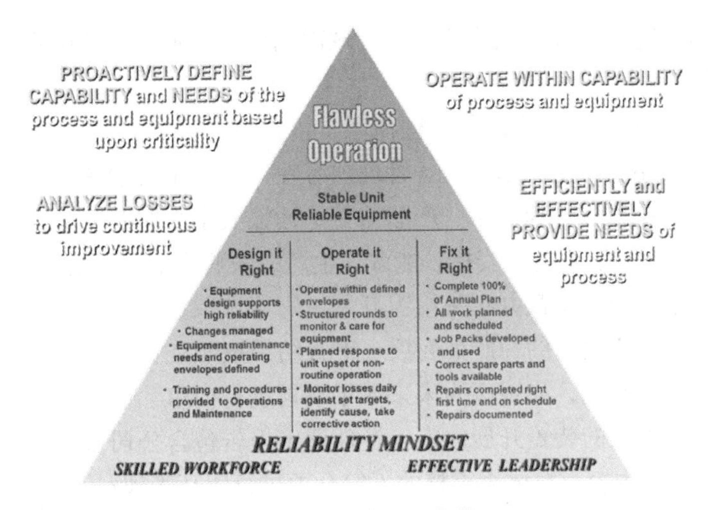

图 3–20 可靠性金字塔

RS 实施过程中，采用与 OIMS 相同的方式进行培训、编写文件等工作。由于两个体系的要素一致，要素 1 和 11 同样规定由总裁负责。要素 10 由于要求的内容比较少，所以在可靠性体系文件中没提出要求，要素 3、4、5、7、8 共用 OIMS 要素的内容。要素 6 是 RS 体系重点，又包括 6A~6J 共 10 个子要素。要素 6 的关键子要素链接图见图 3–21。

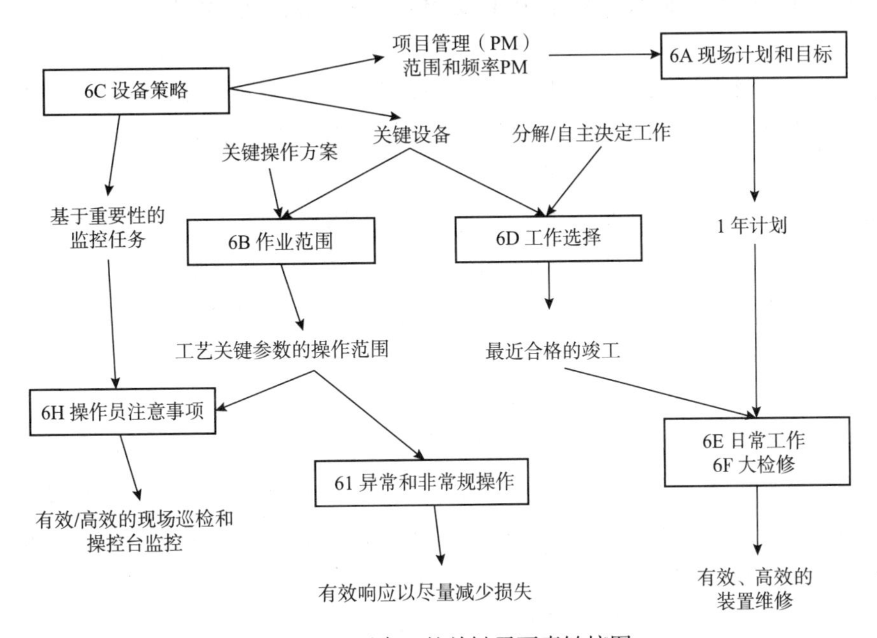

图 3–21 要素 6 的关键子要素链接图

3.27 扬子巴斯夫公司设备管理体系的主要特点是什么?

公司管理架构采用扁平化理念，总裁下辖 5 个事业部负责公司的各项工作运转，其中维修管理部与中国石化炼化企业的设备管理部门职能相近，其下设置维修组，职能接近于可靠性工程师。

扬子巴斯夫公司无单独的设备管理体系，沿用资产完整性理念，并与其他体系融合，形成了责任关怀一体化体系，设备管理内容在工艺安全要素中体现。责任关怀体系要素有：组织、领导力和管理体系、产品监督、运输安全、职业安全、职业健康、工艺安全、环境、应急响应、沟通、安保、能源、生产、采购、市场和销售、人力资源。

责任关怀体系内审由总裁办牵头组织开展，每年选取数个装置，进行要素全覆盖审查。检查工具为问项表格，约 300 个问项。审查结果按照红黄绿进行分区评级。根据评级颜色确定后续评审时间，如绿区为未来 5 年不再进行内审，通过评审结果以及 3 年滚动计划，每年选取不同的装置开展内审。管理评审报告包含公司目标、行动计划、改进和下一年行动计划等内容，对体系审核的不符合项进行闭环管理。

此外，扬子巴斯夫公司每年还接受保险公司组织的业内专家开展的现场勘查，该勘查根据历年检查结果，进行抽样检查，持续时间 1 周左右。主要检查方式是现场检查、人员交流、文档查阅等。检查过后会按照风险等级对需要改进的问题进行评级，并每年追踪直至关闭。

3.28 上海赛科公司设备管理体系的主要特点是什么？

公司管理层级为二级管理，生产部下辖生产工厂、工程服务部、公用工程、项目服务等部门，是企业主要部门，总计 800 余人，占全公司员工总数的三分之二。

上海赛科公司并未建立单独的设备管理体系，沿用了 CCPS 的机械完整性体系，并与 HSSE 体系、质量体系等融合为赛科的 IMCS 一体化体系。体系要素有：领导力、组织、风险、程序、资产、优化、运营权限、结果。该体系文件层级为 5 级，一级文件为手册；二级文件为程序文件，有 79 个；三级文件为一般程序文件，有 260 个。这其中与设备相关的文件为 24 个。

IMCS 由内审部门牵头组织，其他相关部门配合开展工作。每年根据程序文件控制点，按照固定审查的检查表开展各个程序文件的审查，以二级程序全覆盖，三级程序部分抽查的形式开展。先由相关人员开展自查，再由审计组进行内审，审查时间约为 1 周。发现的不符合项会进行追踪，并指定专人开展后续审查。外审委托英国船级社 BSI 进行，每三年 1 次。此外，上海赛科公司采用 GE 公司 APM 资产完整性管理软件，开展日常的设备管理，目前已购买了机械完整性模块、资产策略模块、故障消除模块三个模块的部分内容，其他内容正在建设中。

3.29 中海油设备完整性管理体系建设历程和主要特点是什么？

中海油对设备完整性管理体系的认识经历了一个过程，是在日益增长的安全压力下，开始接受并主动实施全公司设备设施完整性管理体系的建设。简要建设历程如下：由工程部提出提高设备完整性的需求，随后安全部进行了半年多的研究工作，然后正式下文组建“设备设施完整性管理处”，该处行政隶属“开发生产部”管理，但直接向有限公司领导汇报工作（定位相当于有限公司的完整性管理办公室），并在下属的分公司设立了“设备设施完整性首席工程师”，每个作业区设立专职的完整性工程师，由上至下完成了完整性管理结构的设置；并已完成部分体系文件的编制，包括已经编制下发了中海油设备设施完整性管理总则（以 PAS55-1 为基础），正在编制有限公司层面的体系文件。

中海油以设备设施完整性管理为主线，补齐设备设施管理短板，突破阶段式管理瓶颈，破解横向管理难题，将完整性管理纳入公司职能部门的业务流程。通过设备设施完整性管理，将目前设备设施管理所存在的问题及时完善，在垂直管理逐渐完善的基础上，建立相关管理制度，破解横向跨部门协调管理的难题。以制度化的形式将完整性管理固化在公司职能部门的管理流程中，实现企业目标。建立设备设施管理系统，贯穿前期研究、工程建设、运营维护和废弃处置等整个生命周期，使各阶段的管理做到无缝连接，不留管理死角。

3.30　中海油设备完整性管理体系建设目标是什么？

（1）建立覆盖全生命周期、全类型设备的完整性管理体系。

（2）重点解决设计阶段完整性的管理要求，从一开始就做到整体设计、整体规划。

（3）建立个性化的管理体系。从调研其他企业和咨询国外完整性技术服务商的情况来看，每个企业的目标、规模、传统、组织架构等均不同，需要建立个性化的完整性管理体系，否则就是生搬硬套。

（4）在设计完整性管理体系以及编制程序文件等涉及对现有管理体系的改造时，遵循“尽量不打破原有的管理模式、组织模式不打破、节点控制尽量不增加”的原则。

（5）希望能进一步考察学习国外先进油公司的完整性管理经验，并希望找到“了解中海油业务、进度符合要求、满足费用投入”的国外咨询机构提供完整性体系建设的服务。

（6）规划建立一个统一的数据中心，设备设施的各生命周期阶段的数据统一管理。

（7）对“资产”完整性的提法上，称之为“设备设施”完整性。另外在体系文件编制过程中，中海油按照完整性管理体系要求（PAS55）列出管理要点，搭好结构再由企业的专家来做技术填空——要倚重那些业务能力强、对管理流程熟悉的本土专家。

（8）中海油设备设施完整性体系构建基本上是基于 BSI PAS55 资产完整性管理规范，遵循的是通用的 P-D-C-A 规范编写思路，一共分为四个层级的体系文件，按照从有限公司到分公司、子公司，再到各油田现场工程部的顺序，自上而下逐级推行整个设备设施完整性体系。第一层级就是有限公司层级的，最后第四层级文件则对应的是现场设备设施管理层，每个层级都已经配备了专门的设备设施完整性管理岗位和人员。在其构建的设备设施完整性体系中，强调了 P-D-C-A 四个部分的过渡和查漏补缺，针对每个环节都严格梳理设备重点和技术重点（基于设备权利的“二八”原则，即 20% 的关键资产或设备影响着 80% 设备设施系统的完整性和风险）。在体系构建上基本上完成了 P-D 两部分内容的编写 C-D 即绩效考核和持续改进方面还未完成。

（9）中海油根据本公司业务流程和管理重点，依靠其内部专家、经验工程师团队决策梳理出影响设备设施完整性的 57 个影响完整性的关键性活动，并将这 57 个关键性活动划分进入 25 个关键管理活动中，由此构建体系文件。

（10）中海油定义设备设施完整性体系的影响包括：与现有规章完美融合、优化经济投资管理、管理风险。

（11）关于信息系统建设，中海油方面希望通过建立一个覆盖从设备设计制造到报废各个生命阶段的设备设施数据库，并由此搭建信息系统，促使完整性管理命令的层层下达（最后的电子化工单），以及完整性管理结果的逐级上报。这个信息系统可以绑定在现有设备设施管理软件系统中，作为一个单独的完整性模块。

（12）中海油在设备完整性管理方面开展合作或者参考的公司有 DNV（船体、海底管道 RBI 方面）、必维国际，在完整性体系建设方面提到了马来西亚石油公司的例子和“道达尔完整性管理最佳实践”。

（13）中海油设备完整性管理工作的推进思路：体系建设—团队建设人员配备—系统建设—考核验收—引入专项技术（RBI/RCM/SIL 等）。

3.31　中海油设备完整性管理关注的重点是什么？

（1）前期研究阶段，强化设计基础资料录取质量和关键设备选型的工作，提高前期研究质量。

（2）设计建设阶段，提升设计规范的运用能力并防止同类问题重复出现，实现可靠性和经济性的平衡。

（3）工程建设阶段，提高工程建设的质量管理，健全施工过程中的质量确认机制；

（4）运营阶段，确保重要设备设施日常管理到位，有效执行设施维护策略，对老弱病残的设备设施及时升级换代，维持设备设施的完整性。

中海石油（中国）有限公司注重对在役阶段设备设施实施基于风险的管理策略（RBM），如图 3-22 所示。

3.32　中海油设备完整性管理体系建设五个方面工作的内容是什么？

（1）建立设备设施完整性管理体系。

完整性管理体系架构见图 3-23。

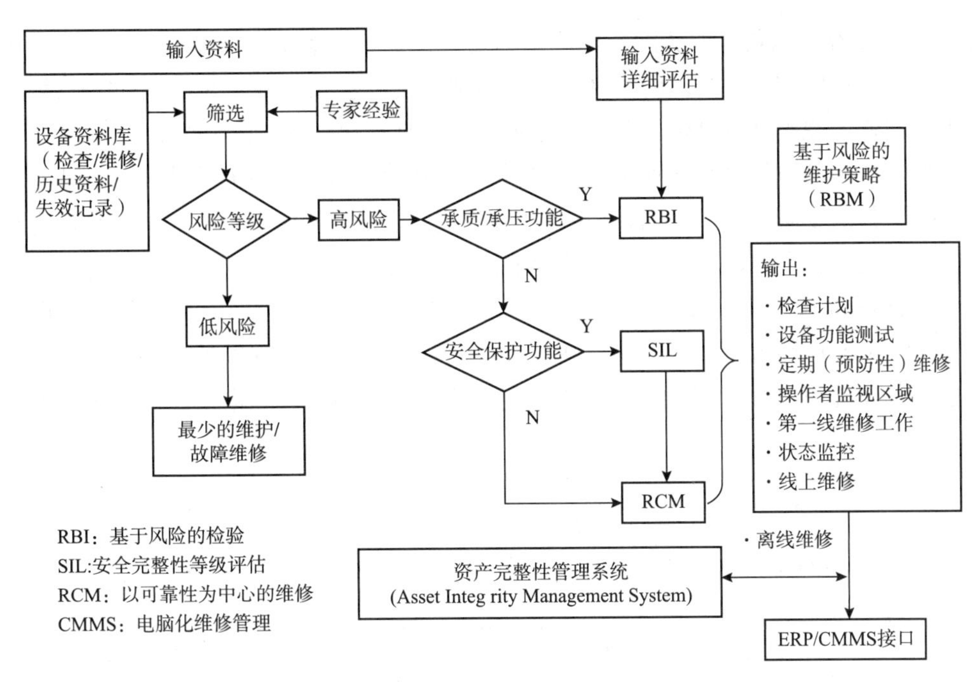

图 3–22　基于风险的设备设施管理策略（RBM）

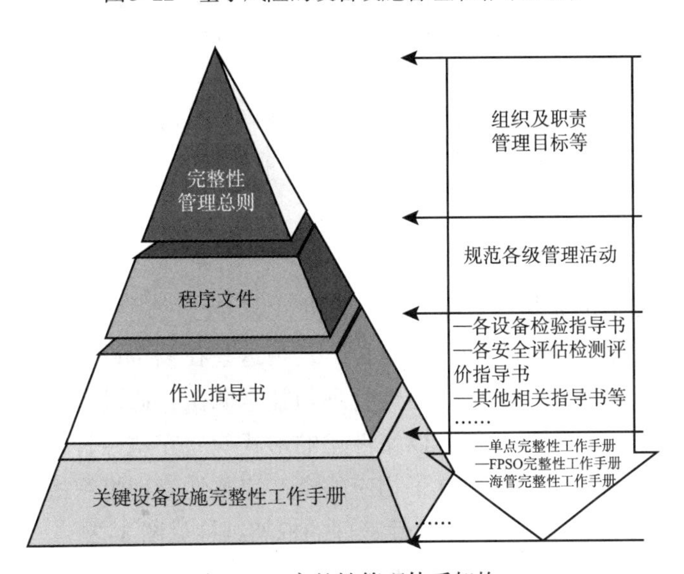

图 3–23　完整性管理体系架构

设备设施完整性管理总则为一级文件，是向有限公司内部或外部传达关于完整性管理体系信息、管理要求和目标的纲领性文件。完整性管理程序文件为二级文件，确定如何完整性管理要求的具体管理执行和要求的文件，完整性管理执行程序覆盖了完整性管理的关键技术、公司运营的具体要求以及法规的要求。完整性管理作业指导书为三级文件，是各公司下属作业区实施设备设施完整性管理的实际指导文件，为如何完成设备设施完整性管理工作的具体操作提供帮助指导信息的文件。关键设备完整性工作手册为四级文件，是设备设施具体的实际工作计划和安排，是具体规定由谁、何时、如何、做什么，以及使用程序和相关资源的文件，方案的制定是基于 RBI/RCM/SIL 等的分析结果。

中海油资产完整性管理体系建立的依据是英国标准协会的《PAS55-1：2008《资产管理－有形资产的最优化管理细则》，同时还依据了国家相关法律法规要求、行业规范强制性标准的要求、中海油总公司对设备设施的管理规定、ISO9001/OSHAS18001 等国际标准。

（2）开发一套设备设施和完整性管理审核评价系统。

该审核评价系统可以评审公司设备设施完整性管理情况，可以对机关相关职能部门、各作业单元职能部门以及各生产单元的设备设施完整性管理绩效进行考核，同时可以对于设备设施完整性管理相关的员工进行考核，该完整性管理审核评价系统框架见图 3-24。

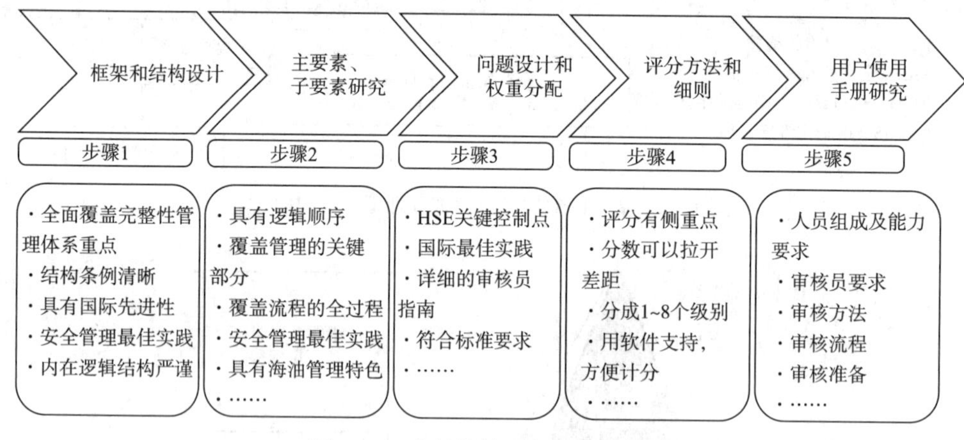

图 3-24　完整性管理审核评价系统

（3）建立一支专职的完整性管理与技术队伍。

通过与国际上知名的石油公司进行对标，发现这些在设备设施完整性管理处于领先水平的石油公司，都有一支专职的完整性管理与技术队伍，通过落实组织的完整性管理架构，明确完整性管理的职责范围，以文件化的形式确立完整性管理执行要求，最终实现流程化的完整性管理。中海油建立了相应的资产完整性管理组织机构，来执行资产完整性管理的框架结构。中海油资产完整性管理的框架结构见图 3-25。

（4）整合一整套设备设施完整性管理信息系统。

中海油将基于现有的 EDIS（Engineering Digital Information System）、Maximo 系统、开发生产信息系统、海管完整性管理系统，整合、开发一套设备设施信息集成管理平台，见图 3-26，实现设备设施全生命周期阶段各参与部门之间的信息管理、沟通、传递和共享。

（5）引进一些适合自身发展的完整性管理技术。

中海油炼油企业都已经上线了 HSE 管理体系，在设备完整性管理体系的框架设计时，就考虑了与 HSE 体系统一的问题。

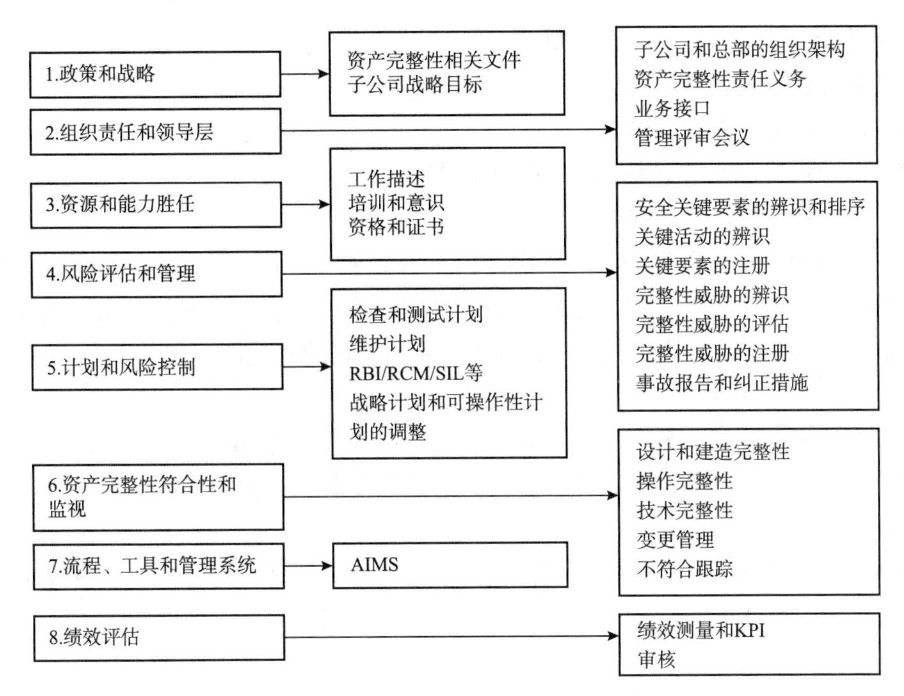

图 3-25　资产完整性管理的框架结构

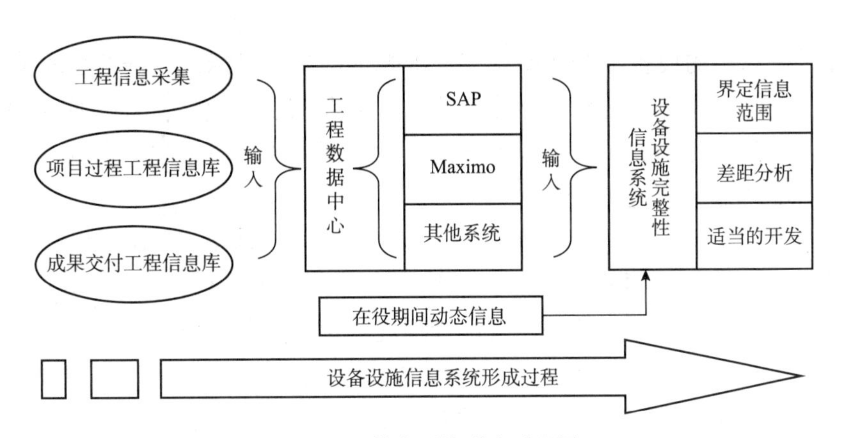

图 3-26　信息系统形成过程图

3.33　中国石油设施及管道完整性管理主要内容是什么?

（1）管道完整性

2009 年，中国石油天然气集团公司发布企业标准 Q/SY 1180—2009《管道完整性管理规范》。包括：

第 1 部分：总则

第 2 部分：管道高后果区识别规程

第 3 部分：管道风险评价导则

第 4 部分：管道完整性评价导则

第 5 部分：建设期管道完整性管理导则

第 6 部分：数据库表结构

第 7 部分：建设期管道完整性数据收集导则

第 8 部分：效能评价导则

提出了管道完整性管理的五个层次，包括体系文件、标准规范、系统平台、支持技术和实施应用；六步循环，包括数据收集、高后果区识别、风险评价、完整性评价、维修与维护以及效能评价。用于规范和指导油气管道线路的完整性管理工作。

（2）设施完整性

2012 年 7 月，中国石油天然气集团公司发布企业标准 Q/SY 1516—2012《设施完整性管理规范》，规定了设施（包括设备）的完整性要求以及相关审核、偏离、培训和沟通的管理要求。

适用于关键设备使用和维护、维修规程、维修培训、材料与备件的质量控制、测试与检查、维修、设备可靠性分析、更新与改造、报废管理等环节。

3.34 什么是 TnPM 管理模式？

TnPM 是以最高的设备综合效率和完全有效生产率为目标，以全系统的预防维修为载体，以员工的行为规范为过程，全体人员参与为基础的以设备为主线的管理体系。

TnPM 是规范化的 TPM，是全员参与的，步步深入的，通过制定规范，执行规范，评估效果，不断改善来推进的 TPM。

TnPM 规范化的范畴：研究运行现场（现场、现事、现物），找出规律（原理、优化），制定行为（操作、维护、保养、维修），规范（原则），评估效果（评价），持续改善（改进），维修程序规范化，备件管理规范化，前期管理规范化，维修模式规范化，润滑管理规范化，现场管理规范化，组织管理规范化。

员工的不断成长、学习型组织和教育型组织的建立则是 TnPM 之树成长所需的水、阳光和营养；OPl、OPs 和 6I 活动则是对 TnPM 之树的精心呵护，不断修剪杂枝；TnPM 之树最后的果实包括对 6Z 极限的实现，以及质量、健康、安全、环境和利润，等待着每一位辛勤的 TnPM 推进者来摘取。

整体 TnPM 管理模式体系是建立在计算机资产管理信息系统（EAM）基础之上的，运用 6 大工具（6T），持续开展 6S 和 6H 活动、通过 6 项改善追求 6 个 Z 的目标。TnPM 体系的核心是设备检维修模式的系统设计（SOON），通过维修模式设计（S）、设备状态管理（O），进行设备维修资源组织的优化设计和配置（O），建立现场作业规范和维修作业规范（N）。TnPM 在理论体系中还涵盖设备前期管理和设备资产台账管理，提出设备健康管理的概念。设计员工与企业同步成长的 FROG 模型，对材料物流和备件进行管理优化和规范化。

3.35　什么是 HAZOP 分析?

HAZOP（Hazard and Operability Analysis），危险与可操作性分析。HAZOP 分析是按照科学的程序和方法，从系统的角度出发对工程项目或生产装置中潜在的危险进行预先的识别、分析和评价，识别出生产装置设计及操作和维修程序，并提出改进意见和建议，以提高装置工艺过程的安全性和可操作性，为制定基本防灾措施和应急预案进行决策提供依据。

HAZOP 分析主要目的是对装置的安全性和操作性进行设计审查。HAZOP 分析由生产管理、工艺、安全、设备、电气、仪表、环保、经济等工种的专家进行共同研究。这种分析方法包括辨识潜在的偏离设计目的的偏差、分析其可能的原因并评估相应的后果。它采用标准引导词，结合相关工艺参数等，按流程进行系统分析，并分析正常 / 非正常时可能出现的问题、产生的原因、可能导致的后果以及应采取的措施。

HAZOP 分析具有三大特点：首先是确立了系统安全的观点，而不是单个设备安全的观点；其次是系统性、完善性好，有利于发现各种可能的潜在危险；再次是结构性好，易于掌握。

HAZOP 分析是一种结构化的危险分析工具，最适用于在详细设计阶段后期对操作设施进行检查或者在现有设施做出变更时进行分析。以下详细介绍系统生命周期不同阶段 HAZOP 分析和其他分析方法的应用。

（1）概念和定义阶段。在系统生命周期的这一阶段，将确定设计概念和系统主要部分，但开展 HAZOP 分析所需的详细设计和文档并未形成。然而，有必要在此阶段识别出主要危害，以便在设计过程中加以考虑，并有利于随后进行的 HAZOP 分析。为开展上述研究，应使用其他一些基本方法。

（2）设计和开发阶段。在系统生命周期的这一阶段，形成详细设计，并确定操作方法，编制完成设计文档。设计趋于成熟，基本固定。开展 HAZOP 分析的最佳时机恰好在设计固定不变之前。在此阶段，设计足够详细，便于通过 HAZOP 问询方式得到有意义的答案。建立一个系统用于评估 HAZOP 分析完成后的任何变更非常重要，该系统应该在系统整个生命周期都起作用。

（3）制造和安装阶段。如果系统试运行和操作有危险，或正确的操作步骤和说明至关重要，或后期阶段出现设计目的的较大变动时，建议在系统开车前进行一次 HAZOP 分析。此时，试运行和操作说明等数据资料应可用。此外，该分析还应重新检查早期分析时发现的所有问题，以确保它们得到解决。

（4）操作和保养阶段。对影响系统安全、可操作性或影响环境的变更，应考虑变更前进行 HAZOP 分析。此外，应对系统进行定期检查，消除日常细微改动带来的影响。在进行 HAZOP 分析时，应确保在分析中使用最新的设计文档和操作说明。

（5）停止使用和报废阶段。在本阶段可能发生正常运行阶段不会出现的危险，所以本阶段可能需要进行危险分析。如果存在以前的分析记录，则可以迅速完成本阶段的分析。在系统整个生命周期都应保存好分析记录，以确保能迅速处理停用或报废阶段出现的问题。

当代科学技术进步的一个显著特征是设备、工艺和产品越来越复杂。大型乙烯装置仅控制回路就达到数百路，过程变量达到上万个。先进武器研制、航空航天及核电站建设等使得作为现代先进科学技术标志的复杂巨型系统相继问世。这些复杂系统由数以万计的元件、部件组成，元件、部件之间以非常复杂的关系相连接。而生产规模的大型化、元部件关系的复杂化，也使得事故发生概率和危害程度大大增加。目前生产安全已成为重大社会问题，有效进行工艺安全管理（PSM）十分必要。

那么为什么会发生工艺事故？设备故障、设计缺陷、运行条件错误、不可预见的运行条件、危害控制失效、人为失误等。如何在事故发生之前识别出潜在危险？如果我们能识别出问题所在，我们就能防止事故的发生！方法是存在的 HAZOP 分析。

HAZOP 分析已成为 HSE 管理体系的重要方法，PSM 的重要手段！

“安全第一，预防为主，综合治理”。对于企业来说，遵照国际标准采用科学的严谨的方法对正在设计、施工和在役的生产装置进行安全评价，已经成为安全生产的一项首要任务。

3.36 什么是 LOPA 分析？

保护层分析（LOPA）是半定量的工艺危害分析方法之一。用于确定发现的危险场景的危险程度，定量计算危害发生的概率、已有保护层的保护能力及失效概率，如果发现保护措施不足，可以推算出需要的保护措施的等级。

LOPA 是由事件树分析发展而来的一种风险分析技术，作为辨识和评估风险的半定量工具，是沟通定性分析和 定量分析的重要桥梁与纽带。LOPA 耗费的时间比定量分析少，能够集中研究后果严重或高频率事件，善于识别、揭示事故场景的始发事件及深层次原因，集中了定性和定量分析的优点，易于理解，便于操作，客观性强，用于较复杂事故场景效果甚佳。所以在工业实践中一般在定性的危害分析如 HAZOP 分析、检查表等完成之后，对得到的结果中过于复杂的、过于危险的以及提出了 SIS 要求的部分进行 LOPA，如果结果仍不足以支持最终的决策，则会进一步考虑如 QRA 等定量分析方法。

LOPA 先分析未采取独立保护层之前的风险水平，通过参照一定的风险容许准则，再评估各种独立保护层将风险降低的程度，其基本特点是基于事故场景进行风险研究。

保护层是一类安全保护措施，它是能有效阻止始发事件演变为事故的设备、系统或者动作。兼具独立性、有效性和可审计性的保护层称为独立保护层（Independent Protection Layer，IPL），它既独立于始发事件，也独立于其他独立保护层。正确识别和选取独立保护层是完成 LOPA 分析的重点内容之一。典型化工装置的独立保护层呈“洋葱”形分布，从内到外一般设计为：过程设计、基本过程控制系统、警报与人员干预、安全仪表系统、物理防护、释放后物理防护、工厂紧急响应以及社区应急响应等。

3.37　什么是 SIL 评估？

SIL 是 Safety Integrity Level 的缩写，为安全完整性等级。SIL 是在 1998 年发布的 IEC 61508 功能安全标准中首次提出的，是功能安全等级的一种划分。IEC61508 将 SIL 划分为 4 级，即 SIL1、SIL2、SIL3 和 SIL4。安全相关系统的 SIL 应该达到哪一级别，是由风险分析得来的，即通过分析风险后果严重程度、风险暴露时间和频率、不能避开风险的概率及不期望事件发生概率这四个因素综合得出。级别越高要求其危险失效概率越低。

SIL 评估包括 SIL 定级和 SIL 验证。SIL 评估结果是根据概率计算得出的。为了简化安全评估，SIL 概念将安全级别划分为 SIL1~SIL4（SIL4 为最高安全级别）。4 个 SIL 等级故障概率见表 3-8。

表 3-8　4 个安全完整性等级故障概率

安全完整性等级（SIL）	故障概率	危险故障的平均频率（PFH）
4	$\geqslant 10^{-5}$~$<10^{-4}$	>10,000~ ≤ 100,000
3	$\geqslant 10^{-4}$~$<10^{-3}$	>1000~ ≤ 10,000
2	$\geqslant 10^{-3}$~$<10^{-2}$	>100~ ≤ 1000
1	$\geqslant 10^{-2}$~$<10^{-1}$	>10~ ≤ 100

工厂内的设备 / 系统故障可能会引起环境破坏、爆炸和人员伤亡等。SIL 评估使得工厂运营者能够根据预期损害来划分其设备的要求。另外，SIL 评估为产品制造商提供了一个描述产品故障性能的方法。所有设备 / 系统，甚至包括最精密的设备系统都可能产生故障。

参 考 文 献

[1] Center for Chemical Process safety. 机械完整性管理体系指南 [M]. 刘小辉，许述剑，方煜等译. 北京：中国石化出版社，2016

[2] Center for Chemical Process safety. 资产完整性管理指南 [M]. 刘小辉，许述剑，屈定荣等译. 北京：中国石化出版社，2019

[3] GB/T 33172—2016 资产管理　综述、原则和术语（ISO55000）

[4] GB/T 33173—2016 资产管理　管理体系　要求（ISO55001）

[5] GB/T 33174—2016 资产管理　管理体系 GB/T33173 应用指南（ISO55002）

[6] GB/T 19001—2016 质量管理体系　要求

[7] GB/T 24001—2016 环境管理体系　要求

[8] GB/T 28001—2011 职业健康安全管理体系　要求

第4章 《机械完整性管理体系指南》和《资产完整性管理指南》内容介绍

4.1 《机械完整性管理体系指南》主要内容是什么?

美国化学工程师协会化工过程安全中心（CCPS）2006年出版了《机械完整性体系指南》，属于过程安全和风险管理体系中的一部分，是石油化工行业、电力系统及其他存在高风险的生产行业进行机械设备、资产有效管理的重要指南。目前由中国石化青岛安全工程研究院组织翻译出版，该书从机械完整性（MI）定义开始，详述了相关概念，明确了领导层在机械完整性管理或者设备管理中的职责，制定了比较详细的实现机械完整性管理的操作指南，内容涵盖相关管理职责、机械完整性管理培训、机械完整性管理对象目标与任务、机械完整性项目的实施程序及执行、针对整个机械设备生命周期的质量保证体系、缺陷管理、风险管理、检验测试及预防性维修、绩效评估、机械完整性评审及持续改进的一系列系统化的内容，可供炼油化工、石油天然气开采、煤炭电力及其他涉及机械设备管理的行业或企业领导、厂长、经理，从事生产、设备、设计、制造、科研、安全、环保工作的管理人员和技术人员，以及基层生产操作、维修人员学习和借鉴参考。

机械完整性，又称设备完整性，是一套用于确保设备在生命周期中，保持持续的耐用性和功能性的管理体系。机械完整性中所指的设备是广义的，包括固定设备、转动设备、减压及排气系统、仪器仪表与控制、加热设备、电力系统、消防系统等，一旦设备失效或故障，会引起过程安全事故。

机械完整性管理体系至少包括设备选择、检验测试和预防性维修、设备完整性培训、设备完整性作业程序、质量保证和设备缺陷管理6大要素。执行机械完整性管理体系是在设备全生命周期内，要确保正确的设计、制造和安装设备；在设计界限内运行设备；根据审批的作业程序，由有资质的人员如期完成设备检验、测试工作；维修工作应该遵照规范、标准和制造商建议；采取适当的措施来解决设备缺陷和不足等。

4.2 《资产完整性管理指南》主要内容是什么？

美国化学工程师协会化工过程安全中心（CCPS）2016 年出版了《资产完整性管理指南》，目前由中国石化青岛安全工程研究院组织翻译出版。本书包含 15 章内容，首先介绍了资产完整性管理的基础，涉及资产完整性管理定义和目标、管理人员和公司其他人员的角色和职责、资产全生命周期中完整性管理的活动、资产损伤和退化的评估、检测和管理，以及选择纳入资产完整性管理的设施应该考虑的因素。其次，介绍了开展资产完整性管理时需要实施的系列活动，包括检验、检测和预防性维修、相关人员培训、资产完整性管理程序建立、质量管理、设备缺陷处理措施、资产完整性管理方案审核。再次，详细介绍了不同类型设备进行资产完整性管理的具体方法。最后，介绍了实施资产完整性管理所需的资源和数据管理系统、管理体系的绩效指标和持续改进，以及有助于制定资产完整性管理相关决策的风险分析技术。

本书与相关标准，如国际标准 ISO 55000：2014、ISO 55001：2014 和 ISO 55002：2014《资产管理系列标准》，国标 GB/T 33172—2016《资产管理综述、原则和术语》、GB/T 33173—2016《资产管理管理体系 要求》、GB/T 33174—2016《资产管理 管理体系 GB/T 33173 应用指南》等，共同构成了企业资产完整性管理体系建设的重要参考依据。

4.3 《机械完整性管理体系指南》与《资产完整性管理指南》的关系是什么？

《资产完整性管理指南》是《机械完整性体系指南》的更新和扩展，涉及过程工业中固定设施的资产完整性，属于过程安全和风险管理系统的一部分，从机械完整性到资产完整性的变化反映了国际趋势，这个变化与 CCPS 最新的过程安全管理指南的要素基本保持一致。《机械完整性管理体系指南》和《资产完整性管理指南》的章节对比见表 4–1。

表 4-1 《机械完整性管理体系指南》和《资产完整性管理指南》章节对比

《机械完整性体系指南》	《资产完整性管理指南》
1 引言	1 引言
2 管理职责	2 管理职责
	3 资产完整性管理寿命周期
	4 失效模式和机理（ITPM）
3 设备选择	5 资产选择和重要性确定
4 检验、测试和预防性维修	6 检验、测试和预防性维修
	7 制定测试和检验计划的方法
5 设备完整性培训方案	8 资产完整性管理培训和效果验证

续表

《机械完整性体系指南》	《资产完整性管理指南》
6 设备完整性纲领性程序	9 资产完整性程序
7 质量保证	10 质量管理
8 设备缺陷管理	11 设备缺陷管理
9 特定设备完整性管理	12 特定设备完整性管理
10 完整性项目执行	13 资产完整性管理项目执行
11 完整性项目持续改进	14 计量、审核和持续改进
12 风险管理工具	15 其他资产管理工具

4.4 资产管理、机械完整性管理、中国设备管理协会设备管理体系与中国石化设备完整性的关系是什么?

资产管理、机械完整性管理、中国设备管理协会设备管理体系与中国石化设备完整性的关系见图 4–1。

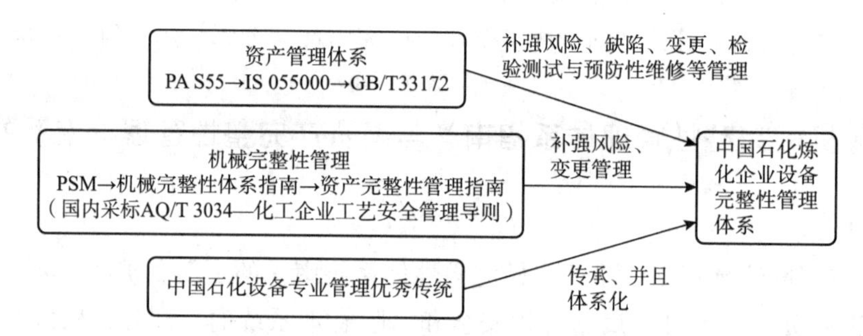

图 4–1 资产管理、机械完整性管理、中国设备管理协会设备管理体系与中国石化设备完整性的关系

(1)资产管理不是设备完整性管理,是固定资产管理体系。

2008 年,英国标准协会(BSI)推出 PAS55 资产管理标准;

2014 年,国际标准化组织(ISO)采纳发布的 ISO 55000 资产管理体系族;

2016 年,我国采标发布的 GB/T 33172、GB/T 33173、GB/T 33174 资产管理体系。

(2)中国设备管理协会发布的 PMS/T1 设备管理体系,体现了传统设备管理,不是设备完整性管理。

2012 年,中国设备管理协会发布 PMS/T 1—2012 设备管理体系(依据 2008 版体系格式)。

2013 年,中国设备管理协会修订发布 PMS/T 1—2013 设备管理体系(依据 2008 版体系格式)。

2016 年,中国设备管理协会修订发布 PMS/T 1—2016 设备管理体系(依据 2008 版体系格式)。

2017 年，中国设备管理协会修订发布 T/CAPE 10001—2017 设备管理体系（依据 2016 版体系格式）。

（3）中国石化炼化企业设备完整性管理不同于资产管理、机械完整性管理、中国设备管理协会设备管理体系，它涵盖了机械完整性核心要素，补充了过程安全管理要素，增加了体系必要的管理要素，是以设备为中心的综合管理体系，体现了中国石化管理特色。

中国石化炼化企业设备完整性管理体系规范及其实施指南（第一版）（依据 2008 版旧体系格式）；

中国石化炼化企业设备完整性管理体系要求（第二版）（依据 2016 版最新体系格式）。

4.5 什么是资产完整性管理?

资产完整性管理（AIM）是一种确保资产在整个生命周期中完整的管理体系。资产是指涉及化学品的使用、储存、制造、处理或运输的过程或设施，或包含有此类过程或设施的设备。

4.6 资产完整性管理预期效果有哪些?

（1）提高设备可靠性和可用性；

（2）降低可能导致安全和环境事故的资产失效的频率；

（3）提高产品一致性；

（4）提高维修工作的一致性和效率；

（5）降低计划外维修的时间和成本；

（6）降低操作费用；

（7）提升备件管理水平；

（8）提高承包商绩效；

（9）遵守规章要求。

4.7 资产完整性管理中管理和监督人员的主要职责有哪些?

（1）确立企业层面 AIM 方案的方向和范围，首先应培养将资产完整性管理作为核心运行任务的企业文化；

（2）确保具有相关知识的人员使用有效的工程和决策工具及方法进行适当的活动；

（3）逐步培养一种预期观念，只有在设备条件所决定的安全操作限值内，业务计划方可圆满完成；

（4）确保 AIM 方案活动（例如：检查及测试）如期、按计划执行，对检验/测试结果进行收集、分析，并且实施适当的整改措施；

（5）对于所有 AIM 相关活动，确保在设施危害管理体系内对其执行适当控制，并开展控制维护；

（6）提供必要的资源以完成上述任务，包括在必要时引入第三方。

这些活动的主要控制机制是：

（1）为 AIM 活动任务建立明确的组织角色、职责和责任感，包括测试及检验机构的独立性，从而来确保现场管理能够接收到现场 AIM 方案的最新准确的信息；

（2）对资产状态、AIM 方案现状、资产失效和完整性相关的事件建立汇报机制；

（3）确保对 AIM 方案以及整体危险管理体系进行有效审计，且企业领导层会对审计结果进行审核；在适当的临时风险控制措施就位的条件下，基于深思熟虑和风险认知，对所发现的不足进行处理。

4.8 资产完整性管理中技术管理和监督人员的主要职责有哪些？

技术管理和监督人员应确保 AIM 方案活动按照危害管理体系的要求完成，同时在某种程度上也满足具体任务的要求。

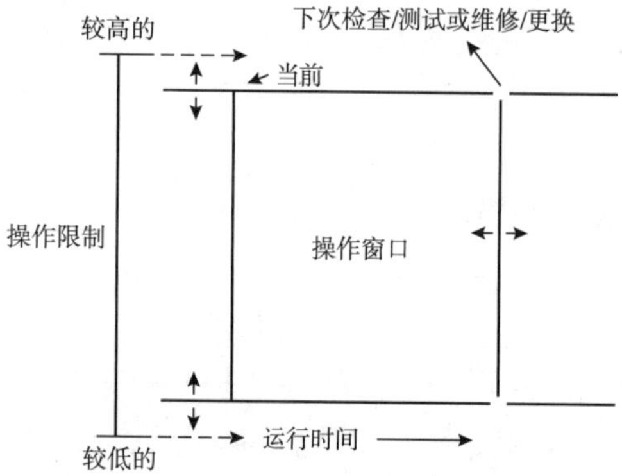

图 4-2 完整性操作窗口（IOW）的定义

（1）定义验收标准。负责制定适当的设备验收标准，这些标准包括设备生命周期内可接受的工作窗口，它主要是基于实际情况下的操作限制（过程变量或被测材料的限值），以及到下一次条件检查、功能测试、维修或更换之前的运行时间。设备操作窗口的上限和下限取决于设备当前的状况或功能评估及预测的运行条件或随着时间变化的功能。完整性操作窗口（IOW）的定义见图 4-2。

（2）提供技术内容。包括如何执行及检查工作的详细信息；对建造材料的要求；应遵循的适用规范和标准；检验、测试的验收标准；特定设备的检验技术等内容。

（3）识别相关的检测标准或指标，并作为设备完整性的指标。设备指标应包括与如下项目相关的检测：AIM 方案的实施和时间表跟进；设备状况的变化趋势；程序的跟进；培训状态。

（4）确保技术审查。

（5）不断学习与 AIM 方案相关的新知识新技术。

4.9 资产完整性管理生命周期包含哪些环节？

包括通过过程开发进行研究，工艺设计，工程、采购与构造，调试，运行和维护，退役等几个阶段。实现四个主要目标：

（1）定义资产所要达到的要求；

（2）为新建、改建设备设计和构建完整性；

（3）在设施整个寿命周期内维护资产完整性；

（4）检测和纠正操作过程中出现的缺陷和故障。

4.10 资产完整性管理中资产的选择有哪几个步骤？

（1）审查方案目标和理念；

（2）建立设备选择标准，包括确定何种设备应纳入或不必纳入 AIM 方案的标准，以及确定各设备或设备类型关键程度的标准；

（3）明确方案的详细程度，比如是单独纳入各设备还是仅将其作为系统的一部分；

（4）记录所选的设备和确定的关键程度。

4.11 资产完整性管理中资产选择标准和原则是什么？

（1）固定设备，包括控制和泄压系统。因为过程工业有一个共同的目标，就是控制、容纳有害化学物质和能量，因此 AIM 方案几乎总是包括：①压力容器；②常压和低压储罐；③管道和管道组件，包括支 / 吊架、螺栓、阀门、换热器、串联过滤器、排泄器、文氏管；以及④保护这些容器、储罐、管道系统的排空系统和泄压装置 [例如，压力安全阀（PSV）、爆破片、压力真空阀、加重舱口]。列出压力容器、储罐和泄压装置通常很简单，而将管道添加到设备清单中可能会更加困难。

除了压力容器、储罐和管道，通常还应考虑是否将二级容纳控制组件（例如，堤坝、围栏、污水池、其他废物收集系统）都包括在内。一般而言，公司出于环境、安全以及法规的考虑，会将二级容纳控制组件纳入 AIM 方案中。此外，结构部件的防火设计和储罐绝缘设计这种额外被动防护系统，应考虑纳入 AIM 方案中，尤其是当调压设计需要绝缘时。而功能性管道组件，如过滤器、排泄器和文氏管等，可能具有相似的绩效目标。

（2）转动设备。以下是关于转动和往复运动设备应考虑的事项：

- 如果设备包含有毒物质，则保持容纳控制是主要功能之一。
- 如果保障工艺流是目标之一，则驱动装置（如涡轮机、电动机）可能需要被纳入 AIM 方案。

● 如果非密封容器件（如搅拌机、输送机、风机等）失效对工艺及（或）人员安全有影响，则可能还需要包括这些部件。

● 非工艺转动设备和往复运动设备（如冷却水系统、蒸汽系统、制冷系统、配电系统等）密封性和/或功能有时也很重要，故也应将某些非工艺设备纳入方案。

● 润滑油和密封流体系统可能与其配合的转动或往复运动设备具有相同的要求。

（3）仪表。在大多数的AIM方案中，仪表是一个重要的考虑方面。确定应包含哪些仪表，明确实际需要开展的具体活动（如功能测试、QA认证）有时是很困难的。另外，只有当仪表本质上需要对工艺过程进行控制，才应将仪表纳入AIM方案中，而不是为了其所传输的过程信息的最终使用。

一些仪表具有过程控制功能，将过程维持在完整性操作窗口内。如果从过程安全角度来看，某一控制回路非常重要，那么ITPM活动需要涵盖该控制回路中的所有组件。

其他仪表的作用是对工艺过程中的异常情况发出警示或作出响应。如果这种仪表被认为是过程安全事件的核心保护层（或核心保护层的一部分，如能够提醒操作员采取正确措施的关键警报或操作员启动的紧急关闭系统），那么也需要对它进行充分维护保养。从商业目标来看，这类仪表也至关重要，如用于监测短时排放，或提供基本的备用功能。

仪表也可用于测试及（或）校准。此时，这些仪表的检查、测试和维护都有相应的要求。此外，还有一些仪表可以为重大损失事件提供最后一道防线，例如紧急排空系统和安全仪表系统。这些作为最后手段的仪表系统通常是涉及仪表的AIM方案的主要关注点。

制定AIM方案仪表清单，有很多方法（有时也被称为“关键仪表”清单）。有些设施将所有与纳入AIM方案的设备相关的仪表均囊括进入AIM方案，有的工厂则要求操作部门提供仪表清单，而另一些则从危险识别和风险分析报告中的保障措施文件里提取仪表清单。任何一种方法都可以采用，但同时每种方法也有与它相关的典型缺陷。将所有与其他纳入AIM方案的设备相关的仪表全部加入仪表清单，该方法较为简单，但也会导致①仪表测试积压过多，及（或）②占用更重要的AIM任务的资源。从操作部门获得数据是有利的，但在缺乏可遵循的参考指南和示例的条件下，由操作部门提供的仪表清单通常缺乏一致性，且难以论证。

同样，危险识别和风险分析（HIRA，也称工艺危害分析或PHA）团队可以是一个很好的资源，但是，只用HIRA报告是不够的，比如当仪表只具有工艺控制功能，而不具备测量功能时。为提高HIRA作为一种资源的有效性，应向PHA团队说明确定是否将仪表纳入AIM方案的具体目的，以及仪表选择和质量、完整性审查的示例、参考指南。

利用为满足安全仪表系统标准要求而开展的研究的结果，能够帮助设施人员建立提供应急功能的仪表的选择标准。另外，当已经采用保护层分析（LOPA）对工厂进行安全保障分析时，LOPA分析结果可以识别对过程的安全性有重要作用的仪表（除其他保障措施外）。

（4）加热设备。诸如加热炉和火焰加热器等设备通常在极端条件下运行，并存在许多系统组件（如燃烧器、炉管和耐火衬里等）的潜在破坏机理。不仅这些系统组件需要进行监测和维护，与燃烧设备相关的燃烧保护措施也需要。

（5）公用工程和支持系统。公用工程和支持系统可成为工艺操作的关键，此时应考虑将其纳入 AIM 方案中。比如，氮气漏失可能会导致储罐中形成易燃蒸气空间。分析区域内的氮气系统泄漏可能导致窒息的危险。发电和配电装置、不间断电源系统（UPS）、应急通信系统、电气接地和连接系统等也会承担重要的安全功能。需要纳入考量的具体公用工程系统可根据危险识别和风险分析研究确定。

（6）缓冲系统。另一种需要考虑的重要设备是用来减轻或作为防止化学品泄漏、火灾和其他灾难性事件的最终手段的设备和系统，可包括阻火器、灭火系统、固定式和便携式消防设备、喷淋系统、紧急惰化、反应淬火或“遏制”系统、应急转储系统、可燃气体探测器和紧急隔离装置。某些设施的 AIM 方案设计人员可能会出现在 AIM 设备清单中遗漏传统的安全、消防、应急响应、装置疏散警报、通风系统建设，及（或）配电设备的疏忽，因为这些设备是由其他部门人员完成采购、检验、测试工作，或通过承包商在其他部门的监督下完成相关工作的。但是，这些设备的 AIM 活动也需要达到或超过 AIM 方案的要求，并且这些 AIM 活动还要做好适当的管理和完善的记录。

（7）第三方设备。另一个要考虑的领域是属于其他公司（如化学供应商、大宗气体供应商等）但又连接到业主设施的工艺过程上的设备。任何导致安全、环保、工厂运行情况事故的灾祸将由业主公司负责，但是，通常而言，此类设备的维护又是由其所属的外部公司负责（根据合同条款）。对于供应商的设备，可采用业主设施评价其自己设备相同的方法，将其纳入 AIM 方案中。常见的是，供应商仍会开展 AIM 活动，而业主设施则可采取措施，保证供应商的 AIM 活动达到或超过其 AIM 方案的要求。

（8）交通运输设备。与交通运输相关的设备，包括轨道车、ISO 集装箱、管拖车、卡车和用于现场存储的驳船，当其与某个工艺过程中相连时且脱离动力设备时（例如，一辆货车挂车与卡车相断开，并作为场地，连接至工艺过程中），通常被认为是一个工艺过程的一部分。与运输设备相关的 AIM 活动通常是运输公司的职责范围，业主设施难以对其进行监控。业主设施应确保运输公司了解 AIM 的要求，并制定相应条款以确保 AIM 活动的进行。

此外，长输管道一般也被认为是交通运输设备。此类管道的 AIM 活动不仅涉及管道系统部件，还涉及与其相关的阴极保护系统。海洋码头等其他运输设备也是如此。

（9）临时部件。在 AIM 方案中应对临时部件的条款，可整合入该设施的变更管理程序（MOC）。例如，某设备①是临时变更的一部分，②其工作时间将超过一定时长，且③符合该设施的 AIM 设备选择标准，此时对该设备可能需要开展适当的活动，作为临时变更管理的一部分。但是，由于这种变更本质上是临时的，因此该设备可不被包含在 AIM 设备清单中。可能例子有中试设备和临时维修设备，如修漏夹（请注意，某些修漏夹从本质上看是永久的，因此可能需要正式地纳入 AIM 方案）。

（10）结构和支撑设备。结构部件，如支撑其他设备重量或移动的地基和结构（例如管道支撑柱、管架和螺栓），应考虑是否纳入 AIM 方案，可单独列入，也可作为相关设备的一部分列入。确定标准可包括设施的建成时长和历史、结构部件的表观状态和地域问题（如潜在的地震或飓风破坏）。即使是新装置也需要结构缺陷检查。

需要进行考虑的支撑设施包括可能发生浮力或稳定性问题的浮式生产和储存装置、建筑（特别是在事故期间为人员提供保护的占地结构）以及建筑部件，如通风系统和易燃 / 有毒蒸气进入检测系统。

4.12 资产完整性管理中资产的关键性分析考虑了哪几个方面？

关键性分析确定了设备对设施运行的重要性，同时考虑了设备失效或未达到预期的设计功能对安全、环境和经济造成的后果。设施的后果严重性类型划分应当与其整体业务驱动因素相一致，通常包括：与经济损失相关的工厂作业，即故障、修理费用、生产损失、产品质量差、事故、监管不合规等；安全，即受伤和死亡；环境，即空气 / 水 / 废物排放。

4.13 资产完整性管理中 ITPM 的制定和实施包含哪两个阶段？

（1）规划。包括识别并记录所有可以确保在役设备的设备完整性的 ITPM 任务，确定好 ITPM 任务的实施周期，并落实为任务计划表。

（2）ITPM 任务执行与监控。ITPM 计划任务由合格的人员按计划执行，为达成任务目标，ITPM 方案需要建立相应流程来监控进度、任务结果及方案总体实施。此外，对任务进度和任务结果的持续关注也可以为方案优化提供帮助。ITPM 任务执行并不仅仅限于完成任务，它还包括了提出整改方案并且跟踪其完成情况。

4.14 资产完整性管理中 ITPM 计划包括哪些要点？

（1）囊括所有 AIM 方案所属设备相关的周期性 ITPM 任务；

（2）定义每个 ITPM 计划的基本原则及时间间隔；

（3）提供过程控制及其他必要参考文件，例如原始设备制造商提供的操作手册（OEM）；

（4）为每个 ITPM 计划任务说明或引用其相关验收标准。

4.15 资产完整性管理中如何选择 ITPM 任务？

资产完整性管理中 ITPM 任务选择过程见图 4–3。

步骤 1：将设备划分为不同设备类型和设备系统。对每个独立的设备进行 ITPM 任务选择，并将设备分为不同类别（如压力容器、离心泵）和不同系统（如基本过程控制系统、安全仪表系统）可以极大地缩短任务选择时间，同时也保证了整个程序的完整一致性。将设备分类系统化的原因是 ITPM 任务选择可以适用于同一类或同一系统下的所有设备。但是，对设备分类系统化的过程中，一些特殊部件或应用于不同操作环境的部件（例如，不同化学环境，或高压状态）应被特殊标识、分类为相关子类并确保安排不同的ITPM任务及作业间隔。同时，具有特殊问题的设备应建立独特的ITPM任务计划。

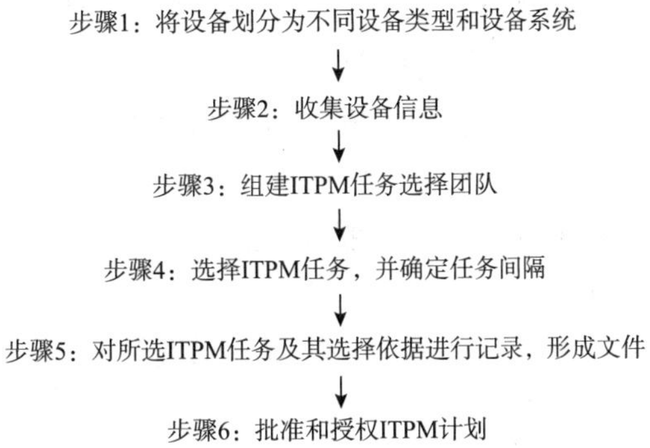

步骤1：将设备划分为不同设备类型和设备系统
↓
步骤2：收集设备信息
↓
步骤3：组建ITPM任务选择团队
↓
步骤4：选择ITPM任务，并确定任务间隔
↓
步骤5：对所选ITPM任务及其选择依据进行记录，形成文件
↓
步骤6：批准和授权ITPM计划

图 4–3　ITPM 任务选择过程

步骤 2：收集设备信息。在任务选择前收集整理好各类设备的信息文件及其操作流程会使得 ITPM 任务选择及任务间隔确定更为高效，具体信息如下：

- 工程数据，例如设计规范及设计竣工图；
- 操作数据，例如包括操作参数及极限工况条件表的操作流程；
- 维护及检修历史数据，包括现有的 ITPM 任务及任务时间安排，及设备检测和维修历史；
- 腐蚀防护文件（CCD），针对每个工艺单元应有明确的腐蚀循环、退化机制和 / 或其失效形式；
- 安全及可靠性分析结果，例如过程危险性分析及以可靠性为中心的维修分析 R C M，此类分析可以提供预期失效形式及相关失效后果的信息，同时还可以帮助确定附属防护性设备，例如临界警报、应急关断系统及在紧急情况下保持设备运行的关键公用工程系统；
- 设备临界状况确定；
- 设备相关规范、标准及操作实例，特别是可以定义 ITPM 任务选择及任务间隔的文件；
- 适用的管理 / 监察规定；
- 场所或企业适用的相关环境、卫生及安全政策法规；
- OEM 操作手册；
- 如果相关 ITPM 任务选择及任务间隔的确定是基于一定风险的，需要基于风险的评测信息。

步骤 3：组建 ITPM 任务选择团队。通常情况下的队伍应配置如下人员：

- 工程人员，可以提供设备设计及其适用标准、相关规范及实践经验等知识；
- 操作人员，可以提供设备操作经验及其相关失效历史记录，任务选择过程中纳入操作人员还可以帮助促进 ITPM 计划的接受度，在任务执行过程中提供股息分红；

• 维护人员，可以提供现阶段维护经验及设备维护历史记录，他们同样可能帮助促进 ITPM 计划的接受度；

• 检查人员，可以提供检查及测试标准、规范、实践经验、潜在损伤机制及检测历史记录；

• 可靠性及维护工程师，可以提供检测建议、PMs、潜在损伤机制及设备相关历史记录；

• 防腐工程师，可以提供腐蚀或其他损伤机制（如应力断裂）的研究成果及防腐和监测技术；

• 过程工程师，可以提供设备设计及操作的建议，以及设备历史，适用标准、规范及实践经验；

• 设备厂商和供应商相关领域专家（SEM），这些人员在为已授权的生产过程或新进设备选择 ITPM 任务时尤为重要，因为他们可以提供有关操作、工艺和设备维护的宝贵经验，尤其是当相关设备人员缺乏相关经验的情况下。

步骤 4：选择 ITPM 任务及确定任务间隔，当选择一项 ITPM 任务时，团队人员应考虑要解决哪种类型的失效（如均匀腐蚀还是仪表连锁系统的失效）以及防止失效的最佳解决方式（最有效的方式），包括检测退化及初始故障。

步骤 5：记录所选 ITPM 任务及其基础信息。最后将所选任务集合记录并归档为 ITPM 计划，包括每个任务选择的基础信息（基本原理）。

步骤 6：批准与授权执行 ITPM 计划。ITPM 计划的任务、频率及时间安排需要业务部门或是法律规范规定的合格人员进行批准与授权。

4.16 资产完整性管理中有哪些常用状态监测技术？

资产完整性管理中常用状态监测技术见表 4–2。

表 4-2 常用状态监测技术清单

技术分类	技术清单
温度测试	热成像法、温度测量
动态监控	时间波形分析、频谱分析、冲击脉冲分析、超声波分析
油料分析	铁谱技术、粒子计数法、沉淀测试、原子辐射光谱测试、红外光谱分析法、电位滴定法、卡式滴定法、运动黏度系数法、介电强度测试法
腐蚀分析	挂片、腐蚀探针、电位监测
无损检测（NDT）	X 射线照相技术、液体着色渗透技术、超声波探测技术、磁粉探测技术、涡电流测试技术、声频发射技术、水压测试技术、外观检测技术 – 光学孔径检查仪
电力测试及监控	欧姆表测量、高电势测量技术、强电震荡测试技术、电源特征分析技术、功率系数测试技术、电机电路分析技术、电池阻抗测试技术
观察及监视	目视检查、听觉检查、触觉检查
性能监控	性能变化趋势

4.17　资产完整性管理中测试和检验计划的制定方法有哪些?

首先提出的是在本质上更具有规定性的三种方法：规范 / 标准、监管机构以及公司的特定要求。另外还有基于风险的检验（RBI）、失效模式、影响和关键程度分析方法（FEMA）、安全仪表系统（SIS）、以可靠性为中心的维护（RCM）等方法。

4.18　RBI 区别于常规资产完整性管理方案的特点有哪些?

（1）设备和工艺数据。必要的设备数据包括设计温度、设计压力、施工材料、尺寸、应力消除的细节、隔热、涂层/衬里、当前状态以及历史检验的次数和类型。此外，还需要以下工艺信息：工艺流体组成、流体性质、操作温度、操作压力、可燃性、毒性和库存。分析将集中于正常 / 常规过程流体组成；然而，非常规操作模式（如启动和关停）也需要考虑，当这些操作模式会引起或加速对设备的损坏，则认为其为异常状态。

（2）风险建模。人员需要确定评估发生泄放的可能性和后果的根本方法。设施通常使用计算机软件来辅助这种方法。为了正确地解释结果，人员需要了解所使用的方法及其假设 。

（3）检验策略。RBI 方案有一套确定适当检验方法、检验水平和最大间隔时间的规则或准则。这些准则为根据风险等级、设备类型和老化机理，为每个设备制定检验计划提供了方法。重要的是，使用特定软件来开展 RBI 工作的设施，必须同意该软件的基本假设及其相关的检验策略。

（4）检验计划。RBI 利用检验策略和检查员的专业知识，将当前检验结果输入到风险模型中，重新计算风险等级，并相应地修改检验计划。尽管许多商用 RBI 软件包提供了 ITPM 调度功能，但是建议不要采用自动调度。相反，RBI 推荐的检验计划，应由具有设备检查和分析经验的指定人员进行审批。要生成合适的 ITPM 计划，需要引入许多 RBI 之外的因素，如周转时间表、设备冗余以及部件和人力的可用性。

（5）管理系统和工具。RBI 通常使用工作流程和计算机工具来收集、解释、整合和汇报检验数据，并计划和安排检验任务。RBI 方案的管理还包括活动、状况、例外情况和趋势的汇报。

RBI 程序流程见图 4–4。

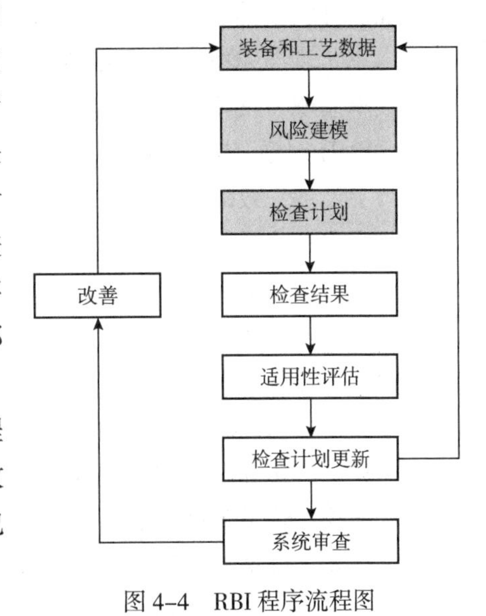

图 4–4　RBI 程序流程图

4.19 失效模式、影响和关键程度分析方法有哪些内容？

失效模式、影响和关键程度分析方法（FMEA）已用来评估各种不同类型的系统，尤其是机械和电气系统。在 AIM 中，FMEA 最常用于分析失效的原因及（或）对工艺/系统性能的冲击（影响）是未知的或不甚清楚的关键设备和复杂系统。FMECA 是 FMEA 的扩展版，代表失效模式、影响和关键程度分析。FMECA 是一种使用定性或定量的关键性划分来评估失效模式的关键程度（后果严重性）和产生的影响的 FMEA 方法。采用该方法，使用者可以将注意力集中在可能导致最严重冲击的失效模式上。

FMEA 及（或）FMECA 可用于 ITPM 任务的计划过程，以更好地理解设备失效及其影响之间的因果关系，通常是针对引起安全影响、环境释放或生产停工的损失事件。FMFA 及（或）FMECA 的这一属性使其成了 ITPM 制定规划过程中有用的工具，作用包括：

（1）识别特定的设备失效模式/原因，并关注其 ITPM 任务；

（2）记录 ITPM 任务决策的论证过程，尤其是查找故障的决定（如果有的话）；

（3）风险评级，可用于 ITPM 资源优先级分配。

在过程中尽早确定适当的分析细节程度，是成功应用 FMEA 及（或）FMECA 制定 FIPM 任务计划的关键。细节信息太少的分析可能无法提供所需的结果。另一方面，过多的细节信息将会增加分析耗费的时间和精力，却又不会带来任何额外的好处。通常，FMEA 开展的细节程度可与 ITPM 任务确定的细节程度相同（例如，泵、罐、容器、管道回路）。

在设计阶段常使用 FMEA 来发现和评估机械和电气系统的潜在故障。然而，FMEA 也可以用于现有系统，以更好地了解潜在的故障、这些故障的影响和现有的保护措施。这些故障描述为设施人员发现设计改进点和需要开展 ITPM 任务的设备故障奠定了基础。此外，FMEA 还可以识别：

（1）设备失效的后果，使设施人员能够确定哪些设备失效对设备完整性最为重要。

（2）设备失效的原因，以便选择 ITPM 任务来解决设备故障根本原因。（FMEA 团队也可以评估是否可采用其他方法更为合适，如操作员培训或优化操作程序等）。

（3）设备失效的风险，以便对设备失效进行优先级划分并分配适当水平的资源。

FMEA 通常包括以下步骤：

步骤 1：明确需要考虑的设备和工艺过程。

步骤 2：明确分析需考虑的影响。

步骤 3：将工艺过程细分为子系统或设备项以供分析。

步骤 4：确定子系统/设备项的潜在失效模式。

步骤 5：评估每种失效模式的即时和最终影响以及系统影响的关键程度（对于 FMECA）。

步骤 6：对于能够产生考虑的影响的失效模式，确定能够侦测该故障模式以及中断可引起所考虑影响的事件序列的现有保护措施。

步骤 7：考虑发生失效模式的可能性、影响的关键程度和现有的保障措施，评估保障措施是否足够；如果发现薄弱点或该情况下的风险被判断为过高，提出相应的变更建议。

步骤 8：如果需要或要求，开展定量评估。

安全仪表系统（或称 SIS）是由传感器、逻辑解算器和最终控制元件组成，在违反预定条件时进行调节，将过程导入安全状态的系统。安全仪表系统的其他术语包括自动紧急关停系统、安全关停系统和安全联锁系统。

满足 IEC 61511 要求的通用步骤如图 4–5 所示。

（1）工艺危害分析（PHA，也称为危害识别和风险分析（HIRA）），用以识别在给定工艺操作中的触发原因（设备故障、操作错误和使过程处于异常情况的外部事件），每个原因的潜在后果，以及现有设施或新设施设计中包含的保障措施。

（2）开展风险分析，如保护层分析（LOPA）等，来确定现有的和必要的独立保护层，以将危险事态的可能性降低到可接受的水平。这可能需要对所处理的事件结果进行更好的定义或评级。请注意，在工艺危害分析或危害识别和风险分析中可以进行定性或定级的风险分析，而不是单独开展。

（3）如果确定现有或设计的保障措施不足以实现可承受的风险水平，则应对包括本质上更安全的设计方案在内的降低风险的措施进行评估。仅使用安全仪表系统来降低风险是没有必要的。通过无仪表安全措施，如紧急泄放保护，通常即能实现可承受的风险水平。但是，应该注意的是，安全仪表系统和无仪表保障措施（如紧急泄放保护）都具有测试和检验要求，以及误动作或过早激活的可能。

（4）当仍需要降低风险时，应确定安全仪表功能（SIF）能为所有的具有潜在安全影响的情况提供所需的保护。

（5）在 IEC 61511 中，对 SIL1、SIL2 和 SIL3 这三个等级进行了规定。为各个安全完整性功能划分安全完整性等级（SIL）。实质上，SIL 是根据所考虑的作为整体系统的安全完整性功能的失效概率，而规定的功能完整性 / 可靠性要求。应注意，如果只需要降低一个数量级的风险，且安全工功能将在基本过程控制系统（BPCS）执行，则可能不需要开展正式的 SIL 划分。

（6）为每个安全仪表系统编制一个安全要求规范（SRS），将相关的 SIB 中最高 SIL 等级作为其 SIL 规格。安全要求规范详细介绍了安全仪表系统的设计，实施，运行和维护，包括检查和功能测试在内，要满足的所有要求。它包括诸如预计需要频率，最大允许误报率和所需响应时间等事项。然后使用安全要求规范来设计安全仪表系统，规定功能测试间隔，以满足所有要求。

（7）需要进行正式验证，以确保设计、实施、运行和维护的系统满足所需的完整性级别。

（8）在检验计划中，为安全仪表系统制定 ITPM 计划；即，规划检验和测试活动的执行，检验和测试活动的时间间隔需满足可靠性规格要求。

（9）然后根据 ITPM 计划安排和实施检验和测试。

（10）对不合格情况进行评估，修复缺陷，并对问题进行适当的跟踪以便审查和改正，如重新设计，修改检验和测试间隔及（或）修理系统部件等。

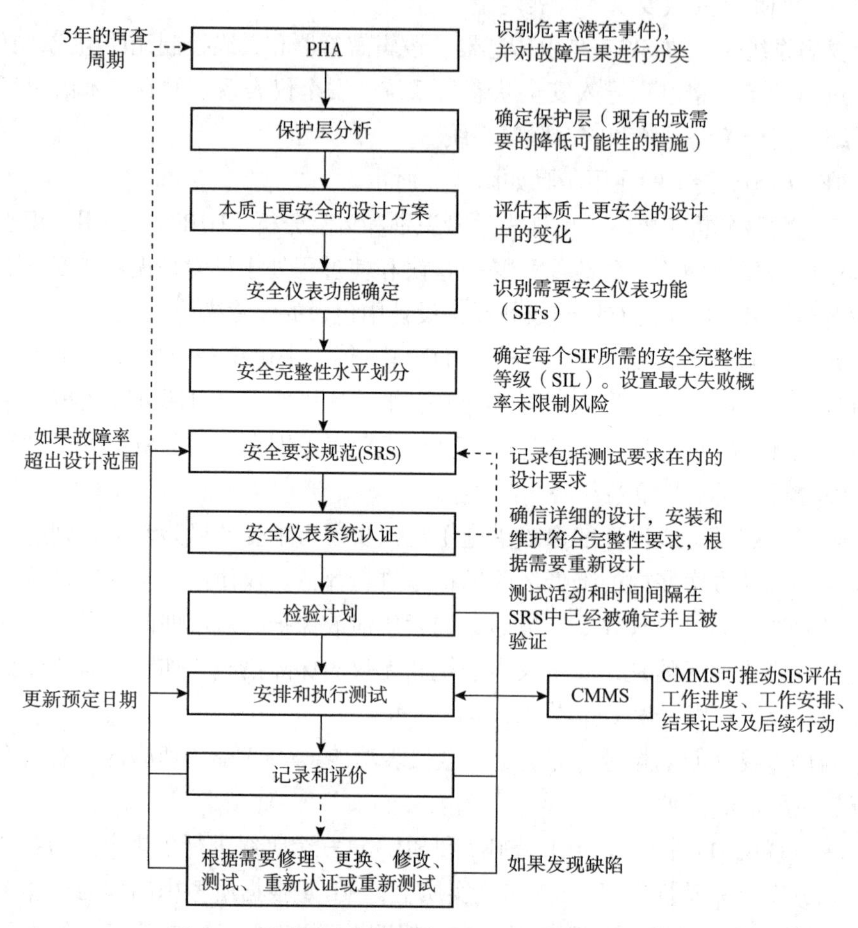

图 4-5　显示测试和检查接口的 SIS 开发和实现步骤

所有上述步骤都有与之相应的文件要求。IEC 61511 还包括安装、调试、启动前验收测试、操作、变更管理和退役相关的要求。这些要求基本上概括了安全仪表系统的质量管理体系。符合 IEC 61511 的所有要求，包括功能测试和检查要求，显然需要大量的管理投入和资源分配。

安全仪表系统的设计人员选择仪表（传感器、最终元件等）和逻辑解算器，确定冗余需求，设置测试活动，并结合安全要求规范中的信息，验证设计是否达到安全完整性水平的完整性要求。这些验证计算的方法需要开展复杂的概率分析。一些具体的考虑因素包括：

（1）对于安全完整性等级划分的数据以及停工时间的置信界限，需小心谨慎，因为这能影响所考虑的失效的概率。

（2）可以使用“故障模式，影响和诊断分析（FMEDA）”对仪表开展功能安全评估。FMEDA 是对传统 FMEA 的扩展，用于建立故障模式和发生率（包括“安全与危险”以及“已检测与未检测”）。

（3）其他分析可包括使用寿命的评估和对安全测试有效性的评估。

（4）仍然需要为安全仪表系统的部件确定相应的 ITPM 活动，如传感器的校准和阀门的行程测试。

（5）需求模式或时间间隔（安全功能预计需要频率）会对可使用的安全仪表系统结构和自动诊断的有效性提出额外的限制。

（6）可以使用故障树分析和马尔科夫（Markov）模型。开展这些分析需要相应的知识和技能。

在安全仪表系统的整个寿命周期中还涉及许多其他考虑因素。现已有注册功能安全师和注册功能安全专家（CFSP、CFSE）的相关培训和认证。

4.20 资产完整性管理中制定和实施培训方案的流程有哪些内容？

主要包括管理意识培训、技能 / 知识评估、培训新的和现有工人、验证培训有效性并形成文件、认证（如适用）、持续培训、培训复习、为维护技术人员和实施维护任务的操作人员提供培训、技术员培训，以及承包商培训等方面的内容，培训流程见图4–6。

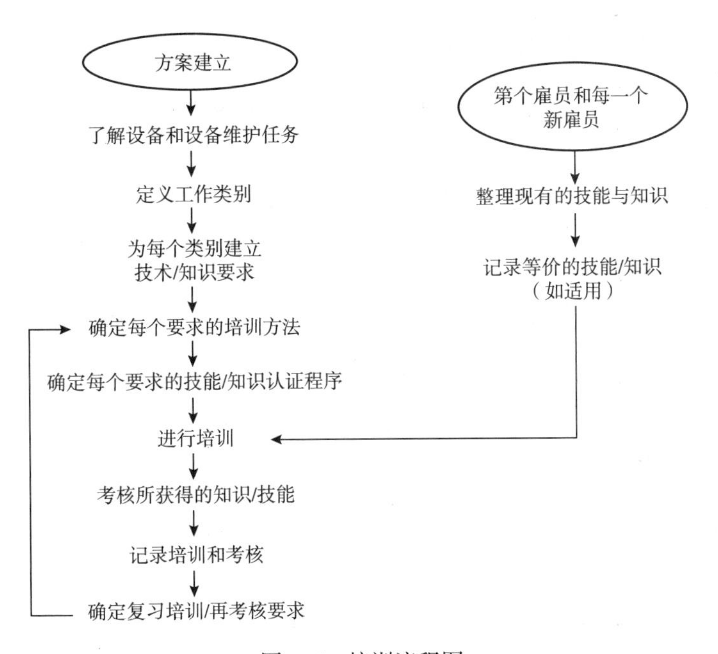

图 4–6 培训流程图

4.21 资产完整性管理中质量管理的相关要求有哪些?

资产生命周期质量管理的方法要求在从资产设计到退役或再利用的全过程中将设备质量纳入考虑，有效的质量管理是提升设施的资产完整性管理的有力工具。《资产完整性管理指南》中给出了设计/工程、采购、制造、验收、存放和出库、建造和安装、使用中的维修、改造和在顶级、临时设施和临时维修、退役/再利用、利旧资产全生命周期各阶段的质量保证措施和建议。

4.22 资产完整性管理中设备缺陷管理流程有哪些内容?

（1）建立可明确判断设备性能/状态的合格标准；
（2）定期评估设备状态；
（3）识别缺陷状态；
（4）对缺陷状态建立适当的响应措施，并予以执行；
（5）将设备缺陷传达给受影响的人员；
（6）正确地处理缺陷状态；
（7）根据缺陷及其整改措施所获得的经验教训，定期更新 AIM 方案。

4.23 资产完整性管理常用类型设备的缺陷验收标准是什么?

资产完整性管理常用类型设备的缺陷验收标准见表 4-3。

表 4-3　常用类型设备的缺陷验收标准

资产类型	新设备制造及安装	检验及测试	维修
压力容器、罐及管道	• 设计及测试的压力等级 • 焊接质量 • 尺寸及对准公差 • 建造材料 • 阀门泄漏率 • 支护，管道及吊架的安装标准	• 各个压力边界部件的厚度要求 • 支撑及锚定系统的评估要求 • 地基沉降限值 • 条状缺陷允值 • 扭曲耐度 • 泄漏	• 焊接质量 • 建造材料 • 尺寸及对准公差 • 设计及测试用压力等级 • 泄漏 • 支护，管道及吊架的安装标准
压力泄放阀（PRV）	• 建造材料 • 设计压力及温度 • 泄放能力 • 储存状态 • 安装标准 • 泄漏	• 设定测试压力限值 • 拆卸前测试限值 • 设定压力及排放允值 • 污垢及堵塞的肉眼检查（管道及 PRV） • 泄漏	• 建造材料 • 尺寸公差 • 安装标准 • 泄漏

续表

资产类型	新设备制造及安装	检验及测试	维修
仪表系统	• 建造材料 • 安装标准 • 部件校准 • 功能性能标准	• 部件校准 • 功能性能标准	• 建造材料 • 安装标准 • 部件校准
转动设备	• 建造材料 • 性能测试标准 • 压力测试要求 • 存储状态 • 安装标准 • 泄漏	• 振动限值 • 轴承或冷却液温度 • 涡轮转速 • 支撑及锚定系统的评估要求 • 泄漏	• 焊接质量 • 建造材料 • 尺寸及对准公差 • 压力测试要求 • 安装标准 • 泄漏
防火设施	• 安装标准 • 压力测试要求 • 性能测试标准	• 性能测试标准 • 支撑及锚定系统的评估要求	• 安装标准 • 焊接质量 • 建造材料 • 尺寸及对准公差
电力系统	• 符合相关国家电气规范（NEC）的要求	• 断路器性能测试	• 符合相关国家电气规范（NEC）的要求
火焰加热设备	• 支撑、管道吊架及燃烧炉的安装标准 • 焊接质量 • 部件制造材料：导管、支架、防火及仪表管帽	• 导管及仪表管帽尺寸及状态 • 管道吊架弹簧的设置 • 耐火状态	• 支撑、管道吊架及燃烧炉的安装标准 • 焊接质量 • 部件制造材料：导管、支架、防火及仪表管帽

4.24　资产完整性管理中应对缺陷的措施有哪些?

应对缺陷的书面程序包含以下几方面内容：

（1）危险及风险评估方法；

（2）说明哪种缺陷被认为是“未遂事故”，需要事故调查及（或）根本原因失效分析；

（3）针对暂时缓解及整改措施的管理和工程批准授权；

（4）暂时缓解措施的跟踪和终止；

（5）将危险告知受影响方；

（6）对受影响方进行有关暂时缓解措施的培训或通报；

（7）设备相关文件。

对缺陷解决过程中存在的风险，最好同时从工程及管理两个方面来进行评估。风险评估详细程度可能①根据缺陷的复杂性及预估风险，在书面程序中有相应项，②为设备缺陷状态的暂时缓解措施及最终整改措施的时机和响应确定提供依据。对设备缺陷的响应，分为多个阶段，首先是定义所发生问题（即对具体的缺陷进行识别和分析），接下来是实施暂时缓解措施，最后是开展最终整改措施。在响应路径的不同阶段和不同活动中，可采用设施的变更管理及运行准备审查系统（投产前安全检查）进行记录，并提供相应授权。

使用中设备的应对措施：

通常情况下，要应对使用中的设备的缺陷状态，需要决定该设备（或包含该设备的更大的系统，例如过程单元或卸载操作）是否应该关停。有时存在的缺陷可能过于严重，最好的决定就是关停该设备，然后进行维修或直接移除该资产。一些设备缺陷，特别是那些关键设备的缺陷，如海洋石油平台上的消防水泵的缺陷，可能需要强制关停。如果监管要求或公司政策还没有强制关停的规定，那么最好尽早制定此类规定，即在设备被发现存在缺陷之前。

如果决定继续使用缺陷设备，直到对其进行更换或维修，那么设施人员需要证明继续运行是安全的，并进行文件记录，即使用缺陷状态的设备所产生的风险是可以接受的，并将做出这个决定的原因记录在案。

如果决定继续使用缺陷设备，可能存在多条可同时进行的解决路径来帮助确保继续操作的安全性和可靠性，直到设备翻新、更换或永久修复：

（1）暂时继续使用缺陷设备的决定可能需要调整相关 ITPM 任务，包括提高厚度检测的数量及（或）程度，使用不同的无损检测技术，或更改 ITPM 任务时间表（如对老化速率或损伤面积进行更频繁的监控）。

（2）暂时继续使用缺陷设备的决定可能需要一个或多个短期风险补偿措施，例如，更换受损功能；提高设备完整性，如加固；更换操作状态，降低老化速率或提高安全系数；提供额外的保护层级；加强监控或启用更多的事前警报。

（3）暂时继续使用缺陷设备的决定可能需要安排、规划设备的维修或更换活动，以永久修复其缺陷状态。当老化速率及 P–F 间隔已知，且可信度足够时，需纳入考虑。继续操作应遵循相关技术建议来最小化设备的老化，使其在规定时间内可持续使用。

（4）暂时继续使用缺陷设备的决定可能需要开展适用性评价。

（5）分析、评价继续使用缺陷状态的特定设备的风险性的评估过程有时会表明风险非常低（如设备失效的最坏情况所产生的后果为非关键的产品质量影响）。如果出现这种情况，最终决定可能是尽快进行维修或更换，从而避免调整 ITPM 任务，增加风险补偿措施或开展适用性评价，同时还要将相关决策、决策原因以及所需的批准录入设施的变更管理文件。

在所有情况下，均需要考虑根据基于风险和补偿措施的合理技术评估，证明继续使用一个或多个缺陷状态的设备这一行为的安全性的举证责任。

非工作状态设备的应对措施：

处于非工作状态的设备的应对方案思维过程与上述情况类似。设施管理层需要决定在设备缺陷被永久修复前是否要将该设备（重新）投入使用。如果需要，那么可采用相似的应对路径来保证操作的安全可靠。根据风险评估结果，非工作设备的缺陷状态应对路径至少包括一个上述使用中设备应对路径中的一项以及下述方案中的一项：

（1）立即进行维修或更新以永久性修复缺陷状态；

（2）延迟重新启用，直到适用性分析评价完成且通过，如有必要，还应该确定维修范围，容器等级降低，或其他应对路径。

某些设备缺陷类型的暂时措施可包括钳夹或其他堵漏方式，使用新的管道支路及（或）替代性泄压保护工艺线程。使用暂时缓解措施及（或）其他临时变更（如安装于支路上的安全系统，替代防火或气体检测措施，无备用设备或使用临时设备的作业）需要进行适当的技术审核和相应文件记录，以及移除临时措施或再次进行技术评价的时间安排。这种技术审核及（或）二次审核的过程可以视为缺陷解决过程中的一环，需要持续跟踪，直到临时措施被完全移除。非工作设备缺陷状态可通过QA程序发现，并记录于设备信息文档中。变更管理及运行准备程序可以帮助管理缺陷应对过程，包括输入新的安全限值或设计参数，更新过程安全信息。

4.25 资产完整性管理中在哪些环节应对缺陷进行传达?

（1）即时危害和初始响应。对由设备失效发现的设备缺陷，如泵密封失效等，发现缺陷的人员需知道要将可能的即时危害（如火灾或有毒材料的泄漏）告知可能受影响的人员，如在直接相关区域工作的人员，还要清楚后续需要进行的可消除或降低威胁的相关措施（如开启疏散警报、停泵、关闭进料及出料切断阀）

（2）缺陷设备的状态。如果设备处于关停状态或设备在缺陷状态下运行（不论是否进行临时维修），应尽快告知相关人员最新的设备状态。此外，继续使用缺陷状态设备的注意事项（如果有的话）也需要清楚地与相关人员沟通，如由于储罐压力等级降低，需要在低压中状态下运行工艺过程。

（3）缺陷设备重返正常工作服役状态。当设备缺陷被永久修复后，相关人员应被告知此设备可重新投入正常工作服役状态。

有关即时危害和初始响应的通知通常由企业的应急响应程序来处理。缺陷设备的状态及缺陷设备重返正常服役状态可以通过设备缺陷日志及（或）现场变更管理系统进行管理。同时也包括了任何必需的操作人员培训或再培训，以应对实施永久修复前设备状态的变化。

4.26 《资产完整性管理指南》对哪些特定设备的管理活动给出了指导和建议?

包括压力容器、储罐、管道系统、泄压阀、爆破片、安全通风口和其他低压/真空降压装置、火焰/爆炸捕消器、紧急通风口、通风管、热氧化剂、火炬系统、爆炸通风口、安全仪表系统和紧急停车装置、泵、燃烧炉、加热炉和锅炉、开关装置等设备。

4.27 资产完整性管理中数据管理系统的实施包含哪些内容?

（1）计算机化维护管理（CMM）。

现有 CMMS 软件功能差异显著，然而，几乎所有的 CMMS 软件包都包含 AIM 方案所需的基本功能。两个最重要的特点是 CMMS 工作计划功能和工作指令功能。CMMS 应该能够跟踪一个 ITPM 任务到最后完成，计算下一次重复任务的日期，生成工单。

此外，CMMS 通常用于管理单个 ITPM 任务和资产维修及更换任务。对于单个 ITPM 任务，生成工单通常会启动任务安排过程。此外，该工单可以提供或引用所需的信息来执行任务，如资产项、ITPM 任务描述、ITPM 任务程序和其他相关信息的存放位置。完整的工单可以用来记录 ITPM 任务的结果：任务完成后的日期；执行任务的员工姓名；任务执行的描述；资产标识（如标签号、资产编号）；任务的结果。

然而，许多 CMMS 软件对一些 ITPM 任务生成的大量数据（例如，厚度测量数据、振动分析记录）的容纳能力有限，并且一些软件可能无法执行必需的计算（如腐蚀速率、剩余寿命）。因此，企业经常补充额外的软件到 CMMS 中，专门用来管理来自数据密集型 ITPM 任务的信息。

对于维修 / 更换的任务，CMMS 可以提供任务的程序信息，在执行任务时需要参考其他文档（如制造商手册、许可证要求），以及管理资产缺陷的方法等信息。工单或工作日志可将资产缺陷信息传达给受影响的人员。CMMS 可以用来：标识和记录纠正措施，包括批准的临时纠正措施；跟踪缺陷资产，直到进行了维修；记录下资产缺陷的解决和纠正结果。

CMMS 也常用于设施备件和维修材料质量保证（QA）活动。大多数系统有以下功能，确保使用正确的备件和材料：控制和生成采购信息，以确保订购了正确的备件和维护材料；包括采购时的票据（或其他信息），及（或）向适当的人员（如供应商、接收人员）传达备件信息（特定的 QA 要求）；将备件信息结合到工单中，以确保从维修库房订了正确的备件；监控仓库库存来帮助确保有合适的备件可用；跟踪备件和维护材料的使用。

CMMS 程序用于 AIM 方案的另外一些功能包括故障代码、费用跟踪和报告生成。CMMS 程序通常可以在工单中加入故障代码。一个有效的故障代码系统可以识别资产类型（如具体的泵型）或一些重复发生故障，需要做进一步分析的资产（如，根本原因或故障分析）。同时，CMMS 程序可记录与每个工单相关的劳动力和材料费用数据。这个费用信息可用于绩效测量系统和 AIM 方案管理的其他方面。最后，CMMS 应提供 AIM 方案管理报告，如：AIM 覆盖的资产列表、计划 / 安排的 ITPM 任务列表，完成的 ITPM 任务列表、逾期 ITPM 任务报告，以及资产缺陷状态报告。

（2）检验数据管理。

有些 ITPM 任务采用专用的检验数据管理系统（IDMS），作为数据收集仪器的接口，管理产生的数据量。无损检测（NDE）技术，如涡电流和UT测量，经常使用专门的应用程序从现场采集数据，并管理生成的大量数据。这些应用程序是通常用于①记录数据，以便生成报告，②突出显示可接受限度外的数据，③执行相关计算。

仪表和振动分析专业应用为仪表和旋转设备提供相似的功能。仪表校准系统通常包含某类仪表的信息，如型号、标签号、校准范围和校准公差。这些系统①与用于校准仪表的设备通信，②帮助管理具有特征的校准数据，以保存数据，生成报告，识别出公差读数及错误计算。此外，在线仪表应用正变得越来越普遍。在线应用程序可以在故障影响系统性能之前，识别失效的仪表（例如发射机、阀门）。类似地，一些振动分析系统与现场振动分析仪通信，收集和分析振动读数。通常，振动应用程序可以记录数据，生成报告，并识别旋转设备可能发生故障的早期信号。随着开发人员不断增加更多的特性，计算机应用正在不断地发展，比如压缩机性能分析可用于支持AIM方案。

（3）培训方案管理。

用于AIM方案的另一种数据管理系统是培训数据库应用程序。通常，这些系统可用于记录员工培训需求，并管理员工个人培训记录。这些应用程序通常包含一些特性，确定新员工（或转岗到新岗位的员工）的初始培训要求，以及在岗员工的再培训要求。应用程序可以生成培训计划，通常是年度计划，以及组织中每个员工的培训计划。此外，应用程序通常还可以记录每个员工接受的培训，并在个人培训记录中保存这些信息。这些记录通常记录培训主题、培训日期、培训时长、用于验证员工理解培训的方法训及员工是否顺利完成培训。此外，这些应用程序可以生成各种报表，例如确认员工完成了任务必需的培训，或提供员工培训的审计证据。通常，AIM方案数据库资源还来自设施其他培训项目，如操作员培训和安全培训。

（4）文档管理。

对于一个有效的AIM方案来说，文档管理系统对很多维护组织都很有帮助，特别是那些没有管理大量书面程序经验的组织。这些应用程序题可提供文档管理和检索工具，管理AIM程序、资产文件信息以及制造制造商手册。AIM方案需要确保维护人员和检验员能够获得最新的ITPM程序，维修/更换程序，资产文件信息和制造商手册。使用纸质系统可能是很困难和麻烦的。此外，纸质系统有丢失或者破坏资产文件信息和制造商手册孤本的风险。文档管理应用程序允许使用人维护电子化的程序、资产文件信息、检查报告和制造商手册，且可在需要时检索和打印，例如生产工单。此外，这些应用程序中的一些可以和CMMS程序协同工作，使得所需的文件可以和工单一同打印出来。

（5）风险管理。

前面提到的可以改进和优化AIM方案的几个风险管理活动。大部分的活动专注于改进ITPM任务。与AIM方案结合使用的常见风险管理方法是失效模式和后果分析（FMEA）、基于风险的检验（RBI）和以可靠性为中心的维护（RCM）。

几个计算机应用程序可以帮助员工完成这些工作，并记录这些活动的结果。这些应用程序可以帮助学习领导者组织分析，提供具体分析工具，比如失效模式列表和评估损坏机制标准。通常，这样的应用程序可以用来记录结果和生成研究报告。此外，其中许多应用程序，尤其是 RBI 软件，可根据已完成 ITPM 任务结果，更新分析和分析结果。

4.28 资产完整性管理中测量指标、审计和持续改进工作包含哪些活动？

（1）建立绩效测量体系。有效的绩效测量可帮助机构评价总体 AIM 方案和关键 AIM 方案活动的当前标签，比如对 ITPM 任务安排的符合性。度量指标可以包括对 AIM 方案表现的直接测量，以及方案表现的领先指标（预测因子）。

（2）对方案活动进行定期审计和评估。审计和评估通常用于评估 AIM 方案管理系统的运作方式，如 ITPM 方案和质量管理系统，以及它们如何满足相关要求（如过程安全法规）。

（3）从设备故障、过程安全事故和未遂事件中吸取教训。另一项改进活动是使用诸如根本原因分析（Root Cause Analysis，RCA）等结构化评估过程，对设备失效进行系统性评价，包括未遂事件和完整性操作窗口偏离。系统分析是一种确定造成失败的根本原因的有效方法。基于这些评估过程的结果，人员可以提出消除潜在原因的建议，然后管理层可以制定和实施适当的措施来消除或减少未来发生失效或偏离的可能性。此外，从这些分析中吸取的经验教训可以与他人分享，无论他们是否在此设施内。

图 4-7 通过一个简单模型说明了持续的改进工作如何有助于 AIM 方案的总体绩效目

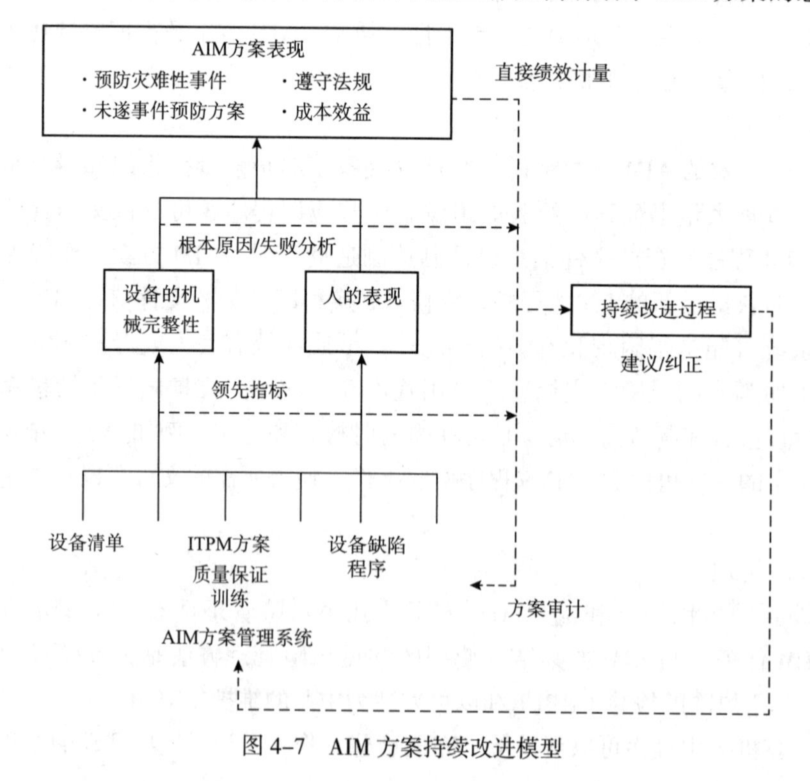

图 4-7 AIM 方案持续改进模型

标的实现。设施可考虑制定一项程序，用以确保这些持续改进活动的结果得到执行，并对其有效请进行评价。当满足以下条件，持续的改进活动可产生最有效的成果：①它们产生高性价比、实用的纠正措施（例如技术上可行并具有技术价值）；②纠正措施得到适当实施。因此，每个持续改进活动应包括以下步骤：

- 对建议进行管理层层面的审查，以确保这些建议有效和实用。
- 向相应的团队传达拒绝的建议（以及拒绝的依据）。
- 根据建议的评审结果及（或）由管理层评审产生的其他建议，制定适当的纠正措施。
- 管理层审批纠正措施。
- 确定纠正措施执行优先级，包括确定在关键过程活动发生之前，哪些纠正措施应到位，如将缺陷设备投入运行或工艺过程重新启动。
- 定期（例如每月、每季度）跟踪由制定人员和管理层实施的纠正措施。
- 保持跟进，以确保纠正措施已被指定的个人和管理人员正确的实施。

4.29 资产完整性管理方案中常用的基于风险的分析技术有哪些?

近年来，（炼化）设施已经采用了一些基于风险的分析技术以期制定更多的基于绩效的 AIM 方案。现在一些检验标准，如美国石油学会的 API 510 标准和 API 570 标准等，也包含了基于风险确定检验要求的规定。此外，API 和其他组织也已经制定了标准和推荐的做法，鼓励使用基于风险的技术来确定检验和测试的需求，包括：

（1）API RP 580，基于风险的检验

（2）API RP 581，基于风险的检验技术

（3）IEC 61511，功能安全：过程工业部门的安全仪表系统—第 1 部分：框架、定义、系统、硬件和软件要求。也可作为 ANSI /ISA–84.00.01 第 1 部分（IEC 61511–1 模块）。

许多组织发现在过程安全管理中使用风险分析技术可带来一些优势。例如：提供了一种结构化的、系统的、技术上可行的决策方法；提升了对于系统操作和导致特定失效的因果关系的理解；通过精确的风险评估，可以聚焦于最重要的失效形式，然后分配资源于最有效的领域中。

各类分析技术可为 AIM 方案的相关决策提供帮助。但是，设施需要确认何时这些技术可以得到最佳应用，依据分析结果可以做出何种决策，以及使用技术的其他相关问题，诸如时机、优势和资源等。下列几项是分析技术在 AIM 方案中的典型应用：

（1）用 FMEA/FMECA 来分析和确定需要被 ITPM 任务优先解决的设备的潜在故障模式；

（2）用 RCM 来优化主动维修任务，如预测性维护、预防性维护和隐患排查任务；通常用于活动部件的功能性失效（例如泵失效、控制不稳定）；

（3）用 RBI 来优化固定设备（例如容器、储罐和管线）和压力泄放设施的检验任务

和频率；

（4）用LOPA和类似的分析方法定义独立保护层（Independent Protection Layer，IPL）的性能要求，包括安全仪表功能（Safety Instrumented Function，SIF）；

（5）用故障树分析和马尔可夫分析来验证SIF和IPL的设计满足性能要求（即目标PFD）。

对火焰冲击、热辐射/过热、爆炸超压、爆炸碎片影响等特殊情况，也可使用定量风险分析来识别资产的薄弱环节。表4–4总结了上述技术不同的关键特性。

表4-4 分析技术汇总

简要描述	
FMEA/FMECA	• 归纳推理方法用于评估故障失效的原因以及这些失效对过程或系统性能的影响，并确保针对失效使用了合适的防护措施。 • FMRCA是一种采用定性、半定量、定量等风险措施以评估失效模式的关键性和后果的（FMEA）方法
RCM	使用下述两种方法对系统及其部件进行全面检查和分析。 （1）使用FMEA/FMECA来确定潜在的设备失效以及对系统/工艺性能造成的影响 （2）使用决策树（或类似的工具）来确定合适的失效管理策略（如ITPM任务）
RBI	• 对过程设备损坏的可能性和后果进行评价，从而进行风险评估和风险管理，并作为AIM方案的一部分。 • 它结合了传统RAGAGEP标准的灵活性，通过识别高风险设备和失效机理，针对降低风险的措施进行了优化
LOPA及其他类似方法	• LPOA——一种量级场景风险分析方法；每个场景均有与其相关联的后果严重性和一个初始事件及其关联频率；通过评估IPLs以降低风险；增加保护层，如SIFs，来满足风险目标。 • 其他类似方法——与LOPA有着相同的分析目标，但是通常充分利用定量分析方法，例如事件树分析
故障树分析和马尔可夫分析	定量分析工具用以预估保护层无效（规定失效概率）的情况，包括SIFs
设备类型	
FMEA/FMECA	机械（如泵、压缩机）和电气设备
RCM	所有类型的设备，但通常最适用于机械设备（如泵，压缩机）、电气设备以及仪器系统
RBI	压力容器，储罐和管道系统；此外，近年来也用于压力泄放系统
LOPA及其他类似方法	过程控制的安全功能，安全切断系统，人员报警响应，泄放设施及其他IPLs
故障树分析和马尔可夫分析	过程控制的安全功能，安全切断系统，人员报警响应，泄放设施及其他IPLs
应用建议	
FMEA/FMECA	失效模式原因和/或对工艺/系统性能的影响未知或不是非常清楚的关键和/或复杂系统
RCM	失效模式原因和/或对工艺/系统性能的影响未知或不是非常清楚的关键和/或复杂系统
RBI	在压力容器、储罐、管道系统和压力泄放设施在役期间进行检验以降低损失
LOPA及其他类似方法	具有较高风险事件场景（例如火灾、爆炸）的过程需要比过程危害分析（PHAs）更深入的评价来确定是否提供了足够的保护层来满足风险标准；此外，确定安全系统的要求PFD，特别是SIFs
故障树分析和马尔可夫分析	评估/验证SIF和IPL的设计是否满足PFD的要求（通常利用LOPA或其他类似方法确定）

续表

结果在ITPM中的运用	
FMEA/FMECA	• 确定要被ITPM任务解决的系统/设备失效模式和特定的失效原因 • 提供按照风险/关键性进行的排序用于建立ITPM任务的频率和优先级
RCM	• 根据需要解决的系统/设备失效模式和特殊失效原因确定合适的ITPM任务和频率 • 提供按照风险/关键性进行的排序用于建立ITPM任务的频率和优先级
RBI	• 确定设备的检验策略；检验活动很大程度上基于API检验标准，同时基于风险对检验的范围和频率进行适当的增加 • 使用检验的结果来更新检验的范围和频率以管理失效风险
LOPA及其他类似方法	• 通常不直接或详细的规定ITPM的任务和频率 • 可用于识别需要由ITPM任务来解决的关键安全系统
故障树分析和马尔可夫分析	确定SIFs（和其他潜在的IPLs）所需的测试频率以达到PFD的要求
结果在其他AIM方案活动中的应用	
FMEA/FMECA	• 可以成为设计等级的质量保证（QA），作为设计复审的一部分来确定潜在的失效。 • 也可以识别导致系统/设备失效的潜在维修失误，这些失误可被培训或程序文件解决 • 可用于开发设备故障排除指南
RCM	• 可以成为设计等级的QA，作为设计复审的一部分来确定潜在的失效，并开发失效管理策略。（例如重新设计、开车阶段的考虑） • 也可以识别导致系统/设备失效的潜在维修失误，这些失误可被培训或程序文件解决 • 可用于开发设备故障排除指南
RBI	通常不应用于其他项目规划活动中
LOPA及其他类似方法	在设计阶段中用来建立降低风险的IPLs，包括SIF的SIL等级。
故障树分析和马尔可夫分析	在设计阶段用来确定SIFs的具体设计需求（例如冗余度、危险失效率指标）
运用时机	
FMEA/FMECA	ITPM项目的初始阶段，当没有明确的任务或现存的ITPM任务结果不够充分时
RCM	• ITPM项目的初始阶段，当没有明确的任务或现存的ITPM任务结果不够充分时 • 系统/设备的初始设计阶段用来识别提高系统/设备可靠性和完整性的机会，此时可产生巨大价值，但设施目前很少这么做
RBI	• ITPM项目的初始阶段 • 优化初始检验工作 • 在项目进行中更好的聚焦和优化常规检验
LOPA及其他类似方法	• 工艺及其安全系统的初始设计阶段 • 检查或验证现有的工艺单元系统的完整性
故障树分析和马尔可夫分析	• SIFs和/或IPLs的初始设计阶段 • 检查或验证现有工艺单元的SIF/IPL系统的完整性
工作/资源要求	
FMEA/FMECA	可变的—像标准设备类型这种简单的情况下可使用通用的FMEA/FMECA结果（即模板），如果需要更进一步的资源需求多的FMEA/FMECA的结果，就需要可靠性人员、维修人员、操作人员、工艺工程师及其他工程专家输入更多的信息
RCM	资源需求多；但是，可以应用FMEA/FMECA模板和通用的ITPM计划来降低需求；同时，这些降低资源需求的方法也会减少RCM的一些功效（例如，具体的设备失效管理策略）

续表

工作 / 资源要求	
RBI	需要比常规项目更多的初始资源，但是通常见效较快
LOPA 及其他类似方法	• LOPA 需要中等水平的资源投入；分析要求（或开始于）一个 PHA 来确认事件场景，然后由一个小组来评估 IPLs 的裕量 • 其他替代分析方法（如事件树分析）需要更多的资源，其资源需求程度取决于 IPLs 的数量和复杂程度、失效数据的有效性和适用性以及其他需要确定 IPLs 的 PFD 的模型
故障树分析和马尔可夫分析	• 需要中到高水平的资源投入，取决于已评估的 SIFs 和 IPLs 的数量和复杂程度、失效数据的有效性和适用性以及用于设计 SILs/IPLs 的 PFD 模型的分析技术 • ISA 已经开发了简易的方程用于确定 SIL/IPL 的 PFD；这些方程能降低确定 SIFs/IPL 的 PFD 的资源需求。
优点	
FMEA/FMECA	• 彻底的、合乎逻辑的识别和评估系统 / 设备的失效及其重要性（基于对系统 / 工艺性能的影响）的方法 • 通过使用风险和关键性等级对设备失效进行排序的客观方法
RCM	• 彻底的、合乎逻辑的开发 ITPM 任务计划（即为那些没有 RAGAGEPs 可用的 ITPM 任务提供理论或依据）的方法 • 有效的评价系统 / 设备的设计并制定适当的策略用以管理潜在的失效
RBI	• 比单纯给出检验结果更加注重于风险控制 • 降低成本 • 不易忽视低风险数据中的高风险项目
LOPA 及其他类似方法	• 与其他技术相比，LOPA 更为简单。 • 客观评价 IPLs 的充分性（即更少的经验判断，更多的定性方法）
故障树分析和马尔可夫分析	• 更复杂和缜密的方法；两种方法均可用于共模失效；马尔可夫分析对于依赖时间的检测、维修、恢复系统完整性有较好的适用性 • 客观评价 IPLs 的充分性（即更少的经验判断，更多的定性方法）
缺点	
FMEA/FMECA	• 可能需求较多资源 • 仅能辨识单一的初始失效事件 • 结果在一定程度上取决于分析团队对系统 / 设备的认知
RCM	• 通常需求较多资源 • 仅能辨识单一的初始失效事件 • 结果在一定程度上取决于分析团队对系统 / 设备的认知
RBI	与传统分析项目相比，建立和运行需要更多的技术知识 / 训练
LOPA 及其他类似方法	可能会对那些存在潜在共模失效的系统（例如相同工艺控制系统中的联锁系统）产生过于保守的结果。
故障树分析和马尔可夫分析	• 巨大的资源需求 • 对培训的要求极高

参考文献

[1] Center for Chemical Process safety. 机械完整性管理体系指南 [M]. 刘小辉，许述剑，方煜等译. 北京：中国石化出版社，2016

[2] Center for Chemical Process safety. 资产完整性管理指南 [M]. 刘小辉，许述剑，屈定荣等译. 北京：中国石化出版社，2019

第5章 炼化企业设备完整性管理体系要求

5.1 炼化企业建立设备完整性管理体系的目的是什么?

企业在长期的发展过程中结合实际自主探索形成了固有的设备管理模式，在一定时期内取得很好的成效。但是，随着装备制造、自动化控制、信息化技术水平的提升，旧的设备管理模式显然已经不能满足现代化设备管理的要求，如何发挥集团化管理的优势，打破专业、部门、企业甚至板块的界限，保持管理的一致性，成为必须要解决的问题。在众多解决方法中，体系化管理成为切合时代脉搏的最佳管理模式，也是与国际接轨的必由之路。体系化管理不仅可以解决碎片化、经验式的各自为战的管理弊病，还可以彰显管理者决心，体现管理价值，提升整体管理水平，让信息得到全面共享，优秀实践及时交流和传承，管理科学性不断提升，进而形成统一的管理模式。因此，开展设备完整性管理体系建设是炼化企业主动应对数字革命，加快数字化、智能化转型发展，促进统一设备管理文化的形成，营造共同应对风险的良好局面的绝佳选择。

设备完整性管理体系主要用于指导石油化工企业建立并实施设备完整性管理，确保设备符合其预期功能，提高设备安全性、可靠性、经济性运行水平，保障生产装置安全、稳定、长周期运行。

5.2 炼化企业设备完整性管理体系的适用范围包括哪些?

设备完整性管理体系适用于炼化企业的设备完整性管理，涵盖企业设备管理工作涉及的所有设备、设施，油田、销售等企业也可参照执行。

5.3 什么是炼化企业设备完整性管理体系要素结构及PDCA循环?

设备完整性管理体系的总体架构采用了ISO管理体系的高阶结构，设置了十个基本要素，即目的和范围、规范性引用文件、术语定义和缩略语、组织环境、领导作用、策划、支持、运行、绩效评价、改进。这十个要素构成了设备完整性管理体系的整体PDCA循环，如图5-1所示。各要素之间相互关联、相互渗透，在良好的组织环境下，各级管理人员充分发挥领导作用，构成一个良性的、可持续改进的PDCA管理循环，以确保体系的系统性、统一性和规范性，实现企业设备的完整性管理。

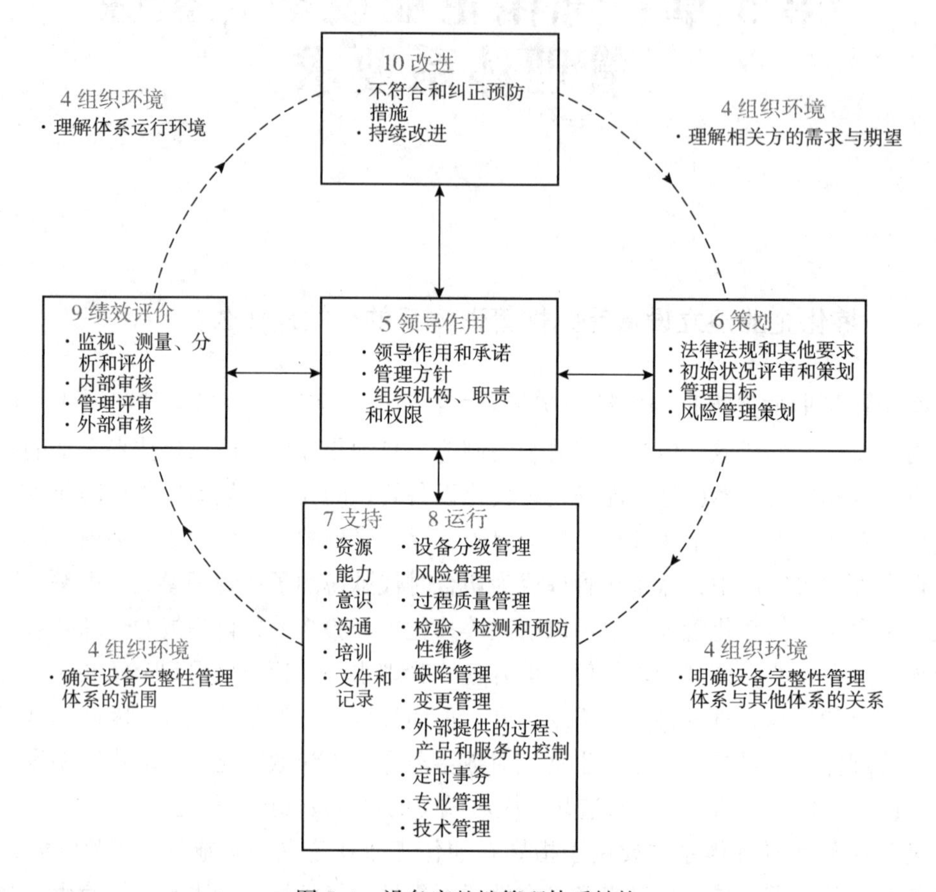

图5-1　设备完整性管理体系结构

5.4　设备完整性管理体系如何有效运行？

设备完整性管理体系涵盖炼化企业所有设备、设施，涉及面广，是一体化持续提升的管理理念，期望通过体系建设，促进企业设备管理水平的全面提升，而不是局部的改善。

为了保障设备完整性管理体系的建设和有效运行，需要建立良好的保障机制和运行机制。保障机制一般包括团队建设、宣贯培训、部门协同、工作机制等内容。在团队建设方面需要成立专家团队、专业团队、可靠性工程师团队、区域团队、现场维护团队等设备完整性管理团队，各团队职责分工不同，由工艺、设备、安全、腐蚀等专业技术人员构成，实现专业管理与体系管理的融合发展。在宣贯培训方面，应按照设备完整性管理体系建设过程的不同阶段，开展不同层级管理人员和技术人员的培训，培训形式可采用讲师授课、专项研讨、实操演练、观摩学习等方式，培训内容一般需要系统学习设备完整性管理体系知识，提高设备管理人员的体系管理能力和意识；系统学习风险管理和可靠性管理技术及工程应用知识，提高专业管理人员风险管理和可靠性管理的能力；研讨典型案例，提高设备预防性维修水平和设备管理人员的综合能力。在部门协同方面，由于设备完整性管理是一体化管理和设备全生命周期管理的理念，需要企业管理、人力资源、生产调度、发展规划、物资采购、工程建设、安全环保等职能部门有机结合、相互协同，按照设备完整性管理要求，进行职责的系统识别和划分。在工作机制方面，一般需要建立可靠性工程师周例会，专业团队、工作团队月度例会，领导团队季度会议等例会制度，以充分体现领导作用，并建立日报、周报、月报机制，通报进展、存在问题和工作计划。

运行机制需要结合设备完整性管理体系要素架构，建立体系的运行机制模型，如图5-2所示。运行机制模型涉及三个层次、三类组织。

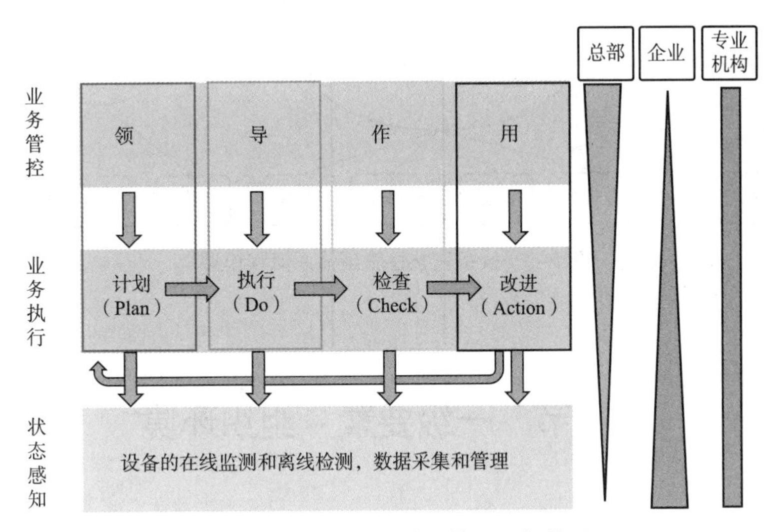

图5-2 设备完整性管理体系运行模型

三个层次分别为业务管控、业务执行和状态感知。业务管控层体现组织引领作用，通过领导作用的良好贯彻，确保业务执行高效准确；业务执行层体现PDCA思想，通过不断循环改进，确保设备管理水平不断提升，并促进设备状态感知的及时有效；状态感知层体现设备的实时状态，通过设备状态的实时监控与诊断，确保设备状态异常的及时发现和处理。

三类组织分别为总部、企业和专业机构。总部设备管理部门的管理重心应体现自上而下的特点，重在集合中国石化力量，通过大样本、大数据以及重大设备故障、事故的分析，及时识别和控制大风险，避免和预防大事故。企业设备管理部门的管理重心应体现自下而上的特点，重在发挥专业管理优势，通过危害识别和风险评估提前发现设备风险和设备状态异常，避免演变为设备故障或事故。专业机构作为重要的技术支持，应建立集成化管理和合作机制，确保专业机构可为中国石化提供长期优质的全方位技术服务。

在上述运行架构的基础上，设备完整性管理体系采用了以流程 / 任务为主线的设备管理模型，如图 5-3 所示。通过流程 / 任务建立装置 / 设备与组织 / 人员的关系，流程 / 任务是实现设备完整性管理体系运行机制模型中 PDCA 循环的主要手段，也是规范管理、明确职责的重要途径。按照综合、动设备、静设备、电气设备、仪控设备五大方面可细分为 P 类、D 类、C 类、A 类流程 / 任务。体系建设时应基于体系要素管理形成基本管理单元，并建立流程联动机制，实现可组态的设备管理，以满足动态管理需求，保障设备管理体系的有效运行。

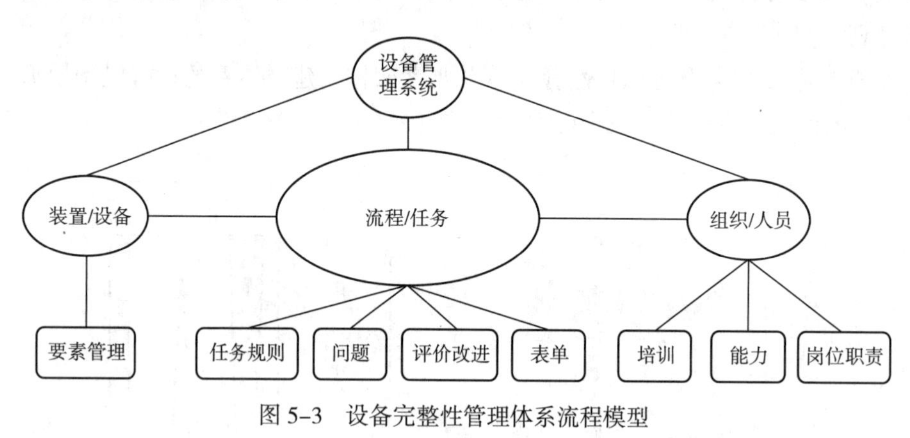

图 5-3　设备完整性管理体系流程模型

第一节　一级要素 - 组织环境

5.5　企业的组织环境是指什么?

组织环境是指设备完整性管理体系建立、实施、保持和持续改进过程中内外部因素的组合。其中，外部环境提供了可以利用的机会，内部条件是抓住和利用这种机会的关键，只有在内外环境适宜的情况下，才能建立健康发展的设备完整性管理体系。

内部环境反映了公司所拥有的客观物质条件和工作状况以及公司的综合能力，是公司设备完整性管理体系运转的内部基础。一般包括公司使命、价值观念、团队意识、文化结构、公司制度等公司文化，人力资源、市场资源、设备设施等公司资源，管理能力、技术能力以及发展规划、产品研发、风险与机遇、生产经营等运营能力和其他内部环境，如公司特有的影响经营的因素和影响产品、服务及运营方式的重要创新或变化，包括品牌、合作伙伴和供应链方面的需要等。

外部环境是对企业外部的政治环境、社会环境、技术环境、经济环境等的总称。外部环境一般包括政治环境、经济环境、技术环境、法律法规要求、社会文化环境等宏观环境以及顾客和市场需求期望、竞争环境、资源环境等微观环境，并受到企业所在地区或市场的地理、气候、资源分布、生态环境等自然环境影响。其他外部环境包括国内外经济形势的变化、国家产业政策和上级部门的战略规划等。

5.6 如何理解体系运行环境?

组织环境是企业赖以生存和发展的基础，良好的运行环境是设备完整性管理体系有效运行的重要保障。企业在建设和实施设备完整性管理体系的过程中，应确定对实现设备完整性管理体系预期结果有影响的外部和内部因素，并确保这些环境因素处于受控状态。不同企业的组织环境差异性可能会很大，城市型炼化企业将面临更严苛的安全环保、政府监管等外部环境，这些都将会对设备完整性管理的业务环节产生直接影响，例如风险的可接受水平、缺陷的处理、检验检测和预防性维修频次和具体指标要求等。另外，不同企业的内部环境基础不同，大型企业在人力、费用投入等方面相较于中小型企业可能会有一定优势，其可调整幅度相对较大，使其更有灵活性，应对风险的能力更加突出。同时，企业装置的新旧程度也将直接影响设备完整性管理体系的主要业务内容设置，其在重点业务的资源分配上将有很大的不同。

5.7 如何理解相关方的需求与期望?

相关方对于企业增强顾客满意、符合法律法规和其他要求具有重要的影响，识别、理解并满足顾客、员工、社会当前的需求和未来的期望是企业战略管理中组织环境分析的重要内容。相关方一般包括：承包商、供应商、地方政府部门、上级部门、非政府公司、雇员等。需求和期望一般包括：顾客需求、法律法规的要求、许可制度的要求、上级和地方部门的指令或期望、雇员和供方的要求和期望等。企业在设备完整性管理过程中，应识别和分析不同相关方的重要程度，有针对性的处理和改进，并把这些需求、要求和期望转化为企业明确、具体的设备完整性管理目标和指标，通过实施管理体系实现相关方的需求和期望。企业应确定①与设备完整性管理体系有关的相关方；②与设备完整性管理体系有关的相关方的要求与期望；③设备完整性管理方面的决策准则；④与设备完整性管理体系有关的相关方的文件和记录的要求。

第二节　一级要素－领导作用

5.8　设备完整性管理体系的领导作用和承诺是指什么？

领导作用是指在一定的环境条件制约下，由领导者职权和素质共同形成的对所管辖组织和人员活动的影响力。在设备完整性管理体系整体PDCA循环中，领导作用居中心地位，在设备完整性管理各项业务活动中起主导作用，应当根据特定的环境和需求进行科学决策，设置合理的组织机构，制定规划目标并安排计划实施。同时，视情况的变化，协调各种关系，不断修正、完善决策，使管理活动处于动态调整过程。领导作用的发挥与否，将直接影响整个体系的建设和运行。

对于企业最高管理者应通过以下方面，证实其对设备完整性管理体系的领导作用和承诺：

（1）对设备完整性管理体系的有效性负责；

（2）确保建立设备完整性管理的方针、目标，并与企业的总体目标一致；

（3）确保将设备完整性管理体系的要求融入企业的业务过程；

（4）促进使用体系管理和风险管理的思维，确保与企业其他风险管理方法相协调；

（5）确保设备完整性管理体系所需资源是可获取的；

（6）沟通设备完整性管理的有效性和符合体系要求的重要性；

（7）确保设备完整性管理体系实现其预期结果；

（8）促使人员积极参与，指导和支持员工为设备完整性管理体系的有效性做出贡献；

（9）促进企业内的跨职能协作；

（10）促进持续改进；

（11）支持相关管理者在其职责范围内发挥领导作用。

设备完整性管理体系中的领导作用泛指各级设备管理人员都需发挥自身的领导力，除了企业最高管理者之外，各级管理人员均应通过各项业务管理活动证实其对设备完整性管理体系的领导作用和承诺。

5.9　建立设备完整性管理方针时应满足什么要求？

设备完整性管理方针是企业设备完整性管理发展规划的体现，应得到企业最高管理者的确定和批准，并定期评审。管理方针应符合以下要求：

（1）与企业设备和业务的性质、规模相适应；

（2）与企业的其他方针政策保持一致；

（3）提供建立、实施设备完整性管理目标和计划的框架；

（4）提供设备完整性管理所需的资源；
（5）确保最高管理者及全员参与，并履行职责；
（6）包括遵守现行适用法律、法规和其他要求的承诺；
（7）包括持续改进设备完整性管理绩效的承诺；
（8）形成文件，并传达给相关方；
（9）定期评审，以确保方针与企业的设备完整性发展计划保持适宜性和一致性。

根据设备完整性管理方针，企业应建立、实施并保持设备完整性管理策略。常见的设备完整性管理策略包括预防性维修工作策略、风险管理策略、缺陷管理策略、变更管理策略等。

5.10 组织机构如何设置？

企业需要建立与设备完整性管理体系相适应的组织机构，并对其职责和权限做出明确规定。一般在体系建设过程中需要成立体系建设领导小组、工作小组和专业工作团队。领导小组一般由企业的最高管理者担任组长，成员包括各个职能部门的负责人，其职责是全面领导推进设备完整性管理体系构建各项工作，负责重大事项的决策，建立体系化长效运行机制。工作小组一般由主管设备的管理者担任组长，成员涉及各个职能部门的具体执行人员，其主要职责是贯彻执行领导小组的决策，制定工作计划，在领导小组的指挥下，按照工作节点完成各项具体工作，包括初始状况评审、整体策划、体系文件编制、信息系统建设、体系试运行及体系评审等。专业工作团队一般由综合、动设备、静设备、电气设备、仪控设备及信息化专业工程师、各生产运行部专业主管级维保单位专业工程师组成，承担设备风险、可靠性分析和评价、专项方案的编制与实施工作，并为企业设备完整性管理方案的实施提供支持保障。在设备完整性管理体系运行时，需要建立专家团队、专业团队、可靠性工程师团队、区域工作团队、维护工程师团队等设备完整性管理团队。其中，区域工作团队由可靠性工程师、生产运行部技术人员和维护工程师共同组成，形成矩阵式管理。同时，考虑体系的融合性，还应重新识别、确定与设备完整性管理相关的职能部门（至少包括设备、生产、工程、安全、环保、企管、人力资源、技术、信息、采购等）的职责划分和层次，以及从事管理、技术和操作人员的职责和权限，形成文件并传达给相关人员。

5.11 职责如何划分？

为了确保设备完整性管理体系的要求得到贯彻和落实，需要按照设备完整性管理体系的要素设置，识别和明确各级管理人员的职责，一般需要对职能部门、管理团队、岗位职责进行系统识别，明确具体的要素管理者。首先，根据相关方识别情况，明确各相关职能部门在设备完整性管理体系中的作用和职责，并结合实际工作分工和开展情况，优化各职能部门职责。其次，按照职能部门的分工，明确专家团队、专业团队、可靠性工程师团队、区域工作团队、维护工程师团队等设备完整性管理团队的职责与权限，团队的建设应以现有的业务驱动下的职责分配为基础，进一步促进跨部门团队的组成。最后，结合岗位设置，在梳理工作岗位全部工作清单基础上，明确各个岗位的具体职责，确保设备完整性管理体系要求的全部覆盖。

第三节　一级要素－策划

5.12　如何保证法律法规及其他相关要求得到遵守？

依法合规经营是规范企业经营行为，有效防范风险的重要前提，也是衡量企业经营管理水平高低的重要标志。为了确保依法合规，企业应建立相应的管理程序和传达沟通机制，以获取和辨识适用于本企业设备完整性管理的法律法规和其他要求，并及时更新，确保设备完整性管理体系遵循的法律法规和其他要求及时传达到管理、技术和操作人员以及其他相关方，并对适用法律法规和其他要求的遵守情况定期检查、评价和考核。在进行法律法规、标准规范及制度识别时，可按照设备完整性管理体系管理要素，以专业为单位识别和梳理适于本专业的法律法规、标准规范及制度，最终形成本企业法律法规及相关要求的清单，并分级管理。由于法律法规及其他相关要求会适时进行调整，因此，还需要明确上位制度的承接要求，在承接法律法规、标准规范及其他相关要求，特别是承接部门和内容发生变化时，需进行风险分析，得到许可后方可纳入设备完整性管理体系。

5.13　建立设备完整性管理体系应遵循什么原则？

设备完整性管理体系的建立、实施、保持和持续改进应遵循以下原则：

（1）符合国家法律法规、标准规范和上级设备管理相关要求。

（2）符合炼化企业设备完整性管理体系要求，符合设备完整性管理体系推广实施方案和管理程序等基本管理要求。

（3）符合企业一体化管理、文件控制和内控管理制度等要求，传承企业设备管理特色，并与企业设备管理发展规划相匹配。

（4）注重设备管理的整体性，涵盖成套装置所有设备设施的管理，涵盖全部设备管理活动，并细化融入设备完整性管理体系要素，具可操作性。

（5）注重树立基于风险管理和系统化的思想，采取规范设备管理和改进设备技术的方法，体现管理规范性和技术先进性。

（6）注重贯穿设备整个生命周期的全过程管理，包括设计、购置与制造、工程建设、投运、运行维护、设备修理、更新改造、报废处置等全生命周期管理。

（7）注重管理与技术相结合，以整合的观点提出解决方案和措施，涉及设备各专业管理，包括综合、静设备、动设备、电气设备、仪表、公用工程、管道及其他特定设备及系统管理。

（8）注重遵循 PDCA 循环，体现设备完整性管理体系不断完善、持续改进的理念。

5.14　为什么进行初始状况评审？

在开展设备完整性管理体系建设时，应首先进行初始状况评审。初始状况评审的目的是掌握企业设备管理现状与设备完整性管理体系要求之间的差距，识别设备管理的薄弱要素和设备残余风险分布，提出策略性改进建议，为设备完整性管理体系整体策划提供依据和基准。

5.15　如何开展体系建设策划？

设备完整性管理体系建设，是企业深化管理改革的一项重大举措．设备完整性管理体系的整体策划主要包括四个方面的内容：一是体系文件建立完善。建立一套设备完整性管理体系文件，包括管理手册、程序文件、作业文件三个层次文件。二是技术方法集成应用。采用风险分析、可靠性分析等完整性管理相关技术方法，在成套装置设备全生命周期进行集成应用，实现技术方法与管理方法相结合的完整性管理实践，做精做强专业技术管理。三是设备完整性管理信息平台建设。在现有设备管理系统（EM 系统、腐蚀检测系统、机组状态监测系统等）的基础上，通过完善系统功能、增加管理功能等方式，搭建集成化的设备完整性管理信息平台，助推设备完整性管理。四是设备完整性管理组织机构建设。成立设备完整性管理体系建设组织机构，包括领导小组、工作小组，总体负责设备完整性管理工作。根据“炼化企业设备可靠性团队设置指导性意见（试行）”，成立公司设备可靠性团队，支撑设备完整性体系的建设和运行。

整体策划的方式可采用“1+N”模式，即一个整体策划方案和多个专项实施方案，其中“1”的内容紧密结合设备完整性管理体系要求，“N”专项实施方案可以包括：体系文件建设专项方案、动设备专业专项方案、静设备专业专项方案、电气专业专项方案、仪控专业专项方案、现场管理专项方案、完整性检查专项方案、设备缺陷管理与根原因分析专项方案、信息平台建设专项方案、培训专项方案等，以增强体系建设策划方案的可实施性。

5.16 如何建立和保持设备完整性管理目标？

设备完整性管理目标是企业设备完整性管理所要达到的根本目的，决定着设备完整性管理的基本方向，是评价设备完整性管理的基本标准。一般应体现以设备 KPI 为指引、以风险管控为核心、以预防性维修工作为重点、遵循 PDCA 工作方法、实现设备经济可靠运行的设备完整性管理思想。设备完整性管理目标的建立和保持应遵循以下原则：

（1）与设备完整性管理方针相一致；

（2）是可测量的（即定量和可实现的）；

（3）定期评审和更新；

（4）符合法律法规、标准、规范、中国石化和所属企业的要求；

（5）使设备风险处于企业可接受范围内。

根据设置的目标，应按其相关性和复杂性进行分解，确定指标值以及具体措施，督办完成以促进和保证设备完整性管理目标的实现。对应目标，应制定和保持设备全生命周期的完整性管理计划，并定期对计划进行跟踪。设备完整性管理计划应包括风险管理，过程质量管理，检验、检测和预防性维修，缺陷管理，变更管理，绩效管理等内容。

5.17 如何开展风险管理策划？

风险管理策划是指制定设备风险管理策略和评价准则、明确风险评价方法和可接受准则、建立管理程序的过程，目的是指导在设备全生命周期的各阶段及时识别风险并评价其影响因素、后果及可能性，对风险进行分类分级，并对已识别的风险及时管控，确保其在可接受的水平。

第四节 一级要素 - 支持

5.18 设备完整性管理体系资源包括哪些内容？

按照设备分级管理原则和风险等级，确定和提供设备完整性管理活动所需的资源，包括人力、物力和财力等，以实现设备完整性管理体系所需的运行条件。具体的包括：

（1）确定并配置所需的人员；

（2）确定、提供并维护所需的基础设施；

（3）确定、提供并维护所需的环境；

（4）确定、提供并维护所需的监视和测量资源；

（5）确定并提供所需的知识。

例如在人力资源方面，针对设备完整性管理需求，企业应组织建立设备完整性管理团队，及时并有效地参与设备完整性管理活动；在辅助基础设施及相关系统建设方面，加大对设备状态感知方面的投入，逐步实现各类设备的实时监控和监控一体化；在费用投入方面，优先实现关键设备、主要设备的预防性维修与可靠性运行监控，减少关键设备、主要设备的突发故障和非计划停工等。

5.19　设备完整性管理体系对于人员能力有什么管理要求?

设备完整性管理体系对从事设备完整性管理的人员提出了更高要求，如风险评价、可靠性分析和根原因分析等。对于能力要素的具体要求包括：

（1）确定从事设备完整性管理相关工作的人员所必要的能力和对设备管理绩效的影响；

（2）通过适当的教育、培训和知识（经验）传承，确保人员能够胜任，如采取岗位培训、岗位调动、轮岗等措施；

（3）必要时，企业应采取向在职人员提供培训、辅导，重新分配工作，聘用、外包等措施，以获取所需的能力，并评价这些措施的有效性；

（4）保持形成文件的记录，以提供有力的证据；

（5）定期评审企业人才需求和岗位能力要求。

5.20　设备完整性管理体系对于人员意识有什么要求?

设备完整性管理体系需要全员参与，人员意识的转变对于体系的有效运行至关重要，从事设备完整性管理的相关人员应对以下内容有正确的认识：

（1）设备完整性管理方针；

（2）设备完整性相关目标；

（3）对设备完整性管理体系有效性的贡献，包括设备管理水平提升带来的收益；

（4）自身工作活动、相关风险和机遇及相互关联；

（5）偏离设备完整性管理体系要求的后果。

5.21　设备完整性管理体系对于沟通方面有什么要求?

企业在确定与设备完整性管理体系相关的内部和外部沟通的需求时，应明确沟通内容、沟通时机、沟通对象、沟通方式等，确保不因沟通问题导致设备管理活动偏离设备完整性管理体系要求。其中，沟通交流的方式可以包括：文件、传真、网络、电话、会议、参观考察、外出调研、交谈、培训、公告、刊物等。

5.22 设备完整性管理体系对于培训方面有什么要求？

按照确定培训需求、培训策划及实施、培训效果的验证和记录的管理流程，构建与设备完整性管理体系相适应的培训体系，该培训体系包含对承包商的培训。

在培训需求方面，企业应定期开展设备完整性管理的组织需求分析和人员能力、意识评估，进行现有能力和岗位能力要求的差距分析，及时识别设备完整性管理培训需求。

在培训策划及实施方面，企业应在识别培训制约条件和确定培训方式基础上，制定设备完整性管理培训计划并实施，以满足以下要求：

（1）使员工了解完整性管理岗位设置和员工的角色和责任；

（2）评估员工岗位职能潜在风险；

（3）确保员工工作岗位变动时得到及时培训；

（4）确保员工持续接受应急演练培训；

（5）确保培训导师资格满足要求；

（6）为承担风险评价、可靠性分析、缺陷响应、变更管理等特定设备完整性管理角色的员工，提供相应的内部或外部培训、持续性培训；

（7）为培训导师提供相应的外部培训和持续性培训。

在培训效果的验证和记录方面，企业应建立员工设备管理、技术水平及操作技能培训效果的验证标准。培训效果验证可采用笔试、演示及现场实操等多种方法，并对培训结果进行评价，形成评价报告。同时，企业应记录员工的培训需求和培训完成情况，并对培训过程的相关记录进行定期审核，培训记录应包括培训日期、效果验证方式及验证结果等。

设备完整性管理体系对于承包商的培训也提出了要求，确保与设备完整性管理活动相关的承包商具有必要的技能和知识。在做好入场（厂）培训的同时，还应审查承包商的日常培训计划及完成情况。

5.23 对于文件和记录有什么要求？

企业应建立和运行设备完整性管理体系文件，并与企业的一体化体系文件保持一致。设备完整性管理体系文件和记录包括设备完整性管理方针和目标、设备完整性管理手册、管理制度文件和记录、实施过程的文件和记录等。企业应按照企业一体化管理的要求，对设备完整性管理体系的文件和记录进行控制：

（1）确保文件充分性与适宜性，文件发布前得到批准；

（2）必要时对文件进行评审与更新；

（3）确保文件的更改和现行修订状态得到识别；

（4）确保在使用处可获得适用文件的有效版本；

（5）确保文件保持清晰、易于识别；

（6）确保企业所确定的策划和运行设备完整性管理体系所需的外来文件得到识别，并控制其分发；

（7）防止作废文件的非预期使用，若出于某种目的而保留作废文件，则对这些文件进行适当的标识。

设备完整性管理体系对于设备数据信息提出了明确要求，要求逐步建立设备完整性数据库，如缺陷数据库、KPI 数据库等，实现数据统一管理。通过技术分析报告、工作月报、工作简报、信息化平台等，主动开展设备数据统计分析工作，并定期审核设备数据信息管理工作。

第五节　一级要素 – 运行

5.24　设备完整性管理体系中的设备分级管理是指什么？

设备分级管理是指根据风险评估结果，结合设备管理实际，制定设备分级管理准则，按照关键设备（A 类）、主要设备（B 类）、一般设备（C 类）进行分级管理，建立设备分级管理台账，合理分配相关资源，并根据设备检修、装置改扩建及其他情况，及时对设备分级进行动态调整的管理过程。对设备进行分级管理可以确定设备管理的重点，作为设备缺陷风险评估的重要依据和制定预防性维修策略的基础，指导设备管理过程中资源的合理分配，明确管理权限，落实管理职责，提高设备管理的有效性。

5.25　如何制定设备分级管理标准？

根据设备的重要性、设备故障后果、设备可靠性、设备使用频率、设备维修经济性等因素进行分级 。从设备对生产过程中的重要性、设备维修费用、设备故障后果产生的安全及环保危害性、设备维修复杂程度及故障频次等方面对设备进行分级。设备分级的方法应能够量化且持续改进，可采用量化的关键性评价方法，根据各设备分级要素的综评分值，将设备分为关键设备（A）、主要设备（B）、一般设备（C）三级进行分级管理。不同专业可以根据专业设备的特点，制定适合专业设备的关键性因素，制定专业设备的关键性评价标准，并根据该标准对设备进行分级。

5.26　如何实施设备分级管理？

设备分级管理的工程流程包括制定设备分级标准、量化评分、审核发布以及动态调

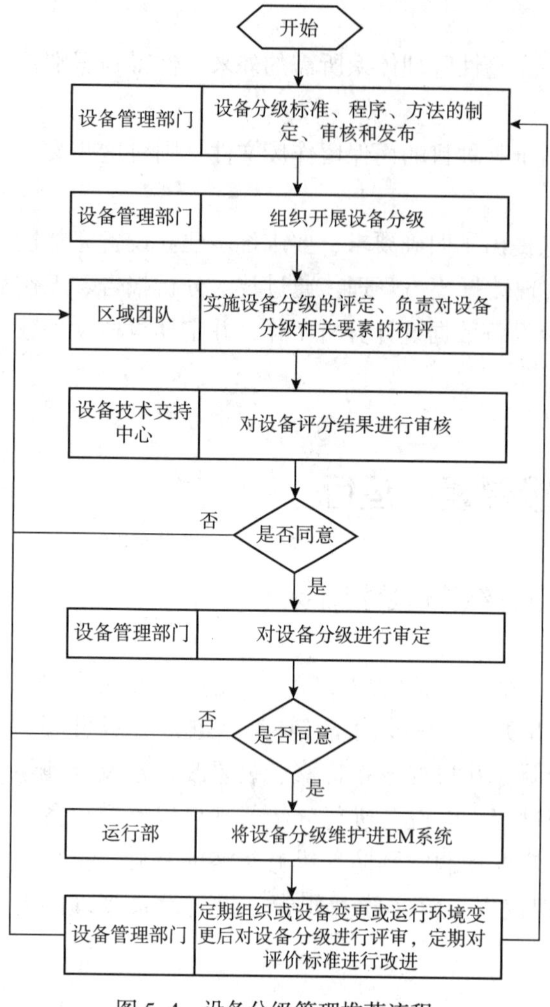

图 5-4　设备分级管理推荐流程

整和改进。设备分级管理推荐流程如图 5-4 所示。

（1）设备管理部门组织专业团队、区域团队编制设备分级标准，经专家团队审核后发布。

（2）根据分级标准，可靠性工程师、现场工程师、维护工程师和运行部工艺、安全、操作相关人员对各项要素进行评分，可靠性工程师对评分结果进行汇总，并进行初步审核。

（3）专家团队审核设备分级结果后，各运行部按照发布内容开展设备分级管理，同时将分级结果维护进 EM 系统或其他设备管理系统。

（4）设备管理部门应组织专业团队对发生各类变更的相关设备的分级进行动态调整，每年对调整后的设备分级进行全面梳理。

（5）装置检修及全厂停工大修后由设备管理部门组织专业团队进行系统性全面设备分级评估。

（6）运行部需及时将调整后的设备分级结果维护进 EM 系统或其他设备管理系统。

5.27　设备完整性管理体系中的风险管理是指什么？

设备完整性管理体系中的风险管理是指在设备全生命周期内，开展设备风险识别、风险评价、风险控制及风险监测，将风险控制在可接受的范围内的管理过程。

5.28　设备完整性管理体系对于设备风险管理有什么要求？

风险管理是设备完整性管理体系的核心思想，应采取分层管理、分级防控、动态管理的原则，对过程进行控制并逐级落实，并将风险管理纳入设备管理活动和各级管理流程中。在确保相应职责履行和资源配置的情况下，采取措施降低风险事件可能性和后果，将风险控制在可接受水平，确保设备安全运行。在设备风险管理过程中，应建立风险登记制度，对风险识别、风险评价、风险控制、风险监测进行登记管理。

5.29　设备风险管理流程一般包括哪些管理过程？

设备风险管理流程一般应包括风险识别、风险评价、风险控制和风险监测四个管理过程。

（1）风险识别。使用风险技术工具，在设备全生命周期的各个阶段开展设备风险的识别，制定风险分类分级标准，对识别出的风险进行分类分级管理，合理地分配资源和采取相应的处理措施。设备风险包括但不限于以下风险：

①设备设计、制造、安装阶段的缺陷；

②维护检修质量缺陷；

③设备本体的失效和功能丧失；

④设备老化和材料劣化；

⑤运行操作异常；

⑥暴雨、暴风、雷电、地震等自然环境事件；

⑦企业外部因素造成的影响；

⑧相关方及企业员工的风险；

⑨管理缺陷。

（2）风险评价。在设备不同生命周期阶段确定风险评价的范围和重点，建立风险可接受准则，使用合适的风险管理工具对识别的风险进行评价，评估每一个潜在事件发生的可能性和后果，并考虑现有风险控制措施的有效性及控制措施失效的可能性和后果。

定期开展风险评价，确保符合生产经营状况和设备风险控制要求。在采用新技术、新工艺、新设备、新材料前，应进行专项风险评价。根据具体情况选择应用 HAZOP、QRA、FMEA/FMECA、RCM、RBI、RAM、LOPA、FTA、IOW、SIL、腐蚀适应性评价、设防值评估、腐蚀监测方案优化等风险管理工具。

（3）风险控制。根据风险评价结果，在确保相应职责履行和资源配置的情况下，采取措施降低风险事件可能性和后果，将风险控制在可接受水平，确保设备安全运行。这些措施主要包括：

①设备本质安全措施；

②改进和优化工艺操作；

③完善视频监控、报警、联锁、泄压装置等安全设施；

④应用设备在线状态监测、离线监检测技术；

⑤调整设备监检测方法、周期及有效性等级；

⑥降低人为失误的可能性；

⑦技术培训、教育、考核等管理措施；

⑧系统优化和技术更新等。

（4）风险监测。对风险识别、风险评价、风险控制的有效性进行定期监视与测量，风险监测应采取分层管理、分级防控、动态管理的原则，对过程进行控制并逐级落实，将风险管理纳入设备管理活动和各级管理流程中。风险监测内容包括：

①风险管理工作是否达到预期目标；

②是否存在残余风险；

③风险评价结果与实际情况是否相符；

④风险管理技术是否合理使用；

⑤风险控制措施是否充分有效等。

5.30 设备过程质量管理的总体要求是什么?

企业应识别设备全生命周期的过程质量管理活动，建立相应的过程质量管理程序和控制标准，以满足相关法律、法规、标准、技术规范、企业规定等文件的要求，确保设备系统性能可靠、风险和成本得到有效控制。

5.31 设备全生命周期管理是指什么?

设备全生命周期管理是指设备从设计、选型、购置、制造、安装、使用、维护、保养、检验、检测、修理、改造、报废、更新的管理。在设备完整性管理体系中，将设备全生命周期划分为前期管理、使用维护、设备修理、更新改造和设备处置五个环节。

5.32 设备前期管理是指什么?

设备前期管理是指设备设计、选型、购置、制造、安装、投运阶段的管理工作。

5.33 过程质量管理的具体要求有哪些?

（1）前期管理。在可行性研究、基础设计、详细设计、设备选型阶段制定相应的过程质量控制措施，明确设计单位资质和设计选型所遵循的法律法规、标准、规范，以及设备制造、安装的技术条件和质量要求，确保设计文件的规范签署、设计变更管理有效执行、潜在的重大风险的识别和控制等。

在设备的购置与制造阶段，应在供应商、制造商选择与考核，需求计划的编制、审批、下达、核销，采购计划编制和审批，采购合同的签订及管理，设备制造与验收等主要环节制定过程质量控制措施。设备购置与制造阶段的过程质量控制包括供应商和制造商服务能力评估、采购技术条件确认、合同及技术协议签订、设备质量风险防控、关键设备监造、设备质量证明文件确认、出入库检验、购置过程中的变更等。

在设备安装施工阶段，应采取质量控制措施，确保设备安装施工符合法律法规、技术规范、标准和设计文件的要求，至少在承包商选择、技术文件审核、施工方案确认、过程质量控制、施工验收、调试与试验等环节制定过程质量控制措施。

在设备投运时，应制订设备投运的过程控制计划，明确现场操作、技术、管理人员的培训要求，安全检查内容和监测措施。确保人员培训已经完成，设备风险已经评估并制定相应措施，操作规程、维护规程和应急预案等已经编制审批并投入使用等。

（2）使用维护。在设备现场管理、设备维护保养、设备运行管理环节制定过程控制措施。明确设备监检测方法、标准、频次和评估的要求，设备“三检”、“特护”等工作要求。确保设备档案、操作规程、维护规程、应急预案、维护检修记录、试运行记录完备，运行维护人员得到培训，设备符合工艺操作要求，设备运行风险已经识别和采取防范措施，检验、检测和预防性维修，缺陷管理和变更管理等有效开展。

（3）设备修理。在检维修承包商的选择与评价、停工检修、日常维修、故障抢修、施工方案的编制与审核、施工质量控制与验收等环节制定过程控制措施。设备修理阶段应收集设备风险评估和可靠性分析结果，制定设备检修策略、计划和方案，确保设备缺陷消除、材料备件适用、功能状态符合完整性管理要求。

（4）更新改造。依据设备运行监检测、风险评价、可靠性分析和投资收益情况，制定更新改造计划，并组织实施。设备更新改造过程质量管理应符合上述前期管理的相关要求。其中，改造所涉及的变更应符合变更管理要求。

（5）设备处置。对于设备的闲置、转移使用、报废等应制定过程控制措施，确保设备处置符合法律法规、和设备完整性管理的要求。重点关注停工工艺处置、闲置设备保护、设备状况技术鉴定等。设备转移和重新使用应进行全面的技术检验和性能评估，对使用环境的适用性进行评价，并符合相关标准的要求。

5.34　检验、检测和预防性维修是指什么？

企业为保证设备持续符合其规定的功能状态，采取的系统性检查、检测和主动性维修活动。检验、检测是通过观察、测量、测试、校准、判断，检测设备缺陷的发生和评估设备部件的状态，对设备的有关性能进行符合性评价。设备的检验、检测任务至少包括：

（1）静设备专业：特种设备法定检验和定期检查、特殊设备定期维护保养、在线腐蚀监测、定点定期测厚、RBI 检验等；

（2）动设备专业：试车检查、润滑油定期检验、机泵定期切换试运、机泵运行状态监测、大型机组状态监测与故障诊断、冬季防冻防凝检查等；

（3）电气专业：电机的状态监测、电气设备预防性检修及试验、设备放电检测、防雷防静电检测等；

（4）仪表专业：仪表设备预防性检维修，仪表设备红外检测，仪表系统接地检测，仪表电源系统检测，可燃、有毒报警器定期标定、检定，分析仪表定期校验，控制仪表系统功能测试，SIL 评估、定级、验证等；

（5）管道：压力管道、长输管道和公用管网系统的定检验和定期检查、定期维护保养、在线腐蚀监测、定点定期测厚、RBI 检验等；

（6）其他特种设备：电梯、起重设备、场（厂）内机动车辆等法定检验等。

预防性维修是指在设备没有发生故障或尚未造成损坏的前提下即展开一系列维修活动的维修方式，通过对设备的系统性检查、测试和更换以防止功能故障发生，使其保持在规定状态所进行的全部活动。预防性维修应在可靠性分析的基础上进行，避免设备过修和失修。设备的预防性维修任务至少包括：

（1）静设备专业：压力容器、压力管道、常压储罐、加热炉预防性维修，RBI 风险策略所确定的预防性维修等；

（2）动设备专业：大型机组、机泵设备预防性维修，设备润滑等；

（3）电气专业：电气设备、电动机预防性维修等；

（4）仪表专业：过程控制系统、控制阀、仪表风过滤装置预防性维修等。

5.35　对于检验、检测和预防性维修有什么管理要求？

企业应建立并保持设备检验、检测和预防性维修（简称 ITPM）管理程序，在设备日常专业管理的基础上，制定检验、检测和预防性维修策略，识别、制定并实施设备检验、检测和预防性维修任务，提高设备运行的可靠性，确保设备的持续完整性。

5.36　检验、检测和预防性维修管理流程一般包括哪些管理过程？

检验、检测和预防性维修（ITPM）管理流程一般包括选择 ITPM 任务、制定抽样标准、制定验收标准、任务实施和跟踪、任务结果管理等。企业应组建设备、工艺、操作、检维修、工程、腐蚀、可靠性、承包商等多专业人员的 ITPM 任务选择工作组，收集整理设备相关信息，明确不同专业设备的预防性工作策略，确定不同类型设备的 ITPM 任务和工作频率，并制定每台设备的工作计划。组织车间、检维修及维保单位，在日常巡检、运行维护、停工检修期间执行 ITPM 计划，妥善管理延期任务，定期优化工作计划和任务频率、人员职责。

5.37　什么是设备缺陷？

设备缺陷是指设备本体或其功能存在欠缺，不符合设计预期或相关的验收标准。设备缺陷通常可分为四类：一类缺陷、二类缺陷、三类缺陷和四类缺陷。

一类缺陷（故障）：

（1）对健康、安全、环境、生产、设备有严重威胁；

（2）随时可能进一步扩大影响；

（3）需要立即处理。

二类缺陷：

（1）风险等级评定为中高风险（红、橙色）；

（2）对健康、安全、环境、生产、设备有一定威胁；

（3）设备状态参数超过报警标准；

（4）应采取有效措施降低风险，可监护运行，应列入ITPM计划。

三类缺陷：

（1）风险等级评定为中风险（黄色）；

（2）对健康、安全、环境、生产、设备有可控威胁；

（3）设备运行状态有劣化趋势，但状态参数未超过报警标准；

（4）宜采取管控措施降低风险，可继续运行，可列入消缺计划、停车检修计划来处理。

四类缺陷：

（1）风险等级评定为低风险（蓝色）；

（2）对健康、安全、环境、生产、设备无威胁；

（3）可由操作人员自行处理或列入停车检修计划处理。

5.38　设备完整性管理体系对于缺陷管理有什么要求?

企业应在设备全生命周期各阶段有效地对设备缺陷进行识别、响应、传达、消除，按其对设备完整性影响程度进行分类分级管理，实现对设备缺陷的闭环管理，避免设备故障、失效，甚至是设备事故的发生，确保设备的完好状态。

（1）缺陷识别与评价。企业应建立缺陷识别与评价标准，依据标准在设备全生命周期各阶段识别、评估设备缺陷，按其对设备完整性影响程度进行分类分级管理。

设备缺陷识别主要来源于设备监造、出厂验收、入库检验、安装验收、ITPM、使用操作、风险评估、维护检修等环节。缺陷评价可采用合于使用性评价（FFS）技术。

（2）缺陷响应与传达。企业应根据缺陷对安全、生产、经济损失的影响程度建立缺陷响应办法，依据响应的紧急程度对缺陷作出响应，包括以下内容：

①通报可能受影响的上、下游装置或其他相关方；

②制定（临时）措施，并通过审批；

③实施和跟踪（临时）措施；

④明确（临时）应急措施的终止条件。

缺陷响应情况应及时传达给相关部门和人员，包括设备管理人员、操作人员、检维修人员、供应商或服务商等。

（3）缺陷消除。企业应根据技术规范和标准，通过修复、更换、进行合于使用评价等措施对设备缺陷进行处置，并对处置结果进行确认。通过失效分析、技术改造等手段，消除设备故障和隐患；针对临时措施，利用停工检修或计划外停工等机会进行彻底消除。

5.39 缺陷管理一般包括哪些管理过程？

缺陷管理一般包括建立设备缺陷识别标准、定期评估设备状态、缺陷识别、缺陷评价与分类管理、缺陷传达、缺陷消除、缺陷分析和缺陷管控等内容。设备缺陷管理推荐流程见图 5–5。

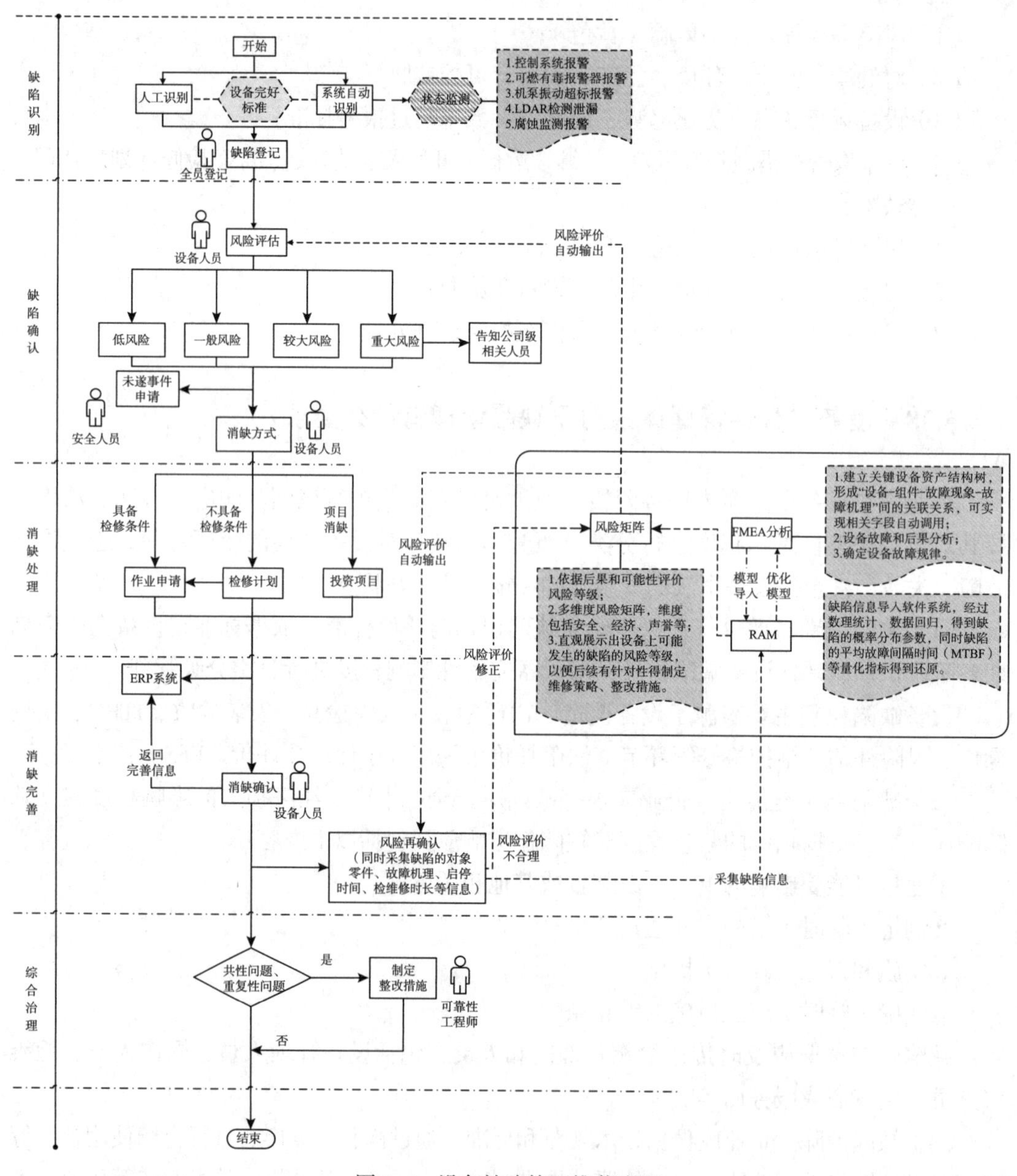

图 5–5 设备缺陷管理推荐流程

5.40　设备完整性管理体系对于变更管理有什么要求？

企业应对设备变更进行分类分级管理，对设备变更过程进行管控，消除风险，防止产生新的缺陷。设备变更分为一般变更、较大变更和重大变更。

5.41　设备完整性管理体系中变更的范围如何界定？

以下变更应纳入设备变更管理的范围但不仅限于此：

（1）企业架构、相关方（如管理人员、服务人员）或职责发生变更；

（2）管理方针、目标或计划发生变更；

（3）设备管理活动的过程或程序发生变更；

（4）设备本身材质、结构、用途、工艺参数、运行环境的变更；

（5）引入新的设备、设备系统或技术（含报废或退役）；

（6）外部因素变更（新的法律要求和管理要求等）

（7）供应链约束导致变更；

（8）产品和服务需求、承包商或供应商变更；

（9）资源需求变化（人员、工机具、场所等）。

5.42　变更管理一般包括哪些管理过程？

（1）变更申请。设备在设计、采购、工程建设、在役运行和停工检修阶段发生变化，对安全运行可能带来影响时，应首先识别是否属于变更，确定变更类别和变更事项主管部门。变更申请单位（部门）对变更内容进行核实，确定变更等级，并根据变更类别向主管部门提出变更申请。

（2）变更评估。变更申请单位（部门）应成立变更风险评估小组，负责变更的风险评估工作。组长应由评估申请单位业务分管负责人或技术负责人担任，成员应由评估申请单位相关专业技术人员和同级安全部门主管人员组成。一般变更由变更需求单位组织风险评估，重大变更可采用专家审查的方式进行风险评估，生产工艺与设备设施的重大变更应采用 HAZOP、FMEA 等方法进行风险评估。重大变更的风险评估过程应核实可能涉及的内容和控制措施。

（3）变更审批。一般变更由变更申请单位（部门）负责人审批；较大变更由企业变更事项的主管部门负责人审批；重大变更应在企业安全总监或业务对口的副总师审核风险管控措施后，由企业分管领导审批。

（4）变更实施。变更应严格按照变更审批确定的内容和范围实施，变更申请单位（部门）应对变更实施过程进行监督。变更实施前，变更申请单位（部门）要对参与变更实施的人员进行技术方案、安全风险和防控措施、应急处置措施等相关内容培训；重大变更实施前企业应公示。变更实施过程中应加强风险管控，确保实施过程安全。高风险作业须开展 JSA 分析，严格执行作业许可制度。

变更投入使用前，变更批准单位应组织投用前的条件确认，合格后方可投用。需要紧急变更时，变更申请单位（部门）应按照业务管理要求在风险预判可控的情况下先实施变更，后再按变更程序办理变更审批手续，进一步开展风险评估，制定和落实风险管控措施。实施变更后，在合适的周期后应对变更的结果进行评估，核实变更实施的准确性等情况。

（5）变更关闭。变更项目实施完成并正常投用后，由变更申请单位（部门）提出申请，由变更事项批准单位负责变更关闭审核。变更项目关闭前，变更申请单位（部门）应对变更涉及的管理制度、操作规程、P&ID 图、工艺参数、设备参数等技术文件同步修改。变更申请单位（部门）应对相关单位进行变更告知，对变更所涉及的管理、操作和维护人员进行培训。

变更项目关闭后，由变更申请单位（部门）纳入正常管理范围进行管理。变更申请单位（部门）应将变更台账纳入管理信息系统管理，台账内容应包括变更编号、变更名称、变更类型、变更评估小组成员、变更风险评估结果、变更审批情况、变更关闭等。

5.43　设备管理过程中对于外部提供的过程、产品和服务的控制有什么要求？

企业应确保设备管理过程中外部提供的过程、产品和服务符合要求，如设备制造、备品备件、状态监测、润滑服务、专业维修、技术改造及相关技术服务等。建立相应准入机制，进行评价、选择、绩效监视及再评价。

（1）备品配件管理。设备购置与制造的过程控制适用于备品配件。企业应科学合理的储备备品配件。明确储备定额的确定方法及库存管理标准，确保储备成本得到分析、储备质量措施得到执行、储备清单经过审批等。

（2）供应商、承包商管理。企业应对设备全生命周期各阶段涉及的供应商、承包商进行资格和能力审查，签订合同等书面协议，明确检查、审核和评价要求，并及时沟通评价结果。资格和能力审查的内容至少应包括：

①供应商、承包商的人员、技术和设施能力与所承揽的业务相匹配；

②供应商、承包商遵守法律、标准、规范和满足客户要求的能力；

③供应商、承包商企业质量管理体系、HSE 管理体系建立，并得到有效执行。

5.44　设备完整性管理体系对于定时事务有什么要求？

定时事务包括需要定时召开的各类会议、专业管理定时性工作和其他定时性工作的任务触发与结果统计等。由于自动触发工作，所以定时事务对于提高工作时效性和执行力有较大的促进作用。在定时事务的管理上，应规范定时事务的操作流程，明确职责分工，统一操作标准。首先应确定定时事务清单，其次明确定时事务的执行频次和执行时间，并对执行情况进行检查，最后还应根据检查情况进行适当调整，确保其符合管理要求。

5.45　如何划分定时事务?

定时事务作为执行环节的主要控制手段，可按照企业的专业管理特点，划分为综合性定时事务、转动设备定时事务、静设备定时事务、电气设备定时事务、仪表设备定时事务。其中，静设备定时事务可进一步划分为压力容器定时事务、压力管道定时事务、加热炉定时事务、锅炉定时事务、常压储罐定时事务、换热器定时事务等。

5.46　专业管理在设备完整性管理体系中的作用是什么?

设备专业管理是设备完整性管理的实施基础和技术载体，企业应积极应用、优化改进相关风险技术方法，为设备全生命周期的专业管理提供技术支持，并达到管理决策所需的技术要求。专业管理是设备完整性管理体系运行的专业基础，在专业管理中运用设备完整性管理思想，实现专业管理与体系管理的融合发展是各专业管理人员均需思考和实践的。

5.47　专业管理在设备完整性管理体系中如何分类?

设备完整性管理体系中将设备专业管理分为综合管理、静设备专业、动设备专业、电气专业、仪表专业、公用工程、管道以及其他特定设备及系统管理。

5.48　专业管理的主要内容有哪些?

（1）综合管理

①计划管理。针对设备维护、检修、更新、改造等工作，制定年度计划、月度计划、工作规划和策略计划，并对执行情况进行监督、检查和评价。

②费用管理。规范修理费使用管理，坚持严格管理、合理使用，使修理费的使用具有科学性、合理性、计划性、经济性。定期进行修理费使用情况分析，对费用计划进行分解，对计划执行情况进行监督、考评。

③基础数据管理。建立设备基础数据库、运行维护数据库、故障案例库、维修数据库等涉及设备全生命周期的数据链系统，满足设备故障统计、可靠性分析、运行趋势预

测、剩余寿命评价、维修策略制定等设备管理需求。推进设备技术档案的数字化转化，包括设计技术文件、制造安装竣工资料、日常维护、检修、改造、更新技术文件等涉及设备全生命周期的各类档案资料。

（2）静设备专业管理

①压力容器管理。主要内容包括压力容器设计、制造、安装、使用管理（使用登记、变更，检验、检测，修理、改造），报废和更新，安全泄放装置的检定与维护，压力容器事故报告和应急处置等。

②常压储罐管理。主要内容包括储罐基础数据信息管理、日常维护管理（含年度检查）、基于风险的检验管理、停工检修管理、附属设备设施（呼吸阀、密封系统、防腐涂层、阴极保护、防雷防静电系统、罐基础）管理等。

③锅炉管理。主要内容包括锅炉设计、建造（制造、安装、调试）、使用管理（使用登记、变更，运行和维护，检验、检测，修理、改造）、报废和更新，安全泄放装置的检定与维护，锅炉能效测试，蒸汽品质管理与锅炉水处理，锅炉事故报告和应急处置等。

④加热炉管理。主要内容包括加热炉的设计、建造、运行和维护、检修管理，加热炉能效监测，加热炉辅助设施和系统管理（空气预热器、烟风道、燃烧器、吹灰器、弹簧吊架、仪表及控制系统、防腐、保温等）。

（3）动设备专业管理

①大型机组管理。对大型机组本体及辅助系统实行基于可靠性分析的全生命周期管理，保障机组长周期、稳定运行。主要内容包括机组设计选型、安装与试运，运行状态监测，特级维护管理，检修管理，辅助系统（密封系统、循环水系统、润滑油系统等）管理，控制系统、电气配套系统管理等。

②机泵管理。主要内容包括机泵的选型、安装、试运与验收，设备分级与日常维护管理，状态监测、可靠性分析和预防性维修，故障分析与处置等。

（4）电气设备专业管理

①供电系统管理。主要内容包括供电系统基础管理，设备数据信息维护、维护及巡检管理、缺陷处理等；检修管理，包含“三定”管理以及检修策略制定等；技术管理，涉及继电保护技术监督、绝缘技术监督、状态监测管理等。

②装置变配电系统管理。规范和指导装置变配电系统的开关柜、变压器等变电设备的管理，提高装置变配电备维护保障水平与可靠性。主要内容包括装置变配电系基础管理，技术管理，继电保护技术监督、绝缘技术监督、设备状态评估、状态监测管理等；开关柜、变压器等变电设备检修管理，装置变配电系统可靠性分析、风险评估与故障处置等。

③特殊电气设备管理。规范和指导变频器、UPS 电源、直流电源、自启动装置等电气设备的管理。主要内容包括设备维护管理（巡检、维护、缺陷管理及检修策略）、设备运行管理（投退、状态监测）等。

④电动机/发电机管理。主要内容包括设计选型、安装与试运管理、状态监测和可靠性分析、日常维护、检修管理与故障处置等。

⑤电气运行管理。主要内容包括电气调度管理、运行方式管理、系统操作管理、继电保护及自动装置运行管理等。

（5）仪表设备专业管理。

①现场仪表管理。主要内容包括仪表的设计、选型、安装、调试与验收，仪表设备分级与日常维护管理，可靠性分析、预防性维修和检修管理，故障分析与应急处置，报废和更新等。

②过程控制系统管理。主要内容包括控制系统的设计、选型、集成、工厂验收（FAT）、安装、调试与现场验收（SAT），日常维护管理，可靠性分析、预防性维修、系统点检与功能测试管理，控制系统安全与防护管理，故障分析与应急处置，升级和更新等。

③联锁保护系统管理。主要内容包括联锁保护系统的安全功能定义、分配及审核，设计、选型、采购、集成与工厂验收（FAT），安装与调试，SIL验证与现场验收（SAT），联锁保护系统运行管理，变更管理，日常维护管理，可靠性分析、预防性维修、系统点检与功能测试管理，在役系统SIL评估管理，系统安全与防护管理，故障分析与应急处置，升级和更新等。

④可燃/有毒气体检测报警管理。主要内容包括仪表的设计、选型、安装、调试与验收，日常维护、定期校验与强制检定管理，可靠性分析、预防性维修和检修管理，故障分析与应急处置，报废和更新等。

⑤在线分析仪表管理。主要内容包括仪表的设计、选型、安装、调试与验收，日常维护、定期校验与数据比对管理，可靠性分析、预防性维修和检修管理，故障分析与应急处置等。

（6）管道管理

管道管理分为工业管道管理、长输管道管理和公用管网系统管理，包括对管道本体、附件及附属设施（管道支承件、阴极保护系统、防护设施、穿跨越结构、绝热、防腐、标识等）的管理。管道管理的主要内容包括管道设计、制造、安装、使用维护（使用登记、变更，年度检查、检验、检测，安装、修理、改造）、报废和更新、安全泄放装置的检定与维护、管道事故报告和应急处置等。

（7）公用工程管理

①工业水管理。规范和指导新鲜水、冷却水、化学水、蒸汽及凝液、回用水等工业用水管理，明确建设项目用水、生产用水、间接循环冷却水、水处理药剂管理、汽水品质管理、计量管理等要求。

②空分系统管理。规范和指导空分、空压装置设备的选型配置、运行维护管理、检修、改造、更新以及风、氮、氧系统的产品质量管控。

③储运系统管理。规范和指导储存罐区、装卸站台、输送系统设备的选型配置、运

行维护管理、检修、改造、更新、故障处理及应急保障等。

④其他。

a）机电类特种设备。对电梯、起重机、场（厂）内机动车辆等机电类特种设备实行全生命周期管理。主要内容包括设备设计、制造、安装调试、使用管理（使用登记、变更，检验、检测，修理、改造）、报废和更新，事故报告和应急处置等。

b）阀门管理。规范阀门管理。主要内容包括阀门的选型与购置、阀门的使用与维护、阀门故障处理、阀门检修以及阀门附属系统管理。

c）绝热管理。规范设备保温和保冷的管理。主要内容包括选材的标准、施工的程序和要求、日常维护检查（局部修补）、的内容和要求、质量检查与能效测试等。

d）建构筑物管理。规范设备厂房、钢结构、设备基础、管架支承等建构筑物管理。主要内容包括建构筑物的设计、安装、质量检查与验收、日常维护、检查、测试与维修等。

5.49　技术管理在设备完整性管理体系中的作用是什么？

设备技术管理包括检验管理（含 RBI）、防腐蚀管理、状态监测与分析管理、润滑管理、可靠性维修管理等技术方法应用管理。技术管理是支撑设备专业管理的具体方法和措施，专业管理和技术管理，两者相辅相成，是实现设备完整性管理体系有效运行的重要保障。

5.50　技术管理的主要内容有什么？

（1）检验管理（含 RBI）。规范承压设备检验管理工作，通过资源与技术、管理措施的优化，实现本质安全和降低成本的目标。主要内容包括检验模式、策略、标准的选择，检验工作流程管控，延期检验的处理，基于风险的检验模式下风险分析、降险措施执行、风险再评估等。

（2）防腐蚀管理。主要内容包括工艺防腐蚀管理、设备防腐蚀管理（腐蚀监测与检测、停工腐蚀检查、腐蚀失效管理、腐蚀数据库建立、材质适应性评价等）、防腐蚀策略措施的有效性评价等。

（3）状态监测与分析管理。规范设备状态监测、故障诊断、运行状态分析与评价等工作要求，实现对设备故障作早期预测，为设备基于运行状态的预测性维修提供可靠依据。主要内容包括明确工作范围和要求，建立状态监测与故障诊断的流程，制定基于设备类型和故障可探测性的设备分类监测方案，确定设备能效、运行状况、故障判断评价准则等。

（4）润滑管理。规范润滑油品的计划、采购、保管、现场使用、在用油品的定期检验与回收等全过程管理。保证设备润滑系统正常，提高设备生产效率，延长设备和备件使用寿命，减少设备故障和事故发生。

（5）泄漏管理。对现场泄漏点的查找、登记、挂牌、泄漏量监测、维修和消缺实行闭环管理。主要内容包括泄漏管理工作范围与检查计划，泄漏点管理工作内容、程序和要求，泄漏量检测的方法与控制指标，泄漏数据管理与分析、评价等。

（6）可靠性维修管理。积极采用FMEA、RCM、RCA、FTA等可靠性分析方法，进行设备可靠性状况分析，优化设备维修策略，促进以可靠性为中心的维修工作开展。主要内容包括装置设备可靠性数据收集、数据库建立，设备可靠性分析技术应用，检查、测试和预防性维修等维修管理活动方案制定与实施，维修策略制定与优化等。

（7）表面工程管理。合理选用表面改性、表面处理、表面涂覆、复合表面工程等表面工程技术，改善设备表面状态，增强耐蚀性、耐磨性、耐疲劳、耐氧化、防辐射等性能，提高设备的使用寿命和可靠性。

第六节　一级要素－绩效评价

5.51　如何开展设备完整性管理的监测、测量、分析和评价？

企业应建立和改进设备完整性管理检查评价标准，开展日常检查、设备专业专项检查、设备大检查自查等活动，检查和测量设备管理状况。企业应确定：

（1）检查范围、检查内容、检查方式、检查时限；

（2）检查及其分析与评价方法；

（3）检查结果公布方式。

5.52　设备管理绩效指标有什么作用？

设备管理绩效指标（KPI，Key Performance Indicators）是设备管理和运行水平的最直接反映，可衡量目标实现、关键任务和计划的进度以及完成情况设备管理策略执行效果的表征，能及时反馈设备管理效果，是企业管理层科学决策的重点依据，便于管理者及时研判和修正策略，形成积极的设备管理导向，改善设备管理水平。企业应根据自身设备管理的特点、风险和其他相关要求，制定年度量化的绩效指标并定期进行评估，对绩效指标的负面变化趋势应进行原因分析，采取纠正预防措施，通过相关数据分析和评价管理体系的适宜性、充分性和有效性。

5.53　设备管理绩效指标如何设置？

设备管理绩效指标包括目标指标实现情况、关键任务和计划的进度、设备关键特性指标。绩效指标分为被动指标和主动指标。设备被动绩效指标涉及设备故障导致的火灾、爆炸、泄漏、人身伤害、非计划停车等。设备主动绩效指标涉及设备安全性、设备可靠性、设备效率、成本能效等。

首先是设置KPI层级，明确各层级指标的作用，通过设立不同层级的设备完整性管理绩效指标，衡量设备完整性管理水平。在KPI层级上，一般可设立集团公司级、企业级、专业级、运行部级以及装置级五级绩效指标层级，形成类似金字塔形的层级分布，不同层级的指标代表了对不同设备业务活动的管控力度。

在进行KPI指标的选择时，在集团公司层和企业级指标选择上应以滞后型指标为主，如非计划停工次数、装置可靠性指数、维修费用指数、预防性维修占比等，而在专业级、运行部级以及装置级指标的选择上逐步转向领先型指标，比如由腐蚀泄漏次数、设备故障率逐步过渡到紧急抢修率、月度维修计划完成率、工艺报警数量、设备异常报警次数等指标。

结合专业管理的特点，可将指标可分解到设备综合、动设备、静设备、电气、仪表等专业。各专业根据绩效指标设置情况进一步细分到各运行部，部分指标还需落实到具体装置，进而形成有效的设备绩效指标体系。为了更好地发挥KPI的督促引导作用，还应建立动态调整机制，每年根据设备管理的重点提升方向适当调整KPI。在具体的指标值设定上，可分为未分档指标和分档指标两类。

5.54 如何做好绩效指标的统计分析？

为了更好地做好绩效指标的统计分析工作，应建立KPI月报制度，制定统一的KPI统计分析表，按照单位维度、时间维度进行横向和纵向比较，可以进行装置级、运行部级、企业级的KPI横向比较分析，也可以进行不同历史时期的纵向比较分析，并与目标值对比分析，掌握KPI的变化趋势，适时调整管理策略。

5.55 设备完整性管理体系对于内审有什么要求？

企业应至少每年进行一次设备完整性管理内部审核，验证设备完整性管理是否得到了有效执行与保持。设备完整性管理的内部审核可以与企业一体化管理体系的内审活动合并进行。企业应：

（1）策划、建立和实施审核方案，包括频次、方法、职责、策划要求和报告等，审核方案应考虑到相关过程的重要性和以往的审核结果；

（2）确定审核的准则和范围；

（3）选择审核员并实施审核，以确保审核过程的客观公正；

（4）确保将审核结果报告给相关管理者；

（5）保留文件化信息，作为实施审核方案和审核结果的证据。

5.56　设备完整性管理体系对于管理评审有什么要求?

企业设备完整性管理评审一般每年一次，确保设备管理体系持续的适宜性、充分性和有效性。设备完整性管理评审可以与公司一体化体管理体系的评审活动合并进行，评审应包括评价改进的可能性和改进设备管理的必要性。管理评审的输入包括：

（1）设备方针、目标和计划的实现程度；

（2）适用法律法规、标准的合规性评估结果；

（3）设备风险评估结果，整改措施跟踪情况

（4）设备管理绩效指标及趋势；

（5）事件、故障、不符合调查结果，纠正和预防措施的执行情况；

（6）设备完整性管理活动及体系运行审核结果；

（7）以前管理评审的后续措施；

（8）改进建议。

管理评审的输出应符合持续改进的承诺，并应包括持续改进的决策和措施。

5.57　设备完整性管理体系对于外部审核有什么要求?

集团公司设备大检查是外部审核的一种形式。企业根据需要可委托专业评审机构开展设备完整性管理体系审核，并结合实际情况将其纳入企业一体化管理体系审核，审核结果纳入企业绩效考核。

第七节　一级要素 – 持续改进

5.58　设备完整性管理体系对于不符合与事件管理有什么要求?

企业应建立、实施和保持相关程序，用以调查、处理与设备完整性管理有关的不符合项与事件。调查应包括：

（1）采取措施减少不符合项或事件所带来的后果；

（2）调查不符合项与事件，确定它们的根本原因；

（3）评价是否需要预防措施；

（4）与相关方沟通调查的结果；

（5）跟踪验证纠正预防措施的有效性。

调查组成员应包括接受过设备事件调查方法培训的人员，具有相应专业知识与经验的专业技术人员，调查时间安排应与实际或潜在后果相匹配。

5.59　设备事故调查与处理有什么要求？

企业应建立相应管理程序，处理和调查设备事故事件。设备事故发生后，基层单位应按照管理程序逐级上报设备管理部门，并采取相应的应急措施，依据管理程序开展设备事故调查工作。

针对影响安全生产的设备事件、故障、功能失效等，可组织开展设备失效分析工作，确定失效机理并制定改进措施。根据需要组织开展设备事故、设备故障、重复性不符合项的根本原因分析，找出问题的根本原因并加以解决。

事故调查分析后，应按照管理程序，通过报告分发、会议或培训的形式，对失效原因和纠正预防措施与相关人员（包括设计、采购、使用、维护等）进行沟通。

5.60　为什么进行根原因分析？

根原因分析是一种结构化的问题处理方法，用于逐步找出问题的根本原因并加以解决。对设备事故、设备故障、重复性不符合项开展根原因分析的目的是找出问题的根本原因，有针对性地提出解决方法，并制定预防措施。

5.61　设备完整性管理体系持续改进的目的是什么？

设备完整性管理体系的持续改进是为了保持设备完整性管理体系的适宜性、充分性和有效性，以提升设备管理绩效。可结合企业内审、管理评审以及外部审核情况，开展方式多样的改进活动，如“改善经营管理建议工作”“低头捡黄金”，QC 活动、现代化管理等，落实改进的管理职责。

第 6 章　炼化企业设备完整性管理体系实施指南

6.1　炼化企业设备完整性管理体系的实施依据有哪些?

依据包括 T/CCSAS 004—2019《危险化学品企业设备完整性管理导则》、《中国石化炼化企业设备完整性管理体系文件（V1.0 版）》、《中国石化炼化企业设备完整性管理文件（阶段汇编）》以及中国石化设备管理相关制度等。

6.2　炼化企业设备完整性管理体系的管理手册、程序文件、作业文件指什么?

管理手册是阐述企业设备方针和描述其设备完整性管理体系整体信息的纲领性文件；对内是实施设备管理的指南，对外是企业设备管理方针和承诺的声明。程序文件是管理手册的支持性文件，规定了企业设备管理的目的、职责和权限、工作流程，具有可操作性和可检查性，是企业进行设备管理的重要依据，各部门、单位必须严格执行。作业文件是程序文件的支持性文件，包括管理性作业文件（管理制度）、操作性作业文件、岗位作业指导书、设备计划书、应急处置方案、记录等，必要时有管理方案或作业流程图。

6.3　炼化企业设备完整性管理体系建设包括哪些内容?

“中国石化炼化企业设备完整性管理体系”建设包括以下内容:

（1）完整性管理规范标准;

（2）完整性管理体系实施方案;

（3）完整性管理体系三级文件;

（4）完整性管理体系运行机制;

（5）完整性管理体系评审与审核方法;

（6）完整性管理信息化平台（IT 支持）;

（7）完整性管理绩效指标（KPI）。

企业依据总部颁布的各项规范文件或制度，逐步开展完整性管理体系文件、绩效指标、相关评审方法的建设，统筹考虑信息化平台建设，避免形成信息孤岛。

6.4　炼化企业设备完整性管理体系建设分为哪几个阶段及时间安排?

根据体系要求及实践经验，完整性体系建设分为五个阶段，规定了实施的总体时间进度，如图 6–1 所示。各企业可以根据企业规模、完整性体系实施的范围及程度、企业设备长周期运行状况等实际情况做出适当微调。

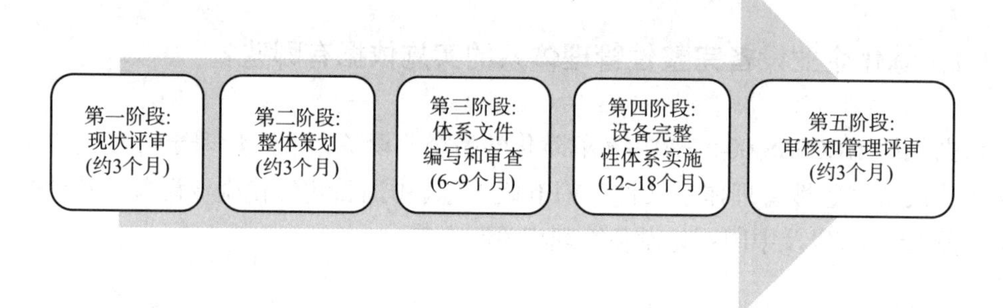

图 6–1　设备完整性管理体系建设总体时间进度

第一节　第一阶段　初始状况评审

6.5　开展炼化企业设备完整性管理体系建设企业应进行哪些前期准备?

按照事业部统筹安排，在完整性管理专家咨询组的指导下，建议所属企业：

（1）成立设备完整性管理体系推进领导小组，由分管设备的副总经理担任组长，成员由企业企管、规划、生产、设备、工程、采购、安全等相关职能部门的负责人组成。

（2）成立设备完整性管理专门的工作机构，或依托企业设备管理部门，负责设备完整性管理体系的建立、运行和保持工作。

（3）成立设备完整性管理体系建设和实施工作组，由企业企管、规划、生产、设备、工程、采购、安全等相关职能部门和基层单位的骨干人员组成，负责体系建立和实施过程中具体工作。

（4）可提前对设备管理文件、制度进行梳理，准备完整性管理专家咨询组提供的清单文件。

6.6　开展炼化企业设备完整性管理体系初始状况评审的目的是什么?

了解企业设备管理现状与完整性管理体系要求之间的差距，查找企业设备管理的薄弱要素和设备残余风险分布，明确目前所处的状况，为策划、实施设备完整性管理体系提供依据和基准，并提出策略性改进建议。

6.7　开展炼化企业设备完整性管理体系初始状况评审有什么工具和方法?

主要评审工具有现状评审表、企业设备管理制度梳理表、体系偏差表等。

主要评审方法包括文件查阅、现场调查及人员访谈等，具体形式包括但不局限于：

（1）与公司管理层、现场管理人员和操作人员进行面谈；

（2）与承包商作业人员进行面谈；

（3）查看设备管理文件及相关的文档记录；

（4）查看相关技术图纸和资料；

（5）到作业现场查看相关设施、设备；

（6）到作业现场观察正在进行的作业活动；

（7）对相关的设备设施进行测试等。

6.8　炼化企业设备完整性管理体系初始状况评审包含哪几个阶段?

首次会议、审查企业设备管理文件、现场评审、设备管理制度梳理、现状评审报告编写与专家审核、总结会议等。

6.9　初始状况评审的现场评审阶段主要工作内容是什么?

各评审工作小组，通过资料查阅、现场抽查及人员访谈等形式，全面评价各自专业设备寿命周期全过程管理，完成现状评审表，识别出设备危害与风险所在，明确设备管理现状与完整性管理要求之间的差异。每天定时召开评审工作例会，及时研讨相关问题。

6.10　初始状况评审的管理制度梳理阶段主要工作内容是什么?

依据设备完整性管理体系一、二级要素，对企业设备管理制度进行全面梳理，找出设备管理薄弱部位，从管理层面和技术层面，提出需要增加的设备管理程序或办法目录。同时，结合企业实际，进行各级设备管理工作流程和各级设备管理制度的优化，避免复杂与重复。

6.11 初始状况评审阶段开展哪些培训，采用哪种培训方式和培训时间多长？

采取集中培训的方式，培训时间约为 2 天，包括以下内容：

（1）企业建立和实施设备完整性管理体系的目的、要求和步骤；

（2）国内外设备完整性管理体系动向、中国石油化工集团有限公司设备理念及最新要求；

（3）管理体系相关标准；

（4）建立设备完整性管理体系应注意的事项；

（5）炼化企业设备完整性管理体系规范及其实施方案；

（6）现状评审表及现状评审方法等。

6.12 初始状况评审阶段开展前企业应着手准备哪些资料？

应按照完整性管理专家咨询组提供的文件清单，至少提前 1 个月开始准备相关资料，包括但不限于：

（1）公司及二级单位的生产运营情况；

（2）公司及二级单位的设备管理机构的岗位设置、人员分工与职责等情况；

（3）公司及二级单位的质量、HSE 及其他管理体系及一体化情况，提供管理手册、程序文件目录清单；

（4）公司及二级单位的各类信息化管理系统简介及功能；

（5）公司及二级单位的设备管理目标及分解情况；

（6）公司及二级单位的设备管理制度、总工艺流程与工艺说明，评估装置的工艺流程图、关键设备台账；

（7）设备全寿命周期管理主要业务流程；

（8）设备年度工作总结报告、各类风险评估报告、设备隐患治理报告、设备故障与事故分析报告、非计划停工分析报告；

（9）提供近两年各级设备管理、技术、操作人员培训方案、培训计划、培训记录；

（10）关键设备的设计、制造、安装、调试及验收的规范与标准、质量记录报告；

（11）各类设备技术方案（关键设备维护保养方案、大检修方案、设备防腐方案、关键设备检验、测试方案）；

（12）承包商和供应商目录及其管理情况；

（13）作业许可管理情况；

（14）近两年技改技措项目目录。

第二节　第二阶段　整体策划

6.13　开展设备完整性管理体系整体策划的目的是什么？

依据初始状况评估结果和设备管理相关的法规标准，在明确企业设备管理与完整性管理要素的差异及设备风险所在的基础上，策划企业设备完整性管理策略、管理框架，编写设备完整性管理手册。

6.14　设备完整性管理体系整体策划的主要工作内容有哪些？

（1）识别和更新企业设备完整性管理所遵循的法律法规和其他要求。

（2）策划并确定设备完整性管理的方针和目标。

（3）策划并确定风险评估准则（矩阵），明确设备全寿命周期各阶段使用的风险评估方法，建立企业风险管理程序。

（4）基于风险评价确定完整性管理的设备范围，并分级管理。

（5）基于风险管理程序，策划设备过程质量管理、ITPM、缺陷管理、变更管理等要素建设具体内容。

（6）策划并确定文件编制原则。

6.15　设备完整性管理体系的文件编制原则是什么？

（1）传承中国石化炼化企业设备管理特色，并确保设备完整性管理满足法律、法规和中国石化设备管理相关要求。

（2）树立风险管理和系统化的思想，采取规范设备管理和改进设备技术的方法，体现管理规范性和技术先进性。

（3）与企业设备管理发展规划相匹配。

（4）体系要素融入企业设备管理工作中，具可操作性。

6.16　整体策划阶段开展培训，采用哪种培训方式，培训时间多长？

采取集中培训的方式，必要时，相关培训可分阶段进行。累计时间约为 1 周。

6.17 整体策划阶段开展培训要覆盖哪些人群？

企业设备管理人员、完整性工作小组等。

第三节 第三阶段 编写体系文件

6.18 开展设备完整性管理体系文件编写和审查的目的是什么？

结合企业设备管理实际，制定规范化业务流程，梳理设备管理制度，编制设备完整性管理程序文件，最终建立企业设备完整性管理体系文件。

6.19 设备完整性管理体系文件编写的主要工作有哪些？

（1）在规范设备管理业务流程，明确了关键节点的基础上，编写完整性管理体系文件。

（2）文件编写主要由咨询项目组咨询人员指导（协助）企业完整性工作小组进行编写，编写内容参考文件策划的结果，同时在编写过程中要严格结合企业的实际。

（3）梳理设备现有管理制度，融合新编写的程序文件、操作文件，建立企业设备完整性管理文件体系。

6.20 设备完整性管理体系文件审查的主要工作和步骤是什么？

咨询项目组和企业共同对所编写的设备完整性管理体系文件的符合性、有效性进行审查，对发现的不符合，咨询项目组指导企业及时进行纠正。审查经批准后，企业正式发布设备完整性管理体系文件。主要步骤包括：

（1）初步审查：设备管理手册、设备程序文件和作业文件草拟完毕后，交与企业各职能部门和所属单位，征求修改意见，咨询项目组和企业设备工作小组根据反馈意见，完善文件。

（2）集中审查：初步审查后，由企业组织相关部门和单位进行集中讨论，再次完善体系文件，必要时企业可以组织外部专家进行评审。其中设备管理手册和程序文件的评审建议由企业最高管理层进行集中审查。

（3）批准和印刷：评审后的体系文件经企业设备主管领导审核，最高管理者批准后，企业负责组织文件印刷。

第四节　第四阶段　体系实施

6.21　开展设备完整性管理体系实施的目的是什么?

宣贯、培训体系文件，企业试运行设备完整性管理体系。

6.22　炼化企业设备完整性管理体系实施的主要工作是什么?

（1）对相关工作人员进行修订、新编制的程序和作业文件的培训。

（2）项目组到相关部门、装置、单元进行关键程序的运行指导，确保各层次员工理解并执行体系文件。

（3）建立绩效指标体系。策划系统、科学的设备完整性绩效指标体系，并收集数据、动态监测。

（4）发布体系文件。

（5）推行设备完整性管理体系，选取典型装置进行试运行，各部门按照设备完整性管理体系文件的要求运行。

（6）经运行，体系文件不符合的地方，核实修订完善。

第五节　第五阶段　体系评审

6.23　开展炼化企业设备完整性管理体系审核和管理评审的目的是什么?

进行审核员培训，实施企业完整性管理审核，指导企业进行设备管理评审。

6.24　炼化企业设备完整性管理体系审核和管理评审的主要工作是什么?

（1）审核员培训。

（2）项目组协助企业审核员收集设备绩效指标，进行趋势分析，并协助审核员进行全面完整性管理体系审核。

（3）企业对审核中发现的不符合进行纠正，指导企业提出持续改进的措施，并编制管理评审报告。

（4）根据审核问题修订，完善管理体系文件。

6.25 审核员培训的目的是什么，培训内容有哪些，培训时长有何要求？

进行集中培训和训练，时间约为3天，使设备管理部门和各单位审核员掌握体系审核知识，通过参加现场审核，具体指导审核小组和各单位审核员开展内部审核和管理评审，掌握审核技巧。帮助审核员取得资格证书，使设备完整性管理体系得到持续改进。培训内容包括但不限于：

（1）与设备相关的标准知识；

（2）体系审核知识；

（3）管理评审相关知识；

结合事例，讲解审核方法和技巧。

第 7 章　炼化企业设备完整性管理体系文件

7.1　国际上管理体系文件架构是如何设置的?

在 ISO 进入中国之前，企业通常把公司的各项规定称为规章制度。后来引进 ISO 体系，体系将企业运行的各个主要环节称为要素，并将支持企业运行的规定分为三个等级：手册、程序文件和作业文件。这三个等级的文件，称为体系文件，而以前的管理文件习惯上称为规章制度。

（1）手册：是规定非常宏观的企业运作的各职能的分工，还包括企业方针、目标等。

（2）程序文件：是指导企业核心业务正常运行的指导文件，主要是跨部门的业务和流程规定。

（3）作业文件：是部门内部的操作细则。当程序文件没有涉及或程序文件没有详细规定时，部门可以做内部操作的补充文件。

随着 ISO 体系标准的逐步完善，体系文件逐渐覆盖企业的全部业务范围，传统的规章制度不复存在，企业的体系文件将严格按照体系文件架构进行建设。通常在企业中，《程序文件》是公司的二级文件,《作业文件》是公司的三级文件。

7.2　设备完整性管理体系文件架构是如何设置的?

设备完整性管理体系按照国际体系标准，遵循三层管理文件架构，体系的有效建立与实施需依据总部下发的体系文件格式，结合企业设备管理实际，制定规范化的业务流程，编制系统化的程序文件与作业文件，最终建立企业设备完整性管理体系文件，审核并发布实施。设备完整性管理文件层次图见图 7-1。

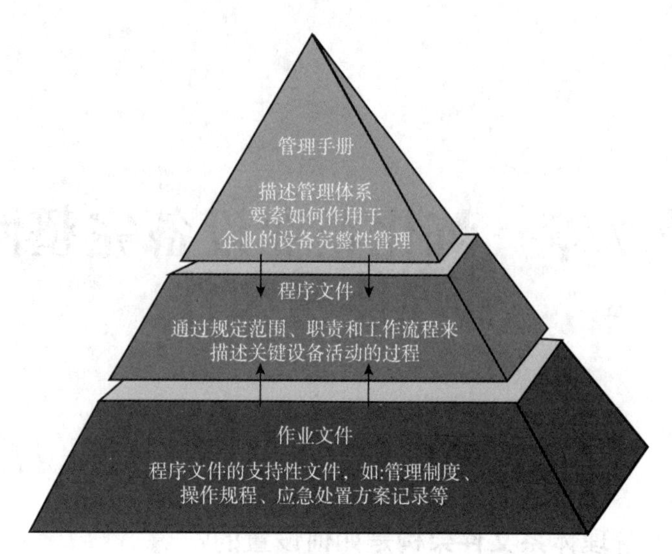

图 7–1　设备完整性管理文件层次图

7.3　管理手册、程序文件、作业文件的主要内容与作用是什么？

管理手册：阐述企业设备方针和描述其设备完整性管理体系整体信息的纲领性文件，描述了设备完整性管理体系的管理范围与目标、管理部门的职责与权限等内容。对内是实施设备管理的指南，对外是企业设备管理方针和承诺的声明。

程序文件：是管理手册的支持性文件，细化了体系各要素的设备管理内容，明确了各职能部门职责、权限与工作流程，指导各职能部门完成设备管理目标，具有可操作性和可检查性。程序文件是企业进行设备管理的重要依据。

作业文件：是程序文件的支持性文件，通常是对某一特定作业的详细描述或定义，包括管理性作业文件（管理制度）、操作性作业文件、岗位作业指导书、设备计划书、应急处置方案、记录等，必要时有管理方案或作业流程图。

7.4　目前炼化企业设备完整性管理体系文件有哪些？

中国石化炼化企业自 2012 年开展设备完整性管理体系研究，结合目前设备管理业务已形成较为成熟的炼化企业设备完整性管理体系文件内容，设备完整性管理体系（1.0 版）文件目录如表 7–1 所示。包含重要程序文件《设备分级管理程序文件》《设备风险管理程序文件》《设备缺陷管理程序文件》《设备变更管理程序文件》等重要文件内容。企业可在保证设备完整性管理基本要素和相关文件的基础上，细化管理要素和相关文件，并进一步编制作业层面文件。

表 7-1 中国石化炼化企业设备完整性管理体系（1.0 版）文件目录

<table>
<tr><td colspan="3">管理体系要素</td><td>企业体系文件推荐目录</td></tr>
<tr><td colspan="3">炼化企业设备完整性管理体系要求</td><td>炼化企业设备完整性管理手册</td></tr>
<tr><td>一级</td><td>二级</td><td>三级</td><td></td></tr>
<tr><td>1 目的和范围</td><td></td><td></td><td></td></tr>
<tr><td>2 规范性引用文件</td><td></td><td></td><td></td></tr>
<tr><td rowspan="2">3 术语、定义和缩略语</td><td>3.1 术语和定义</td><td></td><td></td></tr>
<tr><td>3.2 缩略语</td><td></td><td></td></tr>
<tr><td rowspan="4">4 组织环境</td><td>4.1 理解体系运行环境</td><td></td><td></td></tr>
<tr><td>4.2 理解相关方的需求与期望</td><td></td><td></td></tr>
<tr><td>4.3 确定设备完整性管理体系范围</td><td></td><td></td></tr>
<tr><td>4.4 明确设备完整性管理体系与其他体系的关系</td><td></td><td></td></tr>
<tr><td rowspan="3">5 领导作用</td><td>5.1 领导作用和承诺</td><td></td><td></td></tr>
<tr><td>5.2 管理方针</td><td></td><td></td></tr>
<tr><td>5.3 组织机构、职责和权限</td><td></td><td></td></tr>
<tr><td rowspan="4">6 策划</td><td>6.1 法律法规和其它要求</td><td></td><td></td></tr>
<tr><td>6.2 初始状况评审和策划</td><td>6.2.1 初始状况评审
6.2.2 设备完整性管理体系策划</td><td></td></tr>
<tr><td>6.3 管理目标</td><td></td><td></td></tr>
<tr><td>6.4 风险管理策划</td><td></td><td></td></tr>
<tr><td rowspan="6">7 支持</td><td>7.1 资源</td><td></td><td></td></tr>
<tr><td>7.2 能力</td><td></td><td></td></tr>
<tr><td>7.3 意识</td><td></td><td></td></tr>
<tr><td>7.4 沟通</td><td></td><td></td></tr>
<tr><td>7.5 培训</td><td>7.5.1 确定培训需求
7.5.2 培训策划及实施
7.5.3 培训效果的验证和记录
7.5.4 承包商培训</td><td></td></tr>
<tr><td>7.6 文件和记录</td><td>7.6.1 总则
7.6.2 数据信息要求
7.6.3 文件控制
7.6.4 记录控制</td><td></td></tr>
<tr><td rowspan="2">8 运行</td><td>8.1 设备分级管理</td><td></td><td>设备分级管理程序</td></tr>
<tr><td>8.2 风险管理</td><td>8.2.1 风险识别
8.2.2 风险评价
8.2.3 风险控制
8.2.4 风险监测</td><td>设备风险管理程序</td></tr>
</table>

续表

管理体系要素			企业体系文件推荐目录
炼化企业设备完整性管理体系要求			炼化企业设备完整性管理手册
一级	二级	三级	
8 运行	8.3 过程质量管理	8.3.1 总则 8.3.2 前期管理 8.3.3 使用维护 8.3.4 设备修理 8.3.5 更新改造 8.3.6 设备处置	过程质量管理程序 设计与选型管理制度 设备采购管理制度 设备安装与调试管理制度 设备使用维护管理制度 停工检修管理制度 设备更新管理制度 设备处置管理制度
	8.4 检验、测试和预防性维修管理	8.4.1 总则 8.4.2 检验、检测和预防性维修	检验、检测和预防性维修管理程序
	8.5 设备缺陷管理	8.5.1 缺陷识别与评价 8.5.2 缺陷响应与传达 8.5.3 缺陷消除	设备缺陷管理程序
	8.6 设备变更管理	8.6.1 总则 8.6.2 变更申请 8.6.3 变更评估 8.6.4 变更审批 8.6.5 变更实施 8.6.6 变更关闭	设备变更管理程序
	8.7 外部提供的过程、产品和服务的控制	8.7.1 总则 8.7.2 备品配件管理 8.7.3 供应商、承包商管理	备品配件管理制度 外委承包商管理制度
	8.8 定时事务		定时事务管理程序
	8.9 专业管理	8.9.1 总则	
		8.9.2 综合管理	检修费用管理制度
		8.9.3 静设备专业管理	压力容器管理制度 常压储罐管理制度 锅炉管理制度 加热炉管理制度
		8.9.4 动设备专业管理	大型机组管理制度 机泵管理制度
		8.9.5 电气专业管理	供电系统管理制度 装置变配电系统管理制度 特殊电气设备管理制度 电动机 / 发电机管理制度 电气运行管理制度

续表

管理体系要素			企业体系文件推荐目录
炼化企业设备完整性管理体系要求			炼化企业设备完整性管理手册
一级	二级	三级	
8 运行	8.9 专业管理	8.9.6 仪表专业管理	现场仪表管理制度 控制系统管理制度 可燃/有毒气体检测报警管理制度 联锁保护系统管理制度 在线分析仪表管理制度
		8.9.7 管道管理	工业管道管理制度 长输管道管理制度 公用管网系统管理制度
		8.9.8 公用工程管理	工业水管理管理制度 空分系统管理制度 储运系统管理制度
		8.9.9 其他	机电类特种设备管理制度 阀门管理制度 绝热管理制度 建构筑物管理制度
	8.10 技术管理	8.10.1 总则	
		8.10.2 检验管理	检验管理制度
		8.10.3 防腐蚀管理	防腐蚀管理程制度
		8.10.4 状态监测与分析	状态监测与分析管理制度
	8.10 技术管理	8.10.5 润滑管理	润滑管理制度
		8.10.6 泄漏管理	泄漏管理制度
		8.10.7 可靠性维修管理	设备可靠性维修管理制度
		8.10.8 表面工程管理	表面工程管理制度
9 绩效评价	9.1 监视、测量、分析和评价		设备绩效管理程序
	9.2 内部审核		
	9.3 管理评审		
	9.4 外部审核		
10 改进	10.1 不符合和纠正措施		设备事故管理制度
	10.2 持续改进		

7.5 程序文件与作业文件的主要格式是什么？

程序文件通常是按照要素维度形成的管理文件，具有支撑某一要素的管理要求，细化要素管理内容，发挥协调、沟通各职能部门的文件作用，其主要内容包括：

（1）各有关部门和人员的职责。

（2）应用统计技术的所有活动流程，以及相应的5W1H要求。活动流程应包括统计技术的选用与确定、作业文件的编制、人员培训、应用的实施和验证，以及成果的应用等。

（3）引出有关的作业文件。

（4）列出所用的文件、表格和报告等。

作业文件是支撑程序文件的下层文件，细化了作业的全过程，主要规定了岗位人员的职责，明确了应尽义务，一个机构需要制定作业文件，明确详略程序以对作业的质量进行控制。通常结构如下：

（1）目的、范围和目标。

（2）实施的具体方法和步骤。如信息数据的收集、整理、计算、分析和报告规定等。

（3）实施所需的计算公式、图表和分析判断方法等。

（4）引用的技术文件，包括标准、规范和测试方法等。

7.6 程序文件与作业文件的主要区别有哪些？

（1）程序文件是描述某一类活动或过程。而作业文件规定了开展活动的方法。

（2）程序文件通常描述跨部门的活动，而作业文件是适用于某一职能的活动。

（3）程序文件可引用作业指导书，而作业文件可能包括在程序中。

（4）程序文件是对活动或过程的规定，而作业文件是适合使用人员的需要对活动执行的控制。

（5）程序文件有一定结构和内容，作业文件只要求作业顺序的一致。

7.7 设备完整性管理体系运行机制是什么？

企业设备完整性管理体系的运行机制应包含以下三个方面：管理要素、专业管理和组织架构，三者有机结合，实现体系的有效运行，见图7–2。

管理要素是对设备完整性管理体系要求的具体体现，一般应包括方针、目标、设备分级管理、资源、培训、风险管理、过程质量管理、ITPM、缺陷管理、变更管理、外部提供的过程、产品和服务的控制、定时事务、绩效评价、改进等内容。

专业管理是设备完整性管理体系的技术载体，是传承中国石化设备管理特色的具体

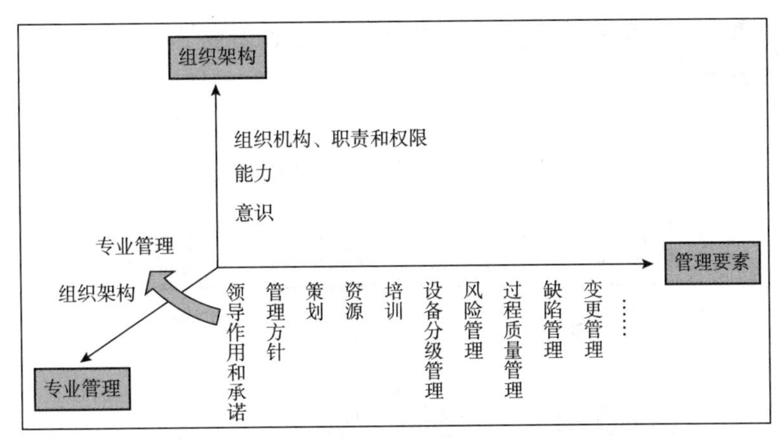

图 7–2　企业设备完整性管理体系的三维运行架构

体现，一般包括静设备专业管理、转动设备专业管理、电气仪表设备专业管理、综合管理、动力管理等内容。

组织机构是设备完整性管理体系的运行基础，是设备完整性管理体系有效运行的重要保障，建议各企业建立由设备管理部门牵头，相关处室各负其责，专业团队、区域团队各司其职的运行模式；同时设立设备专家团队、可靠性工程师、现场工程师和维护工程师等角色。

7.8　炼化企业设备完整性管理体系管理活动内容有哪些?

设备完整性管理体系以要素维度将目前炼化企业设备管理业务全覆盖，根据各相关方安全等级要求，炼化企业规定了各要素的管理要求、执行业务范围，具体包括：

（1）识别和更新企业设备完整性管理所遵循的法律法规和其他要求。

（2）策划并确定设备完整性管理的方针和目标。

（3）策划并确定风险评估准则（矩阵），明确设备全寿命周期各阶段使用的风险评估方法，建立企业风险管理程序。

（4）基于风险评价确定完整性管理的设备范围，并分级管理。

（5）基于风险管理程序，策划设备过程质量管理、ITPM、缺陷管理、变更管理等要素建设具体内容。

（6）策划并确定文件编制原则。

7.9　设备完整性管理体系团队建设包括哪些?

设备完整性管理体系的组织机构一般包括设备管理部门、相关业务部门和设备专业工作团队。总部要求各企业组建以下设备专业工作团队：设备专家团队、设备管理专业团队、区域设备管理团队和维护维修服务团队，如图 7–3 所示。企业应根据设备完整性体系各管理要素和设备专业管理的要求，做好人员职责的分配，实现设备管理部门牵头，其他管理处室、专业管理团队各司其职的运行机制。

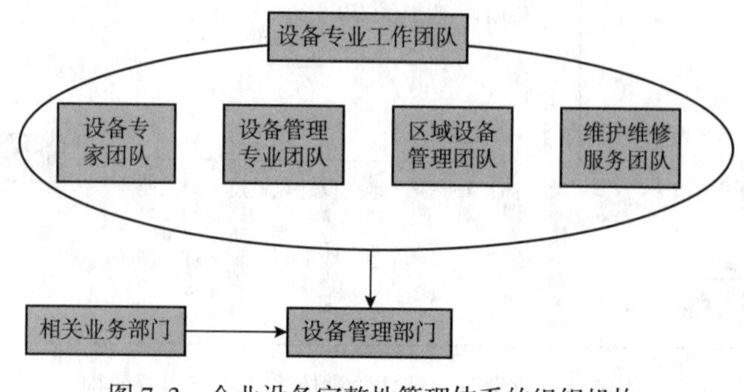

图 7-3　企业设备完整性管理体系的组织机构

7.10　设备完整性管理体系实施设备主管部门主要职责有哪些？

企业设备主管部门是体系运维的主体，负责体系的建立、实施与改进。负责本企业的设备管理统筹规划；负责建立企业的设备完整性管理体系和相应的组织架构；负责组织制定企业设备管理的方针、目标，设备管理 KPI 指标和预防性工作策略；负责制定企业设备管理制度与程序、发布各类设备技术标准和规范；负责专家团队、专业团队、区域团队的职责界定；负责重大检维修项目的审批；负责组织运行本企业设备完整性管理体系，并定期开展完整性管理体系的评审和持续改进工作。

7.11　设备完整性管理体系实施各运维团队主要职责是什么？

专家团队：由企业设备管理部门组建并受其委托，负责企业设备专业技术管理工作的总体规划与实施指导。负责制定各专业设备工作方针、目标、设备管理 KPI 指标和工作策略。负责组织专业团队开展设备管理 KPI 指标统计分析与评价工作，并提出优化建议和措施。负责指导专业团队实施设备工作策略和工作计划。负责推广和应用新技术、新工艺、新材料、新设备。负责编制企业技术规范，审定并指导实施关键、重大设备检修、改造、更新、试车等技术方案。负责组织主要设备的设计选型技术论证。

专业团队：归属设备管理部门领导，接受设备专家团队的技术指导，由设备专业工程师和可靠性工程师组成。负责落实各专业设备管理目标和规划，实施各专业设备工作策略和工作计划。负责各专业设备 KPI 指标的运行、评估和持续改进。负责检查监督各专业设备完整性体系运行，保障设备管理制度在本专业的落实执行。负责组织开展以可靠性为基础的专业设备管理工作。负责组织本专业设备隐患排查和风险管控，负责组织本专业的设备风险评估，专业设备故障（事故）的根原因分析，负责一般检维修项目的审批和方案制定。

区域团队：设备完整性管理体系运行的基层执行团队，由区域设备分管领导负责，组织协调可靠性工程师、现场工程师和维护工程师共同完成区域设备管理工作。负责制订并实施区域设备管理目标、KPI 指标和工作计划。负责设备完整性管理体系在本区域的正常运行，执行各项设备管理制度和技术规范要求。负责在区域内组织开展以可靠性为基础的设备专业管理工作，负责开展区域内设备隐患排查，实施风险管控。负责组织区域内设备检修改造和技术攻关。

7.12　设备完整性管理体系中可靠性工程师建设的要求是什么?

（1）为加强设备可靠性管理，炼化企业要求建立专职的设备可靠性团队。

（2）设备可靠性团队隶属于专业团队，由设备可靠性工程师组成，专业上归属设备管理部门领导，接受设备专家团队指导。

（3）可靠性工程师团队应包含动、静、电、仪、动力、水务专业，目前要求完成动、静、电、仪的专业可靠性工程师的建设。

7.13　设备可靠性工程师的定员准则是什么?

设备可靠性团队人员从已设置的设备岗位中调剂，设备人员总数不增加，应挑选业务素质高、责任心强的成员。A^- 类企业 5 人左右，A 类企业 15 人左右，AA 类企业 20 人左右，AAA 类企业 25 人左右。

二级管理模式：宜设置公司级可靠性团队，按照每个运行部设置动、静、电、仪专业可靠性工程师各 0.5~1 人配置（动、静、仪各 1 人，电气 0.5 人）。

三级管理模式：宜设置公司级、厂级二级可靠性团队，由公司可靠性团队统一管理。公司级可靠性团队主要负责体系建设和有效性检查，宜设置可靠性工程师 2~4 人。厂级可靠性团队主要负责厂级体系建立，预防性策略建立实施等工作；各分厂宜按照每个运行部动静电仪各专业可靠性工程师 0.5~1 人设置。某炼化企业设备管理架构设置及团队运作机制如图 7–4、图 7–5 所示。

7.14　炼化企业设备分级管理的主要目的是什么?

通过制定科学的设备分级方法对设备进行分级，推进设备标准化管理和精细化管理，根据设备级别进行设备管理资源的配置，可有效避免设备重大风险，控制设备在低风险条件下运行，符合以风险管理为核心的设备完整性管理体系要求，也可作为设备缺陷风险评估的重要依据和制定预防性维修策略的基础，提高设备管理的有效性。

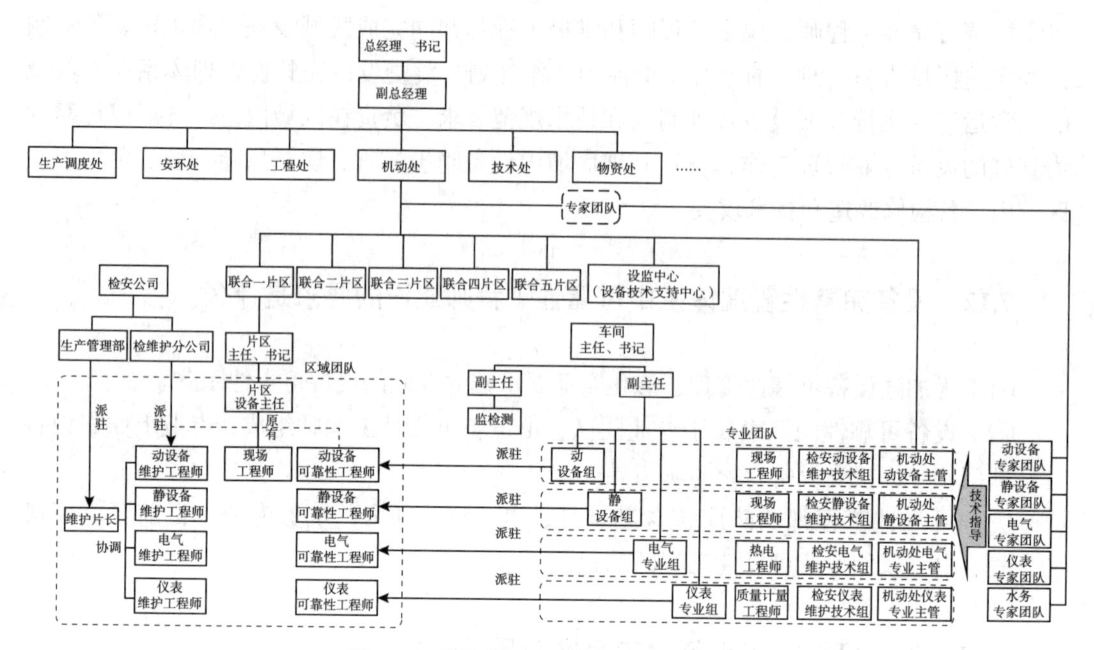

图 7-4　某炼化企业设备管理架构设置

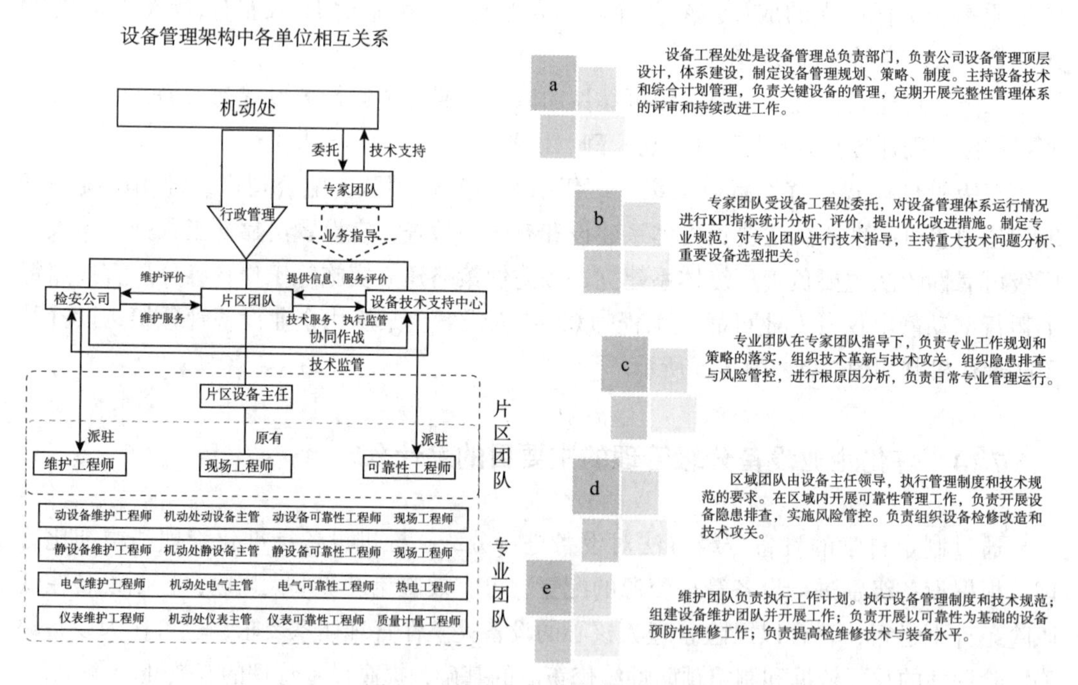

图 7-5　某炼化企业团队运行机制

7.15　炼化企业将设备分为几级?

根据炼化企业设备管理模式通常将设备分为三级，即关键设备（A 级）、主要设备（B 级）、一般设备（C 级）。根据设备分级结果，企业应明确各级设备管理的职责、权限及内容，全面跟踪与落实设备分级管理内容。通常设备主管部门负责组织 A 级设备的运行管理，运行部牵头负责 B、C 级设备的运行管理。

7.16　炼化企业设备分级原则是什么?

目前炼化企业设备分级方法采用量化的关键性评价方法，根据设备的重要性、设备故障后果、设备可靠性、设备使用频率、设备维修经济性等因素对设备进行分级。根据设备对生产过程的重要性、设备维修费用、设备故障后果产生安全及环保危害性、设备维修复杂程度及故障频次等要素评分总值将设备分为关键设备（A）、主要设备（B）、一般设备（C）。不同专业根据设备的特定制定适合本专业的设备关键性要素和评价标准，并根据评价标准进行分级。目前现行炼化企业根据专业设备不同确定了不同设备类的量化分级准则。

7.17　炼化企业转动设备分级准则有哪些?

炼化企业转动设备分级准则已确定内容包含透平及离心压缩机组、轴流压缩机组，往复式压缩机，泵、风机，专用设备，特殊阀门。

透平及离心压缩机组、轴流压缩机要素包含生产重要性（45%）、介质安全环保（15%）、设计成熟性（10%）、维修复杂性（10%）、功率（5%）、匹配性系数（5%）。

往复式压缩机要素包含生产重要性（35%）、备用率（30%）、介质安全环保（10%）、设计成熟性（5%）、维修复杂性（10%）、功率（10%）。

泵、风机（离心泵、旋涡泵、轴流泵、往复泵、转子泵、喷射泵、离心式通风机、离心式鼓风机、凉水塔轴流风机及空冷器轴流风机等），要素包含生产重要性（45%）、备用率（20%）、介质安全环保（10%）、设计成熟性（5%）、维修复杂性（10%）、费用（5%）、匹配性系数（5%）。

专用设备（无法分类的环保设备、专用设备），要素包含生产重要性（45%）、使用率（15%）、介质安全环保（10%）、设计成熟性（10%）、维修复杂性（15%）。

特殊阀门（包括但不限于催化装置滑阀、塞阀、烟机入口蝶阀、焦化四通阀等），要素包含生产重要性（45%）、使用率（15%）、介质安全环保（15%）、设计成熟性（10%）、维修复杂性（15%）。

7.18 炼化企业静设备分级准则有哪些?

炼化企业静设备分级准则已确定内容包含特种设备。

特种设备设备分级要素包含生产重要性（45%）、自身重要性（20%）、使用年限（10%）、可维修性（10%）、安全技术等级（15%）。

加热炉设备分级要素包含生产重要性（45%）、自身重要性（20%）、炉管使用年限（10%）、联锁完善程度（15%）、可维修性（10%）。

常压储罐设备分级要素包含生产重要性（20%）、使用年限（10%）、介质危害性（25%）、结构形式（5%）、容积（30%）、环保重要性（10%）。

7.19 炼化企业仪表设备分级准则有哪些?

炼化企业仪表设备要求 CCS（透平机组控制系统）、SIS 系统为 A 级设备，DCS、PLC 等其他系统随装置重要性等级评级。过控环保仪表为 A 级设备、进出厂计量仪表为 B 级设备、其他设备按照特定的分级准则进行分级。

测量仪表、可燃有毒气体报警器、调节阀、开关阀、机组轴系仪表、联锁仪表、电磁阀、电液转换器，设备分级要素包含安全环保因素（25%）、生产因素（40%）、装置重要性（10%）、仪表设备故障裕度（25%）。

7.20 炼化企业电气设备分级准则有哪些?

电气设备按照供配电系统、电机回路、UPS、电动阀进行设备类划分，供配电系统设备分级要素包括电压等级（45%）、受电范围重要性（30%）、装置同类性（20%）、环境因素（5%）。

电机回路设备分级要素包括重要性（45%）、使用率（15%）、转速（15%）、使用条件（15%）、电压等级（10%）。

UPS 设备分级要素包括负载重要性（45%）、检修安全性（20%）、备用电源数量（15%）、使用年限（15%）、容量（5%）。

7.21 炼化企业设备分级主要流程是什么?

炼化企业推行设备团队管理模式，将设备分级的业务融入各团队工作职责，设备管理部门组织专业团队、区域团队编制设备分级标准，经专家团队审核后发布；根据不同设备类分级标准，可靠性工程师、现场工程师、维护工程师和工艺、安全等相关人员完成全厂设备分级，并由可靠性工程师进行汇总初审；经专家团队完成审核后，设备管理部门、各运行部按照设备等级进行管理，并将分级结果同步更新至信息系统中。设备分级流程如图 7–6、表 7–2 所示。

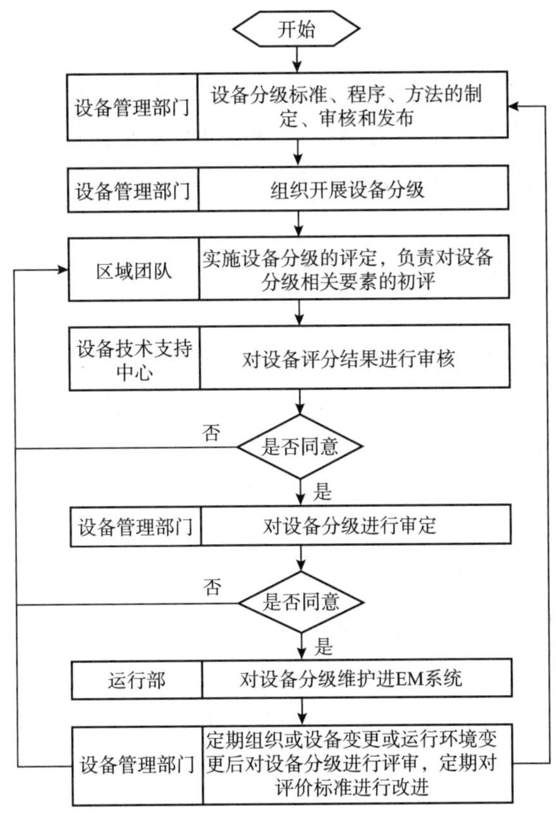

图 7–6　设备分级管理流程

表 7-2　设备分级管理流程说明

流程名称	设备分级流程		制定部门	设备管理部门处
子流程 / 业务活动名称	子流程 / 业务活动描述	部门、岗位	记录	支持性文件
设备分级标准、程序、方法的制定、审核和发布	设备分级标准、程序、方法的制定、审核和发布	设备管理部门		
参与设备分级的评定，负责对设备分级相关要素的评分	对设备分级相关要素进行评分	运行部、设备技术支持中心、维护单位		
对设备评分结果进行初评	对设备评分结果进行初步审核	设备技术支持中心		
对设备分级进行审核	设备管理部门对设备分级结果进行审核	设备管理部门		
将设备分级维护进 EM 系统	设备技术支持中心将设备分级结果维护进 EM 系统	运行部		
定期评审和制度标准修订	定期或设备变更或运行环境变更后对设备分级进行评审；定期对评价标准进行改进	设备管理部门		

7.22 设备分级结果调整发生在什么时候？

设备管理部门组织专业团队对发生各类变更的相关设备进行设备分级的动态调整，通常要求每年对调整后的设备分级进行全面梳理。同时对于装置检修及全厂停工大修后，设备管理部门组织专业团队对装置所有设备进行系统性全面分级评估。运行部在日常管理中需及时将调整后的设备分级结果维护进EM系统或其他设备管理系统。

7.23 炼化企业设备风险管理目的是什么？

对设备管理过程中的风险因素及其影响后果进行识别和评价分析，确定风险的严重程度和可能影响的最大范围，采取有效或适当的风险削减与控制措施，把风险降到最低或控制在可以承受的程度，实现以风险为基础的设备管理。在设备全寿命周期内，设备风险管理包括设备风险识别、风险评价、风险控制及风险监测，将风险控制在可接受的范围内。

7.24 设备风险管理原则是什么？

设备完整性管理以风险管理为核心，实现设备全生命周期的风险管控，保障设备在可接受的风险范围内运行，对于体系风险管理炼化企业明确了众多管理要求，具体如下：

（1）实行分层管理、分级防控，将设备风险管理的责任划分到各个管理层级，每一层级对照专业领域、业务流程，评估并确定风险管理重点，落实防控责任；对设备风险划分等级并界定范围，列出设备系统及其组成的明细，并收集有关设备信息，包括影响到设备运行性能的管理和控制活动。

（2）注重过程控制、逐级落实，对设备前期、使用维护、设备修理等设备管理的全过程和各环节进行风险管理，逐级落实风险管理措施。

（3）坚持动态管理原则，建立设备风险登记制度，对设备风险管理定期审查。

7.25 设备全生命周期各阶段风险分析的重点内容是什么？

设计前期：应根据工艺条件和操作要求分析相关风险，并考虑在动态服役环境中的各种风险因素，努力降低在使用维护过程中引发事故或失效风险，并对残余风险进行分析。

使用维护阶段：设备随着运行时间的变化，会发生多种因素导致的设备缺陷甚至失效，风险管理的内容应识别随时间变化的风险，并进行控制。

设备处置阶段：应识别设备在清洗、保存、重新投用和拆除过程中的风险，采用必要的措施和实施不定期的检查来维持设备的使用寿命以及剩余价值。

7.26　炼化企业设备风险管理主要流程是什么？

炼化企业设备完整性管理以风险管控为核心，对风险的全面识别、等级评价、全过程监测与风险大小的控制尤其注重，目前设备风险管理包括风险识别、风险评价、风险监测、风险控制四个阶段，各阶段都要求明确管理范围与管理要求（见图 7–7）。

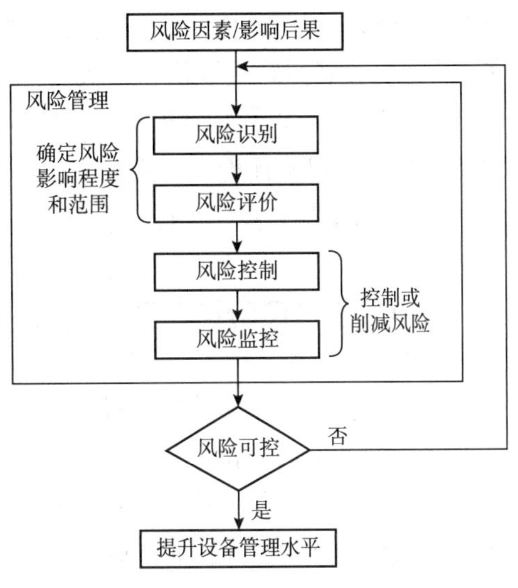

图 7–7　设备风险管理流程

7.27　设备风险识别要求有哪些？

（1）确定风险识别范围。将所有设备完整性相关的生产经营管理活动纳入风险识别范围，包括生产装置、设备设施、作业环境、设备变更、工艺变更，以及承包商、供应商管理等过程。

（2）确定风险识别参与成员。对全员进行风险管理相关知识培训，鼓励全员参与风险识别工作，并根据工作任务对岗位设置、设备设施和工作区域等进行梳理，确定风险识别基本单元。

（3）确定风险识别方法。根据设备类型和风险复杂程度，选择一种或多种方法对具体对象进行风险识别，风险识别方法应与设备的类型、范围以及评估的目的相适应，可采取巡检、专项检查、隐患排查以及班组活动、召开专业碰头会议等方式进行。

（4）风险再识别要求。当外界条件、生产工艺化、设备设施、法律、法规及标准要求发生变化时，应当重新进行风险识别。

（5）风险识别结果统计。企业设备使用单位对辨识出的风险因素及时进行分类登记。

7.28　设备风险评价要求有哪些？

（1）风险评价应评估每一个潜在事件发生的可能性和后果，并考虑现有的风险控制措施的有效性，以及这些控制措施失效的可能性和后果。

（2）根据专业特点，定期开展风险评价。

（3）企业应成立风险评价小组，包括设备、工艺、安全、环保等专业，评价小组成员应具备一定的风险识别和风险评价的知识和能力。

（4）建立风险评价和控制准则，综合考虑对安全、环境、设备、装置平稳度、产品质量、维修成本等方面造成影响的概率和严重程度（估算风险可能造成的直接经济损失等），进行设备风险的评估和分级。

（5）风险评价小组结合实际，按照风险评价和控制准则，选用合适方法对辨识出的风险因素进行风险评价，风险分析与评价结果应当形成记录或者报告。

（6）采用新技术、新工艺、新设备、新材料时，应当进行专项风险评价。

7.29 设备风险控制要求有哪些？

（1）依据风险评价结果，遵循分级管理原则，确定重点防控的设备风险。

（2）设备使用单位根据风险评价结果，针对不同级别的风险采取相应的防控措施，对于确定为重点防控的设备风险，应当明确风险防控责任，确定分层防控责任部门和负责人，制定和落实风险控制措施，并对风险实施有效的动态监控。

（3）不同等级的风险和控制措施应该分级进行确认和批准。重大风险及防控措施由企业主管副总工程师进行审核确认，主管副总经理批准，设备管理部门组织实施。

（4）设备使用单位对设备管理现场存在的风险应进行提示和告知，并设置安全警示标志。

（5）建立健全规章制度、操作规程和应急处置程序，在风险失控且发生设备突发事件时，按规定及时报告，启动应急预案，进行现场应急处置，实施应急救援。

7.30 设备风险监测要求有哪些？

（1）企业应定期对风险识别、风险评价、风险控制的有效性进行监视与测量。

（2）按照有关规定对关键设备设施定期进行监测和检验，及时发现并消除隐患。

（3）建立风险登记制度，指定人员定期将风险管理信息录入企业设备信息化管理系统。

7.31 炼化企业设备过程质量管理目的是什么？

为了识别和开展设备全生命周期各过程的质量保证活动，建立和保持相应的质量控制标准，采取有效或适当的质量控制措施，满足相关法律、法规、标准、技术规范、企业规定等文件的质量要求，实现设备过程的控制，进而对设备系统性能（效能）、风险和成本进行有效控制，确保设备质量满足设备完整性管理体系的要求。

7.32 设备前期管理包括哪些环节？

设备的前期是设备过程质量保证的重要内容，企业应重视设备前期的质量保证，前期管理包括规划、设计、选型、购置、制造、安装、投运。

7.33　设计阶段的质量控制活动有哪些?

技术管理部门应根据项目设计相关的管理要求，在可行性研究、基础设计、详细设计阶段制定、实施质量保证活动：

（1）设计承包方的选择与评价；

（2）项目可行性研究报告编制与审核；

（3）基础（初步）设计编制与审核；

（4）详细设计（施工图设计）技术交底与施工图会审；

（5）设备选型；

（6）设计变更。

7.34　采购与制造阶段质量控制活动有哪些?

物资采购部门应根据物资采购相关要求，制定、实施设备采购与制造阶段的设备质量保证活动：

（1）供应商、制造商选择与考核；

（2）需求计划的编制、核销、审批；

（3）采购计划编制、审批；

（4）采购合同的签订及管理；

（5）设备制造与验收。

设备采购与制造阶段的质量保证应至少覆盖以下内容：

（1）评估供应商和制造商的服务能力；

（2）明确影响设备完整性管理的技术及管理要求；

（3）明确采购物资的技术要求，合同及技术协议规范完整；

（4）评估设备质量风险；

（5）检查和测量高风险区设备制造过程的质量状况，或实施委托监造；

（6）按要求进行入库检验；

（7）采购与制造过程中的变更管理得到有效执行；

（8）设备质量证明文件齐全。

7.35　设备工程建设阶段质量控制活动有哪些?

工程建设管理部门应根据工程建设、设备安装等的相关要求制定、实施工程建设阶段的设备质量保证活动：

（1）建设准备；
（2）工程招标；
（3）工程设计；
（4）工程采购；
（5）开工准备；
（6）工程建设与控制；
（7）生产准备与试车；
（8）竣工验收。

工程建设阶段设备质量保证应至少覆盖以下内容：

（1）确认承包商具备相应的安装资质、能力和资源；

（2）建立并有效实施设备安装（包括土建、结构、防腐、保温等所有专业）全过程的质量控制措施；

（3）监督检查承包商或监理单位的质量管理体系运行情况；

（4）设备安装过程中的变更管理得到有效执行；

（5）设备安装过程中进行监督检查，确保质量验收方法和验收标准适当和有效；

（6）确保设备安装符合法律、标准、规范和设计文件的要求，交工技术文件齐全完整。

7.36　设备投运阶段质量控制活动有哪些？

生产准备与试车阶段设备质量控制活动应至少覆盖以下内容：
（1）确认竣工技术文件正确和有效，明确设备档案的内容；
（2）确保现场操作、技术、管理人员的培训已经完成；
（3）识别和评估设备投运可能产生的风险并制定相应措施；
（4）操作规程、维护规程和应急预案已经编制审批并投入使用；
（5）明确安全检查内容和监测措施。
设备安装后质量验收时进行的单体设备的试运行过程也应符合上述要求。

7.37　设备使用维护阶段质量控制活动有哪些？

设备管理部门应根据设备管理的相关要求，制定、实施设备运行维护阶段的设备质量控制活动：

（1）设备现场管理；
（2）设备维护保养；
（3）设备运行管理等。

设备现场管理环节的质量保证应至少覆盖以下内容：

（1）确认设备现场检查标准和计划的落实；

（2）定期开展设备完好评价。

设备维护保养环节的质量保证应至少覆盖以下内容：

（1）设备操作和维护人员的培训与资质；

（2）润滑管理制度有效执行；

（3）备用机泵管理制度有效执行，定期切换、盘车；

（4）设备的清洁、润滑、调整、紧固、防腐“十字作业法”有效执行，保持设备完好；

（5）做好设备防冻、防凝、防雷、防静电、保温、保冷、防腐、堵漏等工作；

（6）静密封泄漏点的限期整改。

设备运行管理环节的质量保证应至少覆盖以下内容：

（1）明确大型机组、机泵等转动设备的“三检”“特护”工作要求；

（2）锅炉、压力容器、压力管道等承压类特种设备的定期检验；

（3）仪表设备的检验、测试；

（4）电气设备的“三三二五”制度的有效执行

（5）确保设备符合工艺操作要求。

7.38 设备修理阶段质量控制活动有哪些?

设备管理部门应根据设备管理、设备缺陷管理、检维修计划费用管理等相关要求，在设备修理阶段组织开展设备修理的质量控制活动包括：

（1）检维修承包商的选择与评价；

（2）装置停工检修；

（3）设备日常维修；

（4）设备临时故障抢修；

（5）施工方案的编制与审核；

（6）设备施工；

（7）设备变更；

（8）施工验收。

设备修理的质量保证应至少覆盖以下内容：

（1）收集设备风险评估和可靠性分析结果；

（2）编制设备检修规程，审核并投入使用；

（3）制定和有效实施设备修理计划；

（4）识别设备修理过程的风险，并采取控制措施；

（5）审核并监督修理方案的执行；

（6）检测和分析设备的潜在风险、缺陷；

（7）确保设备修理所用的材料和备品配件的适用性；
（8）隐蔽工程的有效检查；
（9）确保开展设备修理后的再评估。

7.39　设备更新改造阶段质量控制活动有哪些？

设备更新改造过程中涉及设计、选型、购置、制造、安装、投运的要求应符合本章中的相关要求。

更新改造过程的质量保证还应覆盖以下内容：
（1）制定设备更新改造的标准要求；
（2）搜集设备运行监检测、风险、可靠性评估等有关信息；
（3）目标设备或改造方案的选择制定；
（4）变更过程的风险评估。

7.40　设备处置阶段质量控制活动有哪些？

停用、闲置，有待重新使用的设备，应制定停用设备封存技术要求，明确必要的设备日常维护保养措施，以备随时再利用。

设备转移使用和闲置重新使用应按照新设备对待，使用前进行全面的技术检验和性能评估，对新的使用环境的适用性进行评价。

设备处置阶段的质量保证应至少覆盖以下内容：
（1）收集设备运行监检测、风险、可靠性评估等有关信息并确保准确；
（2）设备状况技术鉴定；
（3）设备处置过程的风险评估；
（4）设备处置方案经过审核批准；
（5）设备处置必须遵循企业财务管理的要求。

7.41　炼化企业设备预防性维修管理目的是什么？

在设备日常专业管理的基础上，识别和开展设备检验、检测和预防性维修任务，加强设备检验、检测和预防性维修工作的有效管理，可有效提高设备的可靠性，确保设备的持续完整性，保证装置安全、稳定、长周期运行。

7.42　设备检验、检测内容包括哪些？

检验、检测是通过观察、测量、测试、校准、判断，检测设备缺陷的发生和评估设备部件的状态，对设备的有关性能进行符合性评价。企业应根据 ITPM 管理规定，制定并实施每台设备的检验、测试任务，至少包括：

（1）静设备专业：特种设备法定检验和定期检查、特殊设备定期维护保养、在线腐蚀监测、定点定期测厚、RBI 评估等；

（2）动设备专业：试车检查、润滑油定期检验、机泵定期切换试运、机泵运行状态离线监测、大型机组状态检测与故障诊断、冬季防冻防凝检查等；

（3）电气专业：电机的状态监测、电气设备预防性检修及试验、380V 红外检测、110kV/35kV 红外检测、设备放电检查、变压器油位检查、电机开盖检查、防雷防静电检测等；

（4）仪表专业：仪表设备预防性检维修、仪表设备红外检测、控制系统接地检测、可燃、有毒报警器定期检测、分析仪表定期校验、安全仪表系统功能测试、SIL 评估等；

（5）其他：特种设备，如电梯、起重设备、机车等法定检验等。

7.43　设备预防性维修内容包括哪些？

预防性维修是指设备在发生故障之前进行的经常性检查、维护保养及修理，以预防设备及其部件的过早失效。企业应根据 ITPM 管理规定，制定并实施每台设备的预防性维修任务，至少包括：

（1）静设备专业：RBI 评估后开展的维修、主动性 / 预防性的维修等；

（2）动设备专业：往复机组的预防性维修、机泵预防性维修、RCM、设备润滑等；

（3）电气专业：电气设备的预防性检维修、电机的预防性维修等；

（4）仪表专业：联锁保护系统预防性维修、控制系统预防性维修、控制阀门预防性维修、仪表风过滤装置预防性维修等。

7.44　炼化企业预防性维修工作流程是什么？

预防性维修工作任务的实施通常包括预防性维修任务选择、制定抽样样本、制定验收标准、任务实施与跟踪以及任务结果的管理。

7.45　预防性维修任务选择工作内容是什么？

（1）设备分类。根据设备类型进行初步分类，每一类型设备根据 ITPM 任务和工作频率的不同逐级分类。分类原则是同一分类小组中所有设备的 ITPM 任务和频率相同。

（2）设备信息收集。收集设备及其运行情况的各类信息，通常包括：标准、规范、制造商建议、设备历年运行情况、维修和检验历史数据、安全和可靠性分析、风险分析、操作维护手册、行业惯例、HSE 建议等。

（3）组建任务选择团队。设备管理部门负责组建任务选择团队，包括：设备、工艺、设计、物资采购、腐蚀、工程、操作、可靠性和检维修等多专业人员，以及承包商、制造商及供应商等专家。

（4）选择 ITPM 任务和确定任务执行频率。任务选择团队在识别失效 / 损伤机理、明确已识别出失效的最好管理方法后，确定 ITPM 任务类型。任务类型确定后，设备管理部门协调各方面资源确定具体的 ITPM 任务，并确定合理的任务执行频率。

（5）ITPM 任务计划编制。任务选择团队在编制 ITPM 计划时，应将选择的每一个任务及其选择基本原则记录在计划表中。

（6）ITPM 任务计划的审批。设备管理部门应对选择的 ITPM 任务、确定的执行频率及计划表格进行审批，并纳入信息化管理系统中。

（7）制定抽样标准。设备管理部门对于特定的 ITPM 任务计划，例如无损检测、状态检测，应组织制定抽样标准。在考虑失效后果、劣化速度（如腐蚀速率）、存在局部破坏、设备结构、异常损坏的可能性的基础上，确定抽样的部位和数量。任务小组可以参考相关标准和规范，也可以应用 RBI 中的数据统计方法来确定检查部位和数量。

7.46 预防性维修任务实施与监督工作内容是什么？

（1）制定验收标准。设备管理部门应组织建立 ITPM 任务的验收标准。验收标准应定义具体 ITPM 活动的限定条件。

（2）任务实施和跟踪。设备管理部门负责组织设备使用单位、检维修单位等，安排具备专业资质的检验、检测和检维修人员，根据任务类型、任务计划表，在运行维护、停工检修等期间执行 ITPM 任务。

设备管理部门应对任务实施的过程进行跟踪和监控，对发现的设备缺陷进行复查。

对于延期的 ITPM 任务，及时进行风险识别找出任务延期的原因，制定必要的纠正措施，确保延期任务得到妥善管理。

（3）任务结果管理。设备管理部门应对 ITPM 任务结果进行管理，包括：

①确认完成了 ITPM 任务，并对数据和结果进行审查；

②对结果和建议进行评估和分析；

③识别并跟踪设备缺陷；

④管控延迟任务；

⑤优化 ITPM 计划。

7.47 炼化企业设备缺陷管理目的是什么？

以缺陷表征设备异常情况，遵循分级管理原则，对设备缺陷进行识别、响应、传达、消除，实现对缺陷的闭环管理，避免设备失效，保障设备完好，提高设备可靠性。

7.48　炼化企业设备缺陷是如何进行判别的?

炼化企业将设备缺陷分为四类，分别为一类缺陷、二类缺陷、三类缺陷及四类缺陷，其判别准则如下：

（1）一类缺陷

对健康、安全、环境、生产、设备有严重威胁；

随时可能进一步扩大影响；

设备发生故障，需要立即处理。

（2）二类缺陷

风险等级评定为中高风险（红、橙色）；

对健康、安全、环境、生产、设备有一定威胁；

设备状态参数超过报警标准；

应采取有效措施降低风险，可监护运行，应列入 ITPM 计划。

（3）三类缺陷

风险等级评定为中风险（黄色）；

对健康、安全、环境、生产、设备有可控威胁；

设备运行状态有劣化趋势，但状态参数未超过报警标准；

宜采取管控措施降低风险，可继续运行，可列入消缺计划、停车检修计划来处理。

（4）四类缺陷

风险等级评定为低风险（蓝色）；

对健康、安全、环境、生产、设备无威胁；

可由操作人员自行处理或列入停车检修计划处理。

7.49　炼化企业设备缺陷管理主要流程包括哪些?

炼化企业设备缺陷管理流程如图 7–8 所示。

（1）建立设备缺陷识别标准。企业设备主管部门应依据设备分类分级结果，组织建立新设备购置、制造和安装验收，在役设备运行维护、修理过程中缺陷的识别标准，指导设备管理人员识别设备缺陷。确定缺陷识别标准时，应考虑各种可能的潜在设备缺陷，应针对具体的设备类型给出观察和评估方法。对于满足缺陷识别标准的设备，应在设备完整性管理活动中重点关注。

（2）定期评估设备状态。企业设备主管部门应建立设备全寿命周期状态评估办法，明确设备状态评估需使用的技术工具。企业设备主管部门应定期组织设备全寿命周期状态评估。企业各运行部应定期组织对管辖内设备开展状态评估。

（3）缺陷识别。企业设备主管部门、各运行部应在设备全寿命周期，通过各类管

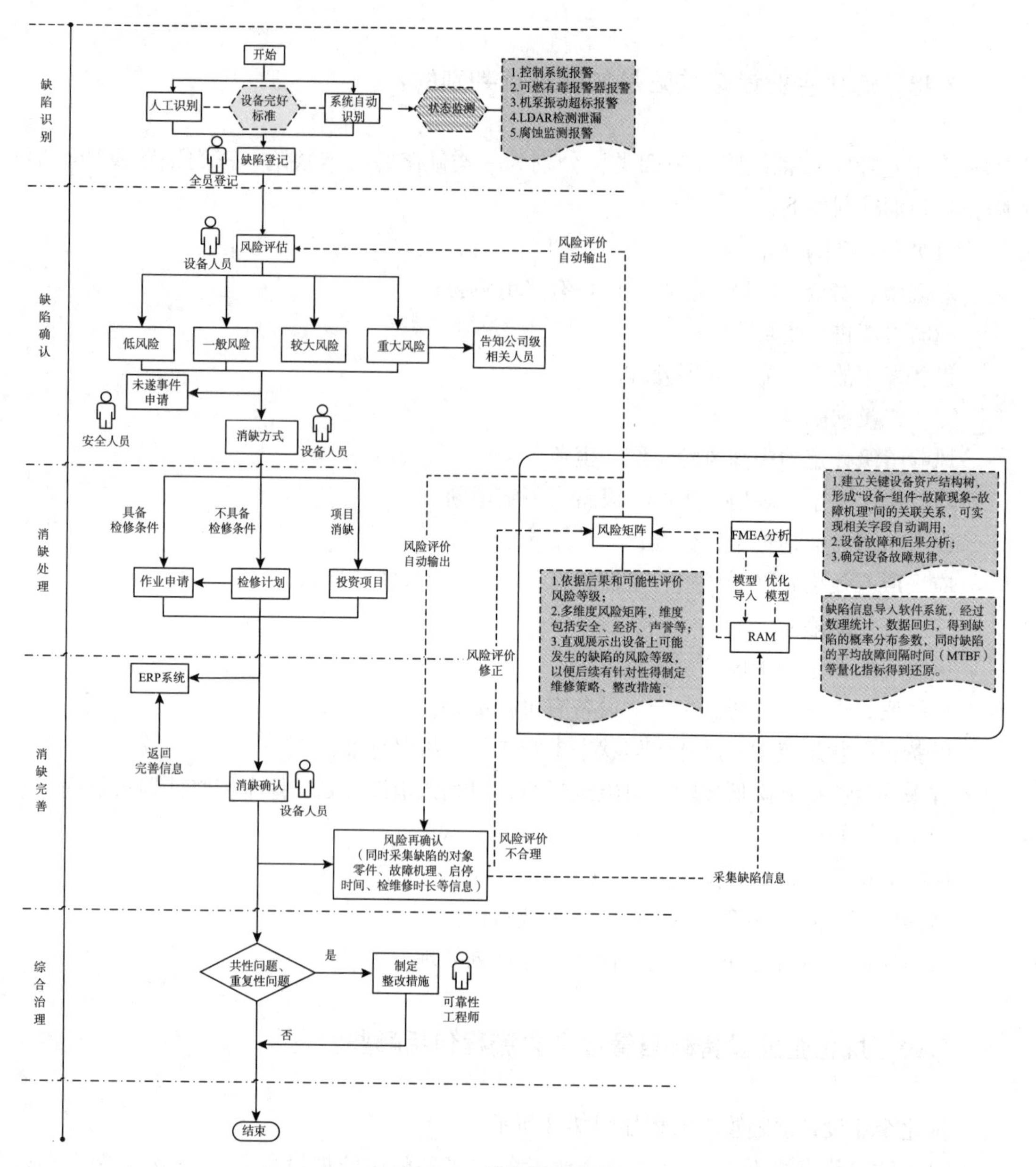

图 7–8　缺陷管理流程

理、技术手段主动发现缺陷，并提报设备完整性管理系统。非在役设备所属单位同样应定期组织设备缺陷识别。

（4）缺陷的分类管理。根据缺陷评价标准确定的四类缺陷，企业应明确设备管理部门对不同类设备缺陷的管理职责及方法。

（5）缺陷传达。企业设备管理部门应制定缺陷分类、分级传达程序，并明确相关方。在缺陷识别后，应及时、高效传达。相关方包括但不限于：管理人员、操作人员、检维修人员、供应商、服务商等。缺陷管理信息在管理周期内应持续传达与沟通，并留存可追溯记录。

（6）缺陷消除。企业设备管理部门应制定缺陷分类、分级响应流程，缺陷消除工作应按照缺陷分类后的风险评估结果由不同部门组织进行。通常红色风险和橙色风险级别的缺陷消除方案由企业设备主管部门组织进行，其余级别风险的缺陷消除方案由运行部组织进行。同时缺陷消除方案应按照紧急程度优化选择流程、实施措施，避免其发展成事故。

缺陷消除措施分为三类计划进行，分别是临时性计划（立即作业）、计划性检修和设备更新、改造。消缺方案中涉及装置工艺方案调整的，由生产管理部门组织实施工艺方案的调整。

（7）缺陷分析。企业设备管理部门应制定缺陷根原因分析流程。对一类缺陷、二类缺陷高风险级别、重复多次发生缺陷、规模性爆发等类型缺陷，企业设备管理部门应及时组织缺陷根原因分析。根据分析结果制定举一反三整改与应对措施，并跟踪落实。

企业设备管理部门宜积极应用信息化手段，挖掘缺陷数据，指导完善和修订ITPM策略，对于因设计和采购引起的缺陷，则应及时修订《企业设计审查购置导则》。

（8）缺陷管控。企业设备管理部门应依据缺陷分类、分级结果，明确缺陷管控流程。对于暂时无法消除的缺陷，应采取有效管控措施降低风险。企业相关部门应依据缺陷管控流程，编制、审批、实施缺陷管控方案。

企业设备缺陷管控工作由企业设备管理部门定期组织再评估，再评估周期最长不得超过一年。再评估工作应包括但不限于以下内容：

①缺陷管控措施是否依方案全部实施，

②日常缺陷管控工作是否有效开展，

③风险是否降低，当前是否处于可接受范围，

④缺陷是否需要升级或降级管理。

7.50　炼化企业设备变更管理目的是什么?

为了消除或减少由于变更而引起的潜在事故、隐患，通过加强企业设备变更管理，对设备变更的过程进行管理和控制，消除风险，降低新事故隐患的发生，提高装置运行安全水平。

7.51　炼化企业设备变更主要指什么?

设备变更主要指设备新增、升级换代、改造及拆除，设备材质、结构、型号、处理能力的变更，设备设施安装位置、设备联锁保护系统、设备原有设计的变更，仪表控制系统、在线分析系统、实时监测系统变更，电气技术变更，临时管线、接头，设备技术

文件、图纸、操作规程的变更、设备运行环境变更等。

7.52 炼化企业设备变更包括哪些类别?

设备变更分为重大变更和一般变更。重大变更指主要设备和关键设备的更新、改造及其他相关变更;一般变更指一般设备的更新、改造及其他相关变更。

7.53 炼化企业设备变更管理主要流程是什么?

炼化企业设备变更管理主要包括设备变更申请、变更评估、变更审批、变更实施、变更关闭。

7.54 设备变更申请实施内容有哪些?

生产车间应识别设备变更管理类型,提出设备变更申请,经车间设备主任审核后上报企业设备主管部门。

重大变更,变更申请单位按要求填写变更申请审批表,由设备管理部门组织相关人员组成评估小组,对变更项目研究并进行综合风险评估,同时按程序报批。应急及特殊事项变更,可越级报批,进行变更处置后,补办变更手续。涉及需要上报集团公司批准投资的项目,按相关规定开展工作。

一般变更,由变更所在单位填写变更申请审批表,报设备专业团队进行审核。变更前必须进行风险评价,并保存相应记录。

7.55 设备变更评估实施内容有哪些?

重大变更由企业设备管理部门组织风险评估,制定相应的防范措施及发生紧急情况时应急处置方案。未经评估不得变更,不能用行政审批替代专业技术评估。一般变更由变更需求单位组织风险评估。

7.56 设备变更审批实施内容有哪些?

设备管理部门在接到变更申请后,根据变更项目的风险等级、投资情况、影响范围等进行分级管理。重大变更项目需设备主管领导审批,相关部门会签;一般变更项目由设备主管部门审批,相关部门会签。

7.57　设备变更实施内容有哪些?

变更通过审批后，由设备主管部门组织制定变更项目实施计划，明确项目内容、责任人员和控制目标。变更实施前，要对执行小组进行技术方案、存在风险和安全防控措施等内容进行培训。

变更项目所在单位应安排专业人员实施过程的现场监管。若在实施中又出现变更，必须重新履行变更手续。

与变更有关的设备设施启动 / 开车前，变更项目负责人应进行开车前审查，签订开车前审查确认表。

7.58　设备变更关闭实施内容有哪些?

变更实施结束后，由设备管理部门组织相关部门和变更申请单位对变更的实施情况进行验收，经验收后申请关闭。通过关闭申请的变更项目，由变更所在的部门（单位）纳入正常管理范围进行管理。

变更涉及的管理制度、操作规程、工艺参数等技术文件要同步修改，并对相关管理、操作和维修人员进行变更告知和培训。变更申请、审批表和风险评估报告等资料进行登记、编号，统一归档保存。

7.59　炼化企业设备绩效管理目的是什么?

对企业设备完整性绩效进行有效管理，明确设备绩效指标，通过收集分析绩效数据，监督测量绩效指标执行结果，促进设备管理水平提升，为设备完整性管理评价提供依据。

7.60　炼化企业设备绩效指标制定要求有哪些?

设备绩效指标的制定，必须遵循设备完整性整体目标、具体目标，从安全性、可靠性、经济性方面进一步细化分解，体现指标的先进性。

设备绩效安全性指标包括但不限于:

（1）设备故障导致的火灾、爆炸、人身伤害、环境破坏等事故事件数量;

（2）设备故障导致的非计划停工数量;

（3）电气、仪表继电保护、联锁保护动作正确率。

设备绩效可靠性指标包括但不限于:

（1）装置可靠性指数;

（2）千台机泵密封消耗量;

（3）千台冷换设备管束（含整台）更换量；

（4）大机组故障率；

（5）仪表实际控制率。

设备绩效经济性指标包括但不限于：

（1）维修费用指数；

（2）工业炉平均热效率；

（3）动设备紧急抢修工时率。

在上述设备绩效指标的总体原则框架下，动设备、静设备、仪表、电气专业根据本专业设备特点，按照《中国石化炼化企业设备 KPI 指标（试行）》要求，分别设计本专业的设备绩效指标。

7.61 炼化企业设备年度绩效目标如何制定与实施？

每年 1 月份，设备管理部门依托设备专家团队，根据上一年度设备绩效评价结果，结合本年度企业战略要求，制定企业年度各专业设备绩效指标体系，提出每个指标的目标值，明确目标实现措施计划，提交设备完整性管理委员会审议批准。

每年 2 月份，车间设备主任根据已下达的年度设备绩效指标，结合车间的生产实际状况，制定本区域的设备绩效指标值（不得低于企业级的目标值），明确目标实现措施计划。

7.62 炼化企业设备 KPI 指标数据来源有哪几类？

目前炼化企业明确 KPI 计算基础变量数据分为三类：自动采集数据、人工提报数据和常量数据，如图 7–9 所示。

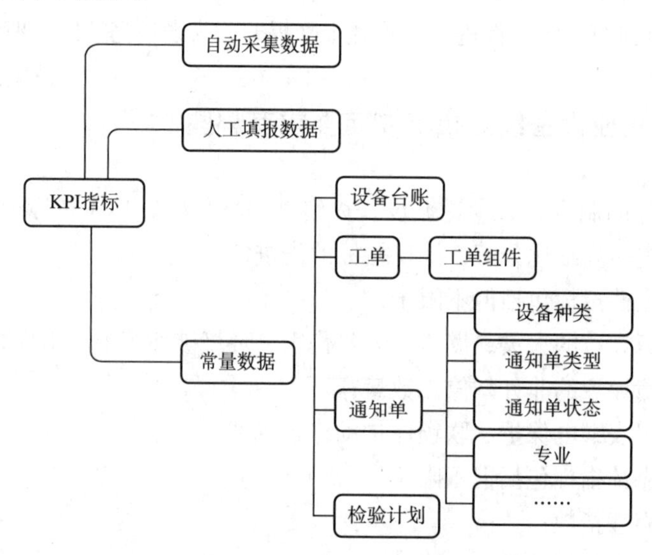

图 7–9　炼化企业设备 KPI 指标数据来源

自动采集数据指已实现数据自动采集的变量数据，如转动设备故障维修次数。

人工提报数据指目前无法自动采集的变量数据。如装置非计划停工天数。

常量数据指长期不变数据或至少一个检修周期内不发生变化的数据。如装置加工能力。

7.63　炼化企业目前 KPI 指标设置内容有哪些?

目前炼化企业制定了一套成熟的 KPI 指标体系，设置总部级 KPI 指标 8 个，企业级 KPI 指标 10 个，分别如表 7–3、表 7–4 所示。

表 7-3　总部级完整性管理体系绩效

序号	KPI 指标	计算公式
1	装置可靠性指数	$1-\dfrac{\sum[\text{装置综合蒸馏能力}\times(\text{大修分摊天数}+\text{日常维修天数})]}{\text{考核年天数}\times\sum\text{装置综合蒸馏能力}}\times100\%$
2	维修费用指数	$\dfrac{\text{保运费(万元)}+\text{日常维修费(万元)}+\text{分摊大修费(万元)}}{\sum\text{装置综合蒸馏能力}}\times100\%$
3	千台离心泵密封消耗量年度滚动值（催化、常减压、焦化、加氢、重整、制氢、硫黄装置）	$\dfrac{\text{滚动年出库机械密封套数}+\left(\dfrac{\text{检修期间更换机封数}}{\text{检修间隔年数}}\right)}{\text{机泵机械密封数量(含备用泵)}}\times1000$
4	换热设备切除检修率	$\dfrac{\text{生产期间换热设备切除检修台次}}{\text{换热设备总数量}}\times100\%$
5	大型机组故障率	$\dfrac{\sum\text{考核大型机组故障时间}}{\sum\text{所有考核大型机组计划投用时间}}\times100\%$
6	自控率	$\dfrac{\text{投自动的控制回路数}}{\text{总控制回路数}-\text{不参与统计的控制回路数}}\times100\%$
7	设备原因引起的非计划停工	设备引起的装置切断进料时间超 24 小时的次数
8	大检修装置一次开车成功率（含准时）	与年度计划比较

表 7-4　公司级 KPI 指标和及计算公式

序号	指标名称	计算公式
1	装置可靠性指数（装置运行比例按 1 计算。当月企业 6 生产计划不需开工装置按 0 计算）	$1-\dfrac{\sum[\text{装置综合蒸馏能力}\times(\text{大修分摊天数}+\text{日常维修天数})]}{\text{考核年天数}\times\sum\text{装置综合蒸馏能力}}\times100\%$
2	维修费用指数（装置运行比例按 1 计算。当月企业 6 生产计划不需开工装置按 0 计算）	$\dfrac{\text{保运费(万元)}+\text{日常维修费(万元)}+\text{分摊大修费(万元)}}{\sum\text{装置综合蒸馏能力}}\times100\%$
3	千台离心泵密封消耗量（催化、常减压、焦化）	$\dfrac{\text{滚动年出库机械密封套数}+\left(\dfrac{\text{检修期间更换机封数}}{\text{检修间隔年数}}\right)}{\text{机泵机械密封数量(含备用泵)}}\times1000$
4	换热设备切除检修率	$\dfrac{\text{生产期间换热设备切除检修台次}}{\text{换热设备总数量}}\times100\%$
5	自控率	$\dfrac{\text{投自动的控制回路数}}{\text{总控制回路数}-\text{不参与统计的控制回路数}}\times100\%$
6	压力容器取证率	$\dfrac{\text{实际取证台数}}{\text{总台数}}\times100\%$

续表

序号	指标名称	计算公式
7	压力管道取证率	$\frac{\text{实际取证条数}}{\text{总条数}}\times 100\%$
8	转动设备故障性维修率	$\frac{\text{转动设备故障性维修次数}}{\text{维修总次数}}\times 100\%$
9	大型机组故障率	$\frac{\sum \text{考核大型机组故障时间}}{\sum \text{所有考核大型机组计划投用时间}}\times 100\%$
10	设备引起的非计划停工次数	设备引起的装置切断进料时间超 24 小时的次数

第 8 章　炼化企业设备完整性管理信息系统

8.1　中国石化设备管理信息化总体规划目标是什么?

由于中国石化的设备管理涉及油气勘探开发、炼油、化工、产品销售等业务过程，整体管理难度非常大，所管辖的企业数量众多，管理模式不统一，设备种类和数量繁多，目前还无法及时掌握各企业的人员、设备状态及管理情况。虽然建设了较多信息系统，但是由于缺乏统一的规划，造成系统多、厂商多，接口不规范，无法实现数据和信息共享，“信息孤岛”问题严重。专业管理的智能化程度不高，仍然以人工经验为主，不能及时总结和共享，造成设备管理水平参差不齐，重复设备事故事件时有发生。同时很多系统只做了简单的监控报警，专业分析、诊断功能较弱，风险评估工具没有和状态监测系统有机关联，不能动态分析，与现场实际脱节，不能有效控制设备风险，造成设备故障、非计划停工事故不断发生。

因此，如何紧密围绕中国石化的整体发展战略，致力于构建中国石化特色的设备管理文化，发挥中国石化的集团效应，促进专业、企业和板块的协同发展，形成共同应对风险的良好局面，并不断提升设备管理的数字化、网络化和智能化水平，用高速发展的信息化推动设备管理模式变革，实现设备管理向数字化、智能化的跨越，迫切需要对设备管理信息化做一个更为长远的总体规划，以促进中国石化设备管理智能化水平的进一步提高，让设备管理模式更加成熟，全方位技术支撑进一步夯实，各类资源更高效便捷流动，企业发展协同性显著提高，国际影响力和引领带动作用进一步增强，中国石化特色的设备管理文化进一步全面形成。

总体规划围绕“四个一”开展，即一个管理体系、一个技术“中心”、一个知识“工厂”、一个信息平台，致力于形成统一的设备管理文化。

8.2　设备管理信息化建设的指导思想有哪些?

（1）采用风险管理和系统化管理思想，以业务需求为导向，通过危害识别、风险评估，确定系统性解决方案，保障设备完好运行，实现向基于风险的设备完整性管理转变，在具体实现过程中，与设备管理业务流程融合、与技术工具融合、与组织架构融合，支撑中国石化特色的设备完整性管理体系的全面有效运行。

（2）遵循 PDCA 循环，基于中国石化设备管理体系运行模型和流程模型，构建中国石化设备管理的业务架构，统一管理模式，通过业务管控、业务执行和状态感知等的分层设计，适用于不同设备、不同装置、不同专业的管理，满足设备全生命周期持续改进的管理提升需求。

（3）为了避免信息孤岛的产生和信息化功能交叉重复建设，最大程度发挥信息化的驱动作用，按照横向平台功能进行规划，严格实行“平台 + 数据 + 应用”的技术架构和建设模式，并以纵向专业业务为切入开展建设。

8.3　设备完整性管理体系的设备全生命周期管理包含哪些内容?

中国石化设备管理实行全生命周期管理，包括设计、选型、购置、制造、安装、使用、维护、保养、检验、检测、修理、改造、报废、更新等管理内容。按照业务领域可划分为四部分：规划设计、采购安装、设备使用和设备处置，如图 8–1 所示。其中规划设计包括规划管理、设计选型等内容，采购安装包括设备购置制造、安装施工、设备投运以及数字化交付等内容，设备使用包括设备使用维护、设备修理和更新改造等内容，设备处置包括资产动态管理以及处置过程的现场管理等内容。

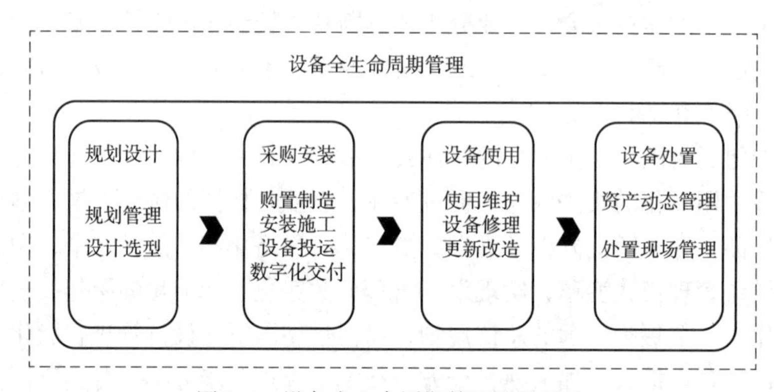

图 8–1　设备全生命周期管理阶段划分

8.4　设备管理信息化的总体业务需求有哪些?

中国石化设备管理的总体业务需求如图 8–2 所示，其结合了中国石化设备全生命周期管理的要求和基于风险的设备完整性管理要求。总体业务需求旨在建立设备全生命周期的体系化管理，将统一的体系管理方法应用到设备全生命周期各阶段中，促进部门间的协同，提高设备全生命周期管理的科学性和一致性。

在业务管控方面的具体需求包括绩效指标、管理策略与计划、绩效评价和提升改进，分别对应着业务架构中的 P、C、A。

在业务执行方面的具体需求按照业务领域划分主要包括规划设计、采购安装、设备使用以及设备处置。在上述业务执行过程中，各体系要素的管理要求贯穿其中，这些要素内容包括基础数据、知识管理、组织人员、设备分级、风险管理、过程质量管理、缺陷管理、变更管理、定时事务等，两部分共同构成了业务架构中的 D 部分。

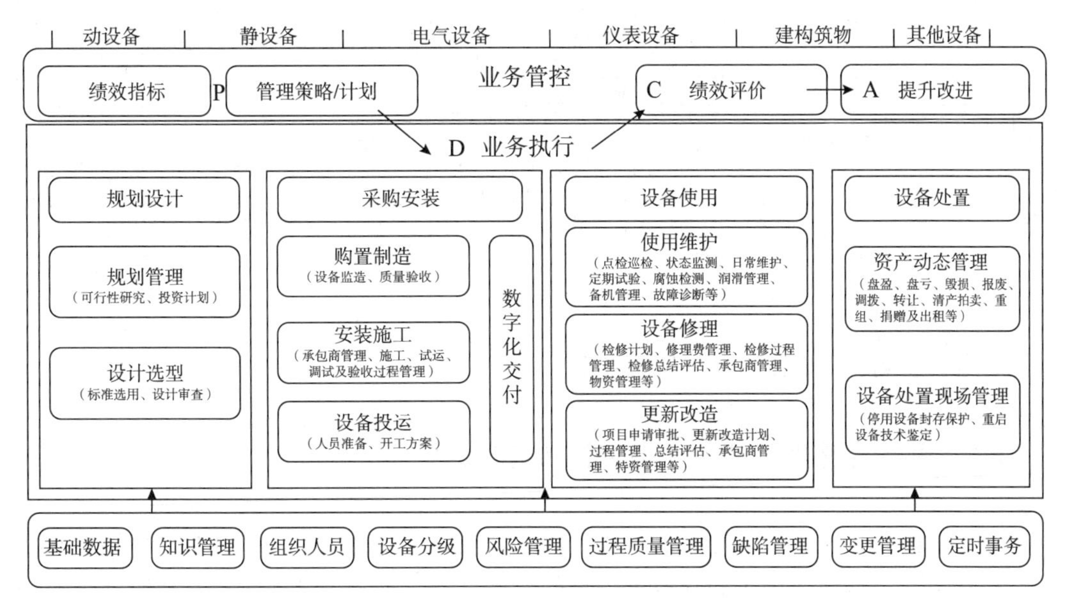

图 8-2　中国石化设备完整性管理总体业务需求

8.5　设备管理的核心业务需求有哪些?

在总体业务需求的基础上，进一步明确了中国石化设备管理的核心业务需求，如图 8-3 所示，包括业务管控、业务执行、状态感知和基础数据四个方面，涉及总部、公司、专业、基础数据四个管理层级。

其中，业务管控层的功能定位是以分级管控为原则，具备实时综合监控及展示功能，为各级领导者提供智能服务和个性化功能定置，按照 PDCA 划分，核心需求主要包括绩效指标、策略管理、业务执行监控、绩效评价、调查分析改进和知识管理。

业务执行层的功能定位是以设备 KPI 为指引，具备大数据的集成及二次应用分析功能，按照 PDCA 划分，核心需求主要包括计划管理、执行管理、专业 / 专项检查、总结分析等。

基础数据层的功能定位以不同类型设备为主线，具备数据自动采集、集成和设备状态异常诊断功能，包括基础数据和状态感知两方面的需求，基础数据方面的核心需求包括静态数据、运行数据和状态数据；状态感知方面的核心需求包括动设备监测、静设备

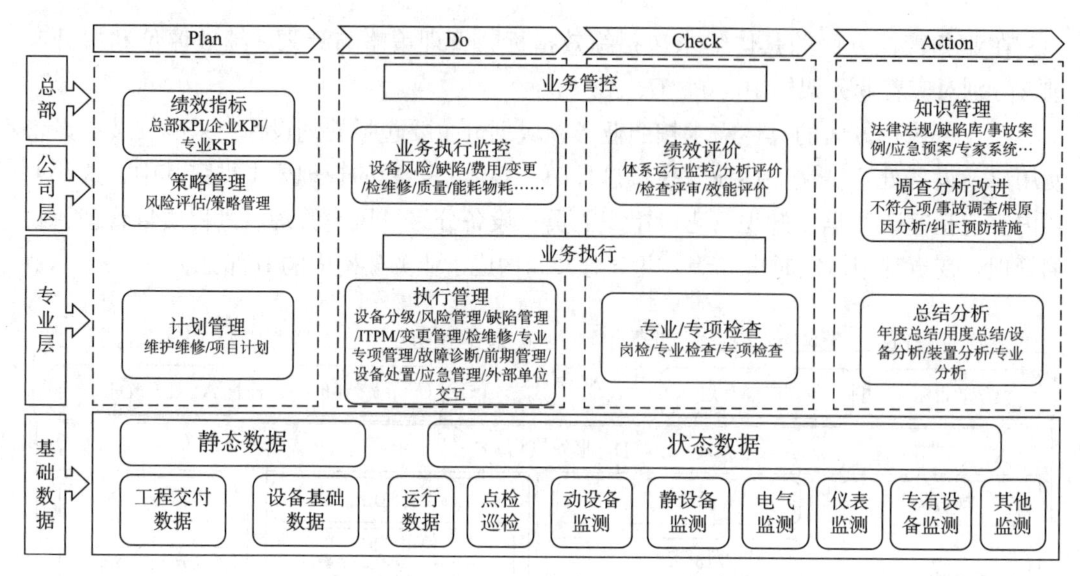

图 8-3 中国石化设备管理核心业务需求

监测、电气监测、仪表监测以及其他监测。

8.6 设备完整性管理的业务架构如何设计？

基于中国石化设备管理体系运行模型和流程模型，结合设备完整性管理体系要求和要素设置情况，构建了中国石化设备管理的业务架构，如图 8-4 所示，其具有普适性，不同设备、不同装置、不同专业、不同管理层级的企业（如实行一级、二级、三级管理的企业）均可参照执行。

本业务架构遵循 PDCA 思想，具体内容如下：

P 部分主要包括方针目标、管理策略、设备分级以及风险评估等内容，旨在通过设备分级和风险评估，制定科学的管理策略，确保方针目标的实现。

D 部分主要包括维护维修及项目计划、定时事务、状态维修执行、ITPM 执行、缺陷管理、变更管理、过程质量管理、外部过程产品服务以及技术管理等内容，旨在通过各要素的管理，保证计划的良好执行，确保设备风险得到良好控制。

C 部分是绩效评价，包括业务监控、绩效分析、检查评审等内容，主要是对 P 部分和 D 部分的绩效进行测量评价，并按体系要求开展审核工作，确保体系的适宜性、充分性和有效性。

A 部分是改进，包括不符合项、根原因分析、纠正预防措施等内容，旨在通过对不符合项的分析和设备故障事故的根原因分析，提出纠正预防措施，实现管理提升。

除了上述内容之外，设备管理体系的运行还需要一些基础要素和支持性要素，包括组织机构、人员及培训管理、知识管理、技术工具、状态感知、基础数据等。

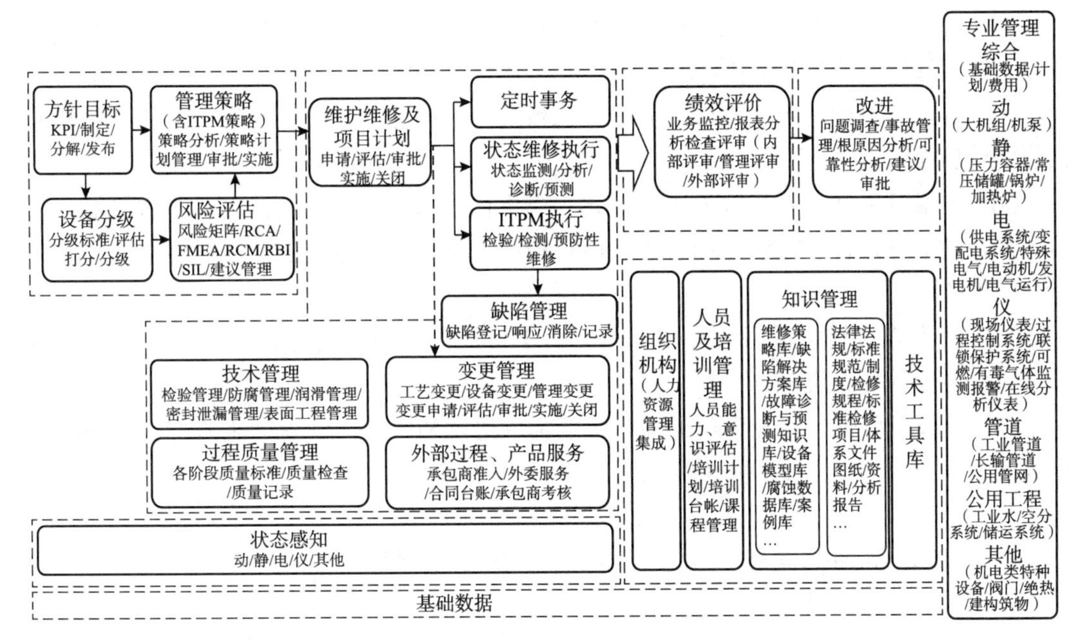

图 8–4 中国石化设备管理业务架构

8.7 设备完整性管理系统各层级的建设思路是什么？

状态感知层：以不同类型设备为主线，重在感知设备的状态，实现设备安全状态的实时监控，并具备数据自动采集、集成和设备状态异常诊断功能，减少基层负担和人力资源依赖性，提高管理自动化水平和数据共享性，为大数据分析创造条件。

业务执行层：以 KPI 绩效为指引，重在保证设备管理体系有效运行，将管理和技术有机融合，并具备大数据的集成及二次应用分析功能，实现设备管理 PDCA 循环提升，提高体系化管理和智能化水平。

业务管控层：以分级管控为原则，重在保证领导作用的发挥，将领导的引领作用贯彻到业务执行层的 PDCA 各环节，并可及时并具备实时综合监控及展示功能，为各级领导者提供智能服务和个性化功能定置，提高业务管控和科学决策水平。

8.8 设备完整性管理信息化系统建设有哪些要求？

（1）系统集成。充分利用在用设备管理系统，整合、开发、完善相关功能，消除信息孤岛，满足设备管理需要。

（2）数据标准、采集自动。建立统一的数据中心和标准化接口，提高数据复用性，避免重复录入；采用数据自动采集机制，提高数据质量和使用效率，实现信息共享。

（3）多维统计分析。充分利用系统数据资源，提供灵活的统计分析工具，支持统计分析的个性化开发和应用。

（4）知识传承。加强标准化建设，通过缺陷库、案例库、腐蚀数据库等知识管理的建设，实现知识沉淀、共享和传承，推动业务管理水平提升。

（5）界面友好性。系统设计应充分考虑系统的易用性、界面友好性，满足不同层级人员的使用要求。

（6）灵活开放性。系统应采用组件化、模块化技术设计和开发，实现即插即用，保障系统应用的开放性、灵活性和可扩展性，建设可组态的动态设备管理平台，快速响应业务需求的变化。

（7）技术先进性。采用大数据分析、人工智能、移动应用等新技术，实现智能判断、快速响应、事前预知。

（8）建设延续性。正在建设的项目继续加快研发和建设，以满足业务需要，并建立持续改进机制，不断提升系统性能。

8.9 设备管理信息化规划的业务功能需求有哪些？

设备管理信息化规划的业务功能共有包括五个方面：基础数据管理、监测分析与诊断、业务执行与管理、业务管控与决策、知识管理，如图 8-5 所示。其中基础数据管理包括数据标准、主数据管理和文档管理，监测分析与诊断包括各专业状态监测、企业、总部综合监控、故障诊断与预测及预警优化，业务执行管理包括规划设计管理、采购安装管理、设备使用管理、设备处置管理、专业专项管理、外部业务交互，业务管控与决策包括风险、策略管理、绩效评价、持续改进，知识管理是上述四个方面中形成的经验、实践、案例、分析方法、技术模型等的集合，可进一步优化改进各层级的业务内容。

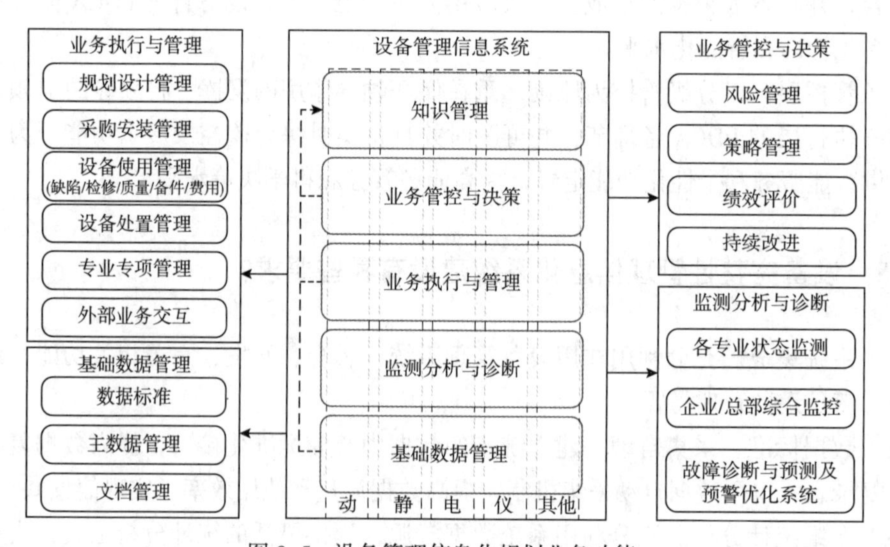

图 8-5 设备管理信息化规划业务功能

8.10　设备管理信息化规划的应用架构包含哪些内容？

设备管理信息化规划的应用架构按照业务功能需求共设置监测分析与诊断、业务管控与决策、基础数据管理、外部单位交互、知识管理、门户、移动应用八个主要应用和相应的支持性应用，如文档管理、工程数字化交互、安全管理、采购管理、工程管理、生产管理、合同管理、人力资源、办公系统等，如图 8-6 所示。八个主要应用是设备管理部门主建，满足设备管理的核心业务需求，支持性应用为企业其他管理部门主建，并充分考虑设备完整性管理的需要，融合设备完整性管理要求建设，旨在满足企业一体化管理的需要，不进行孤岛式建设。

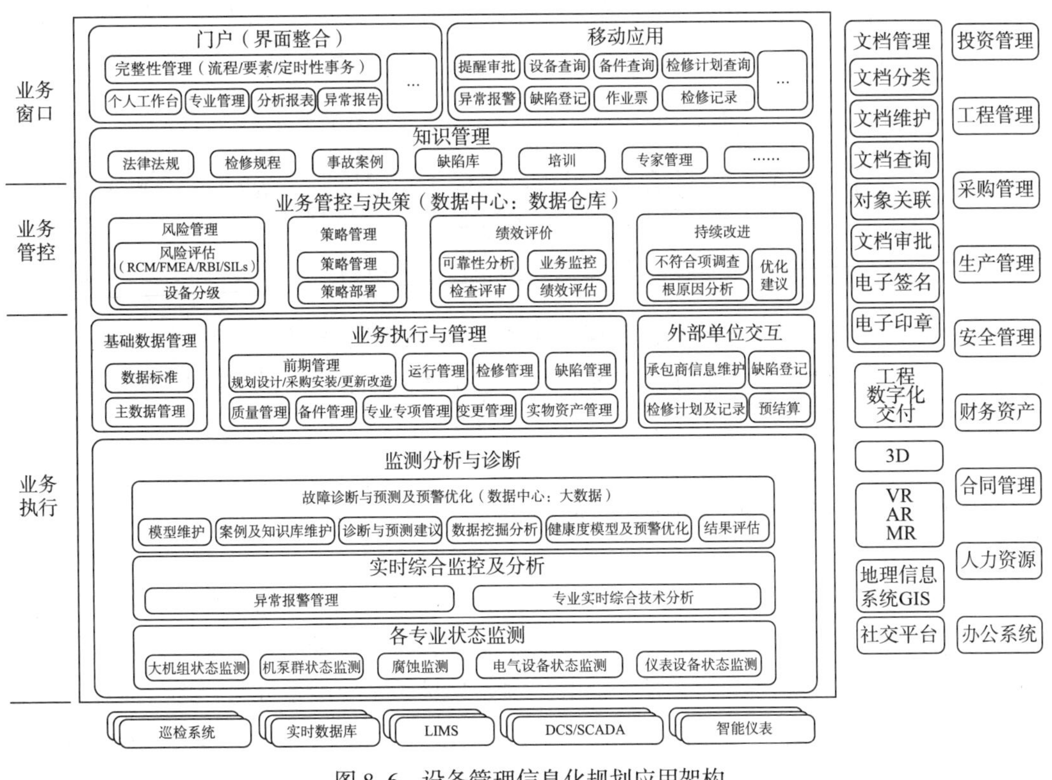

图 8-6　设备管理信息化规划应用架构

8.11　设备管理信息化规划的各项功能如何部署？

设备管理信息化规划的各项功能在部署时应充分考虑各级管理人员、技术人员、操作人员的需要，分总部部署、事业部部署、企业分散部署三个层级部署，如图 8-7 所示。在总部部署方面，涉及总部、事业部、企业层面的业务管控与决策、故障诊断与预测及预警优化、实时综合监控及分析（总部）；在事业部部署方面，涉及事业部、企业

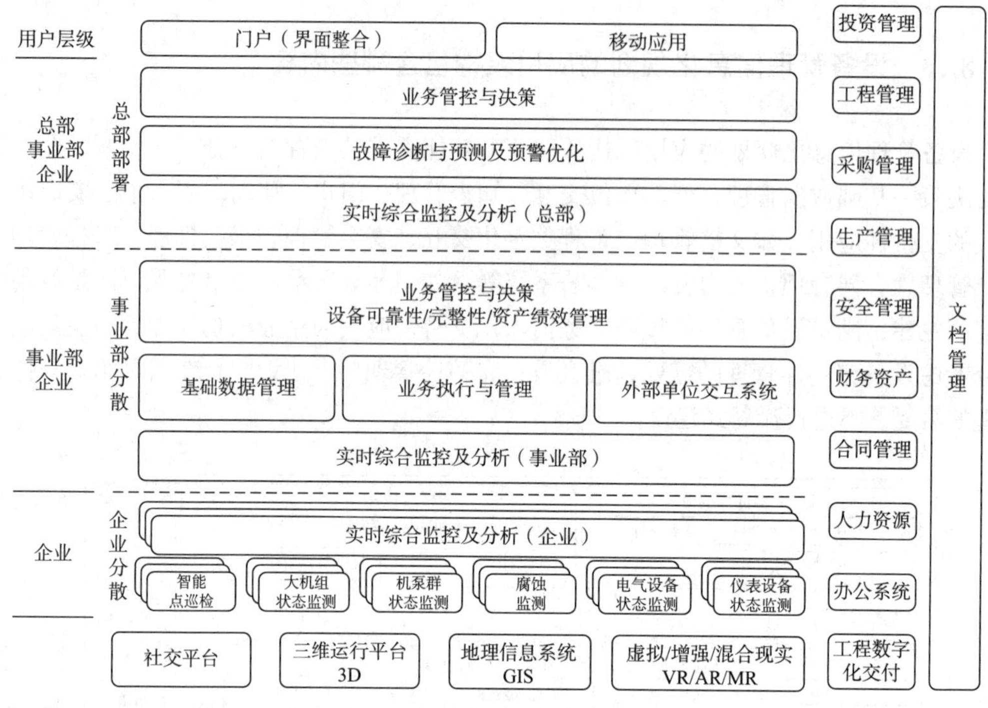

图 8–7　设备管理信息化规划部署架构

层面的业务管控与决策、基础数据管理、业务执行与管理、外部单位交互、实时综合监控与分析（事业部）；在企业分散部署方面，主要是各专业设备的实时综合监控及分析（企业）。

8.12　设备管理信息化规划如何实现？

为实现设备管理信息化规划的各项功能，应实行“平台 + 数据 + 应用”技术架构和建设模式，并采用横向平台功能规划、纵向专业业务切入建设的技术路线，在具体实施时应聚焦到具体的设备类型和装置类别上，例如为科学实现设备分级管理，应按照装置类别，建立设备分级标准，并且按照设备类别分别进行关键度评价，确定设备的等级进而分级管理。

具体的实现应符合设备完整性管理体系的运行架构，图 8–8 给出了关键机组的实现示例。从图 8–8 可以看到，装置 / 设备经过前期管理后应首先进行设备分级工作，经过设备分级后确定了关键机组的组成，通过预先设置的设备 KPI，确定关键机组的 KPI，并通过各类技术工具的风险评估后确定出关键机组的管理策略，结合策略形成维护、维修、ITPM、更新改造、培训等工作计划，并通过定时事务、ITPM、缺陷管理、变更管理、检维修质量管理、技术管理等管理要素进行过程控制，如定时事务、ITPM 执行发现的设备缺陷应进入缺陷管理，确保执行过程得到有效管控。同时，需对执行情况应定期进行绩效评价，可采用体系运行监控、分析评价、检查评审、效能评价等方式开展，而为了实现管理的改进，还需要对不符合项和事故进行调查分析，确定纠正预防措施。当设备需要进行处置时，进入设备处置管控环节。上述的管理循环也适用于前期管理和设备处置，但是具体的管控内容发生较大变化，应进行针对性调整。

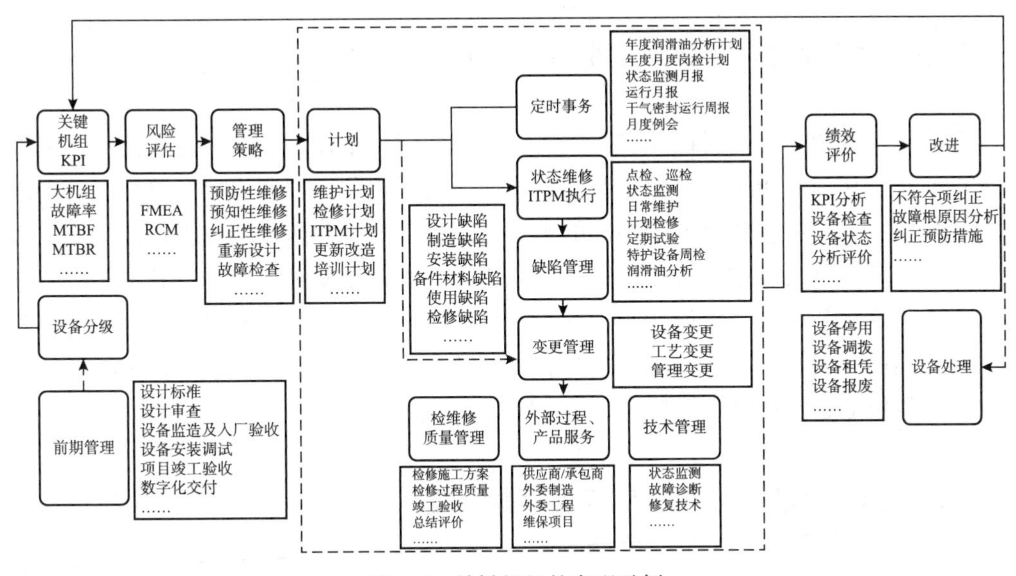

图 8-8　关键机组的实现示例

8.13　设备完整性管理数据库包含哪些数据？

从具体的应用上，设备完整性管理数据库包含四类数据：实时监控及分析型应用数据（如各类状态监测数据、实时综合分析数据、故障诊断与预测数据）、事务处理型应用数据（如设备基础数据、各类业务流程数据）、定期分析型应用数据（如绩效分析数据）、大数据分析型应用数据（如综合监控预警优化、故障诊断与预测、故障案例）。在设备完整性管理中将基础数据划分为静态数据和状态数据两类，其中静态数据包括工程交付数据和设备基础数据，状态数据包括工艺运行数据、点巡检数据、动设备监测数据、静设备监测数据、电气监测数据、仪表监测数据、专有设备监测数据和其他类监测数据，基础数据与业务执行数据和业务管控数据共同构成了设备完整性管理所需的数据库。

8.14　设备基础数据管理有什么作用？

基础数据管理包括数据标准、主数据管理和文档管理三部分，需对工厂对象实体模型、特征模型、属性模型、编码规则、校验规则和引用规则等进行定义，以保障数据使用和交换的一致性、准确性和完整性。可提供预置的、专业的主数据模型，支持主数据模型、主数据的属性设置和主数据模型的扩展，并建立据标准层次关系、矩阵关系和分类关系，实现对标准数据编码库的透明可视分析。通过基础数据管理，在业务方面可提升业务规范性，降低数据不一致的沟通成本；在技术方面可促进数据共享，提升数据质量；在管理方面可实现精准数据分析，让数据驱动管理。

8.15 数字化交付与数字化重建的目的是什么？

新建装置的数字化交付以及在役装置的首次数字化重建，其核心是对已有大量数据成果的直接利用，基于工厂对象主数据管理，通过同构化、关联、校验等手段，高效高质的形成统一的、以设备对象为中心的数字化工程模型，并通过转换与传输模块，将数据转换成规范的格式，建立各业务单元数字化资产供各专业组件应用。其可支持多源异构数据，包括设备设计方、设备制造商、安装检验方交付的数据成果，并能交叉比对多源异构数据的一致性，自动校验数据饱和度以及合规性，数据只需放至指定路径，系统可自动识别新增数据并进行解析。

8.16 结构化缺陷标准库应实现哪些功能？

结构化缺陷标准库建设是以建立设备统一层级、确定缺陷标准字段、实现字段自动关联为主要任务，其主要目标是为缺陷管理和风险管理提供有效数据，输出共性、重复性问题分析及管控策略。利用结构化缺陷标准库，可进行大数据分析及数学模型，科学的获取重复性问题和共性问题，预测缺陷发生部位及概率，进一步为提升专业管理提供方向上的指导，建立设备缺陷与工艺环境、结构形式、设备类型甚至生产厂家、批次或天气环境、操作习惯等之间的联系，为改进设备全生命周期管理提供技术分析依据。结构化缺陷标准库包括缺陷现象、缺陷对象、缺陷机理、缺陷治理策略、缺陷原因等管理功能，可进行数据存储、计算、统计分析、评估、缺陷判别、触发解决方案（检维修策略）、积累案例等，通过不断迭代，可进一步实现缺陷的自动识别、评价、响应，达到智能化管理的目标。

8.17 结构化缺陷标准库如何建设？

（1）建立符合 ISO 14224《石油、石化产品和天然气工业．设备可靠性和维修数据的采集与交换》的设备层级结构，以设备可维修部件为核心，搭建缺陷标准库的层级结构，如图 8-9 所示。

（2）对缺陷标准库的字段进行定义，包括缺陷对象、缺陷现象、缺陷机理、缺陷治理策略四个标准字段。缺陷对象描述缺陷发生的具体设备或部位，应依据不同类型设备的结构复杂程度，划分第七、第八、第九级。如管壳式换热器由于结构相对简单，可不划分第七级，直接划分至第八和第九级。缺陷现象描述缺陷发生时的外在表现状态，类别包括机械、材料、电气、仪表、外部、其他 6 类，并基于此 6 类细分为 69 种具体现象。缺陷机理描述缺陷发生的根本性原因，以设备专业管理为基础，缺陷机理类别包括设计、制造 / 安装、维修、操作运行、其他、间接原因 6 类，并细分为 23 种具体机理。缺陷治理策略描述消除缺陷可采取的有效的维护或检修策略，包括调整 、检验、修改、整修 / 保养、维修、检查、其他 7 类，并细分为 49 种具体策略。

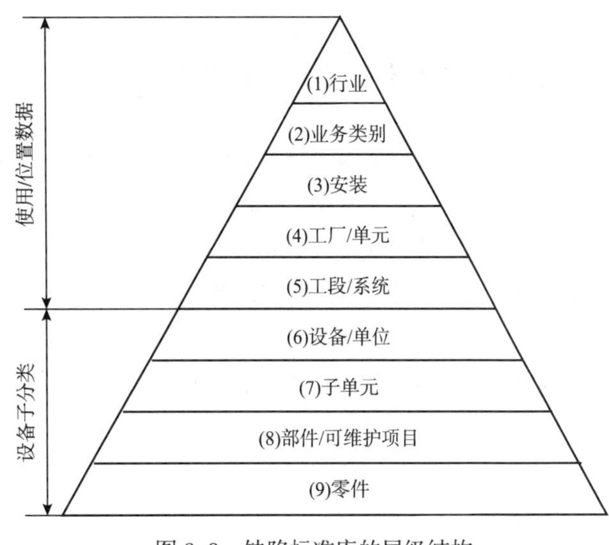

图 8-9　缺陷标准库的层级结构

（3）建立缺陷库各字段关联关系，对缺陷标准库的各字段标准化后，建立缺陷对象、缺陷现象、缺陷机理、缺陷治理策略 4 个字段间的关联关系，并实现信息化。

8.18　设备状态监测的目的是什么？

以设备为对象，建立动、静、电、仪设备的状态监测系统，实现设备的状态、介质、工艺等相关信息的集中查询和展示并基于设备运行参数，建立设备计算模型，对典型设备进行状态分析和效能分析，实现设备运行状态、健康状态的实时评价，进行异常报警和推送。具体的可建立关键机组状态监测、泵群状态监测、设备腐蚀管理、电气设备状态监测、仪控设备状态监测系统。其中，关键机组状态监测包括数据处理、智能预警，总部层智能诊断、远程会诊、故障案例库、维修决策等内容，实现关键机组的智能预警、故障案例库和运行状态的实时监测与预警，提高设备的运行管控能力。设备腐蚀管理包括工艺模拟、腐蚀评估分析、工艺防腐、腐蚀监测管理、报警管理、静设备专业管理等，实现腐蚀状态量化评估及图形展示、故障诊断、检修策略制定、设备防腐维护等。电气设备状态在线监测实现对关键电气设备的关键指标进行监测、记录和分析、故障隐患诊断和早期发现。仪表设备状态监测实现仪表设备的集中数据、集中管理、集中操作，包括仪表设备运行管理、自控率和联锁管理、离线检测管理等。其他监测如红外线热成像监测，通过搭载异常升温趋势预警和深度分析模块，实现对所监测视频、图像数据的趋势预警以及保温性能评价、衬里损伤评估、散热损失评估、炉管剩余寿命评估等红外数据分析功能，并与 DCS 系统温度监控联动，进行预测分析。

8.19 设备专家诊断可以发挥什么作用?

设备专家诊断可实现智能诊断、远程会诊、维修决策，提升设备故障诊断预测能力，其可采用远程会诊中心方式，结合设备状态监测数据，通过视频会议进行在线沟通，对数据进行机理及大数据学习，形成故障诊断结论，并能发挥专家会诊作用，实现设备故障诊断预测及知识的沉淀积累，对设备缺陷形成最优化处理建议。

8.20 如何实现业务流程的标准化?

业务流程是设备完整性管理体系有效运行的基础，其标准化程度决定了设备完整性管理体系的成败，一般应采用流程梳理、流程整合、流程优化、流程再造的标准化建设流程，按照设备完整性管理体系要素梳理业务流程后，应用PDCA循环管理理念，对设备完整性管理的121个基本流程实现流程分类、分级管理。并通过业务流程的关联关系识别，确定核心流程与附属流程，实现数据统一提报入口和一体式的PDCA循环，进而提升工作效率，减少人工录入及维护工作量。同时，按照业务流程形成现场检查、使用维护、运行监控等业务的定时性事务提醒，监控业务流程运行情况，评估体系的运行效率及效果。

8.21 如何开展体系审核工作?

（1）制定符合设备完整性管理体系要求的体系审核标准，并建立体系审核，形成涵盖转动设备、静设备（包括特种设备、加热炉、锅炉、常压储罐）、电气设备、仪控设备、综合专业的体系审核题库，并根据每年设备运行情况，制定专项审核题库，如“四懂三会”、五位一体、装置负荷、EM应用、应急演练等。

（2）设计标准审核流程。标准审核流程应包括审核策划、实施、报告编制及问题整改。其中，审核策划包括编制审核计划、企业自查及材料准备、组建审核组、人员分工、培训及工作安排等；审核实施包括首次会议、现场审核、过程控制（日常例行会议、不符合项分析）、现场反馈及末次会议等；报告编制与审核包括审核结果评估分析、报告编制与审核、报告上报。问题整改与跟踪整改包括措施的落实、整改措施的跟踪和汇总分析及持续改进。

（3）制定审核评定标准。为实现审核评定标准，需要建立多种数据处理规则，如审核项得分规则、风险等级评定规则、企业等级规则、企业排名规则、设备管理水平评定规则、专业权重分配规则、设备基本数据分析规则等，以保证数据的真实性和公正性。

（4）开发体系审核系统。按照多个标准检查流程构建系统功能，所有检查内容和信息全部在系统中流转，实现了设备检查全流程的信息化。系统功能一般包括检查题库、数据资料、规则配置、企业自查、审核计划、审核方案、任务分配、专项检查、现场审核、评分管理、讲评报告、统计分析、权限管理和基础信息、结果监控等。

8.22　设备管理 APP 的开发涉及哪些方面?

设备管理 APP 作为设备完整性管理的应用终端，将给各级人员带来极大的工作便利。对应设备完整性管理的业务需求，一般应开发设备状态监测类 APP（机组状态监测、设备腐蚀管理、电气监测、仪表监测、红外热成像监测等）、点巡检 APP、体系审核 APP、设备主数据管理 APP、缺陷管理 APP、设备专业培训 APP、设备专家诊断 APP、大检修管理 APP、变更管理 APP 等。

8.23　设备管理信息化规划与设备完整性管理系统之间的关系是什么?

设备管理信息化规划是依据设备完整性管理体系，结合企业现有的信息化建设情况，如专业管理和分析技术软件系统、在线 / 离线监检测系统、分析化验数据管理软件系统等，并考虑数字化、智能化发展的信息化建设需求，立足于设备域和一体化管理，对设备管理信息化建设进行的总体规划，其从设备全生命周期管理和体系化管理角度对设备管理需求和信息化功能进行了设计和界定，目的是打造中国石化统一的系统平台，以满足总部、企业不同人员的适用要求，其构建的内容包括但不限于设备完整性管理系统全部应用内容，如知识管理、外部单位交互、移动应用、支持性应用等方面。

设备完整性管理系统主要聚焦于管理提升，建立具有鲜明的体系管理特征的管理平台，可全面有效的支撑设备管理体系的有效运行，具备三融合特点：与设备管理流程融合、与组织架构相融合、与技术工具融合，以实现设备管理标准化、标准程序化、程序表单化、表单信息化。相较于国内外专业技术为主的技术平台，具有独特性。

其具有随需而变、灵活应对的特点，各类技术模型随时可配可修改，以满足业务需求的变化。具有整合性特点，可整合各类分析、管理程序和专业技术工具，消除信息孤岛，更好地发挥技术工具的决策支持作用。其设置各类业务的绩效分析和监控与预警功能，以确保各类业务按照规定的标准由规定的人在规定的时间内完成，提高设备管理绩效，进而实现由事后故障管理向事前风险管理的管理方式转变。

8.24　设备完整性管理信息系统建设目的是什么?

（1）符合法律法规的要求。

（2）提高设备的可靠性。

（3）深化设备预防性维修。

（4）降低非计划维修时间和费用。

（5）及时发现和消除设备隐患。

（6）提高设备维护工作的质量和效率。

（7）提高设备经济性管理。

（8）提高承包商服务质量。

8.25　设备完整性管理信息系统建设主要依据标准有哪些？

设备完整性管理信息系统设计遵循下列国家和机构最新版本的标准和规范相关内容的规定，当其他标准和规范与中华人民共和国国家标准和规范发生冲突时，应以中华人民共和国国家标准和规范为准。

ISA-95　企业系统与控制系统集成国际标准

GB 18030—2005　信息技术　中文编码字符集

GB 1526—1989　信息处理—数据流程图、程序流程图、系统流程图、程序网络图和系统资源图的文字编制符号及约定

GB/T 15532—2008　计算机软件测试规范

GB/T 15629.3—1995　中华人民共和国计算机信息安全保护条例

其他标准：

GB/T 19000—2016（ISO 9000：2015）质量管理体系　基础和术语

GB/T 19667.1—2005　基于 XML 的电子公文　第 1 部分：总则

GB/T 19667.1—2005　基于 XML 的电子公文　第 2 部分：格式与规范

《XML 应用指南》

中国石化设备完整性管理体系文件

8.26　设备完整性管理信息系统运行机制是什么？

以设备完整性管理体系为基础，以设备（设施）风险管控为中心，以“可靠性 + 经济性”为原则，以岗位职责为依据，以长周期运行为主线，通过管理与技术的融合，实现体系要素、专业、管理层级的有效融合。设备完整性管理体系三维运行框架如图 8-10 所示。

A 相（要素相）：

根据完整性管理的基本原则及实际工作流程，将设备完整性的 10 个一级要素细分为具有中国石化特色的 35 个二级要素（要素向下兼容）。根据持续评审改进，这些要素会有增加或进一步细分。

B 相（设备专业相）：

动设备专业、静设备专业、仪表专业、电气专业、公用工程专业和综合专业，并按

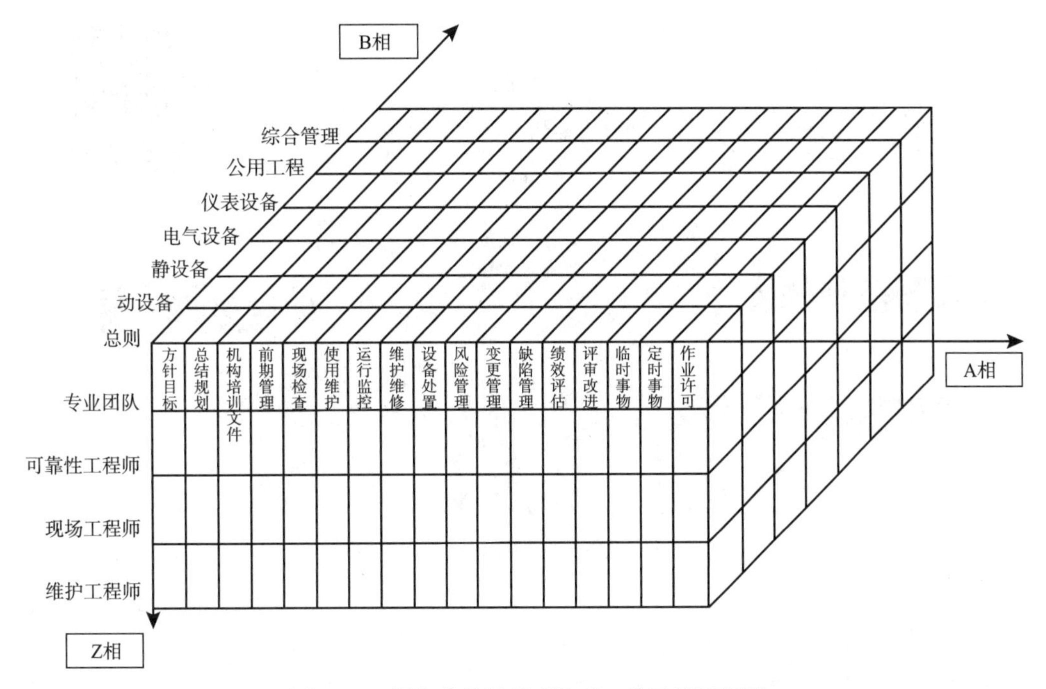

图 8-10　设备完整性管理体系三维运行框架图

各专业设备特性进一步细分，如动设备细分为特护机组、非特护机组、一般机泵、特种设备等。

Z 相（管理层级）：

专业团队、片区（可靠性工程师）、生产装置（现场工程师）、检维修单位（维护工程师）。

8.27　设备完整性管理信息系统总体框架如何设置？

设备完整性管理信息系统的系统架构分为三个层次，如图 8-11 所示。上层是设备完整性管理驾驶舱，体现以体系管理和风险管理为核心的管理思想，从要素维度和专业维度实现完整性流程化管理。中间层是专业管理，以专业基础系统支撑起专业策略管理系统，通过下层基础数据、数据感知和其他信息的收集，通过管理工具包和技术工具包实现策略的输出，为上层的流程化管理提供支持。

8.28　设备完整性管理信息系统应用架构如何设置？

设备完整性管理系统应用架构如图 8-12 所示。系统组件按照设备完整性管理体系文件设计，系统组件与管理要素对应，通过对系统组件的配置以实现业务流程的功能。系统组件以设备完整性管理体系文件为依据逐级细化，企业可以在各级组件下按需定制开

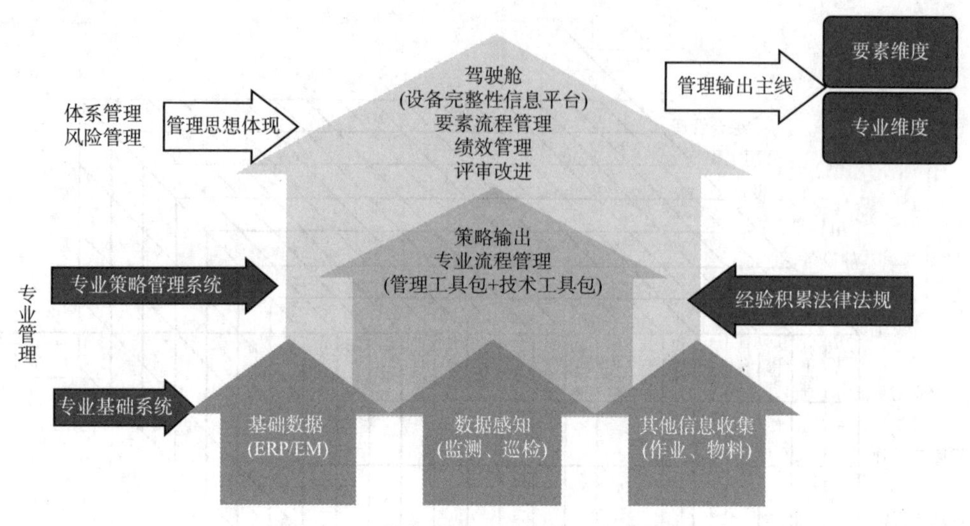

图 8-11　设备完整性管理信息系统架构

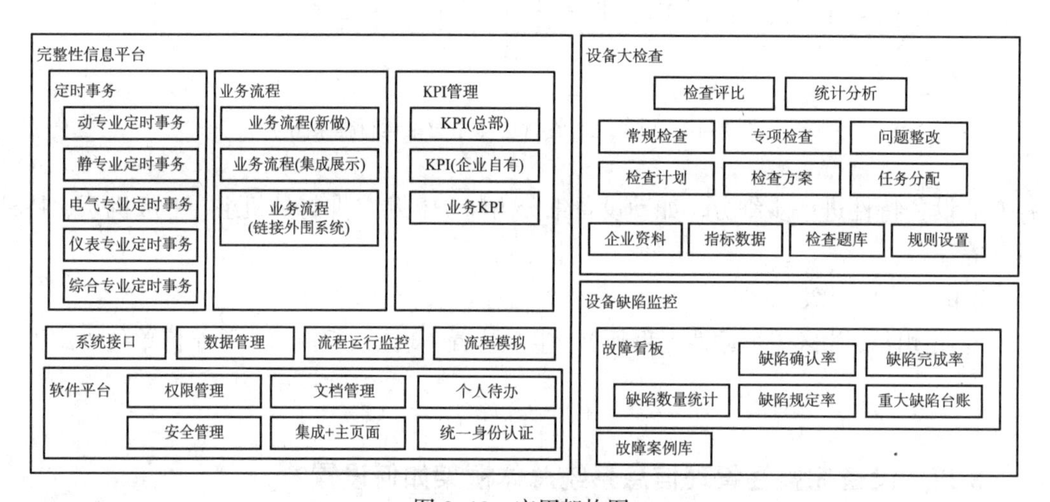

图 8-12　应用架构图

发下一级的组件，使平台更好地匹配企业的实际需求。

8.29　设备完整性管理信息系统采用何种技术架构?

采用面向服务的架构（SOA），如图 8-13 所示，用标准的方法构建、重用、整合服务。以业务驱动服务，以服务驱动技术，使各项功能更好地服务于业务，在标准层面上实现跨平台整合，并提供对其他已有系统的集成机制。

IT 系统的软件组件与系统组件相匹配，能更好地支持业务的变化，保证业务的灵活性。当业务发生变化的时候，IT 的支撑架构可以很快地适应这种变化。

系统通过服务发现和管理将一个个的微服务，借助界面前端引擎、工作流引擎等实现灵活的应用组装，如图 8-14 所示。

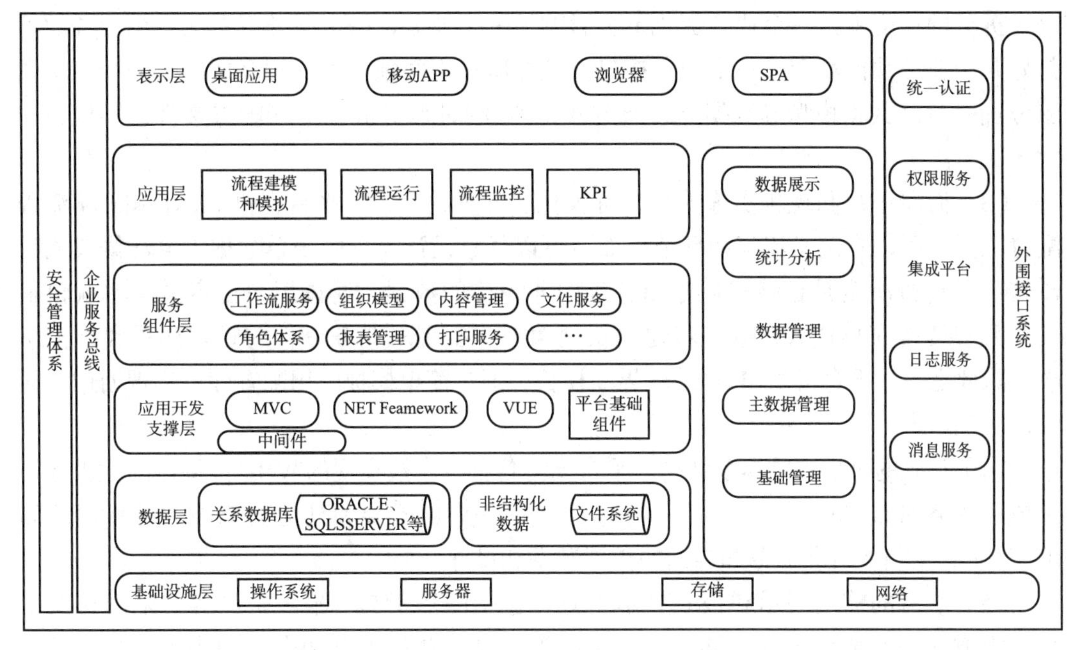

图 8-13　技术架构图

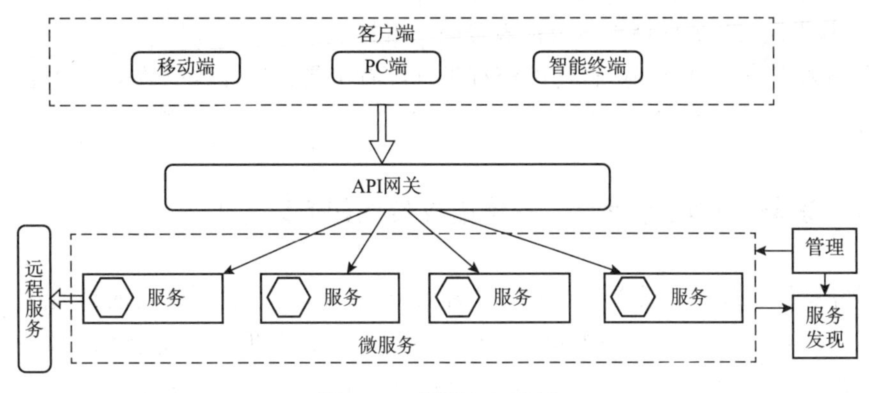

图 8-14　微服务架构图

系统采用微服务架构设计理念，从广度上，微服务可以任意多个，将业务功能分解，实现模块化解耦；从深度上，业务上对应的流程表单数据可以任意修改，自由设计；同时前后端分离，前端界面可以任意设计，按需改变，灵活设计，提升体验。

8.30　设备完整性管理信息系统技术架构主要特点是什么?

（1）持续集成和持续部署。采用微服务架构，实现服务模块化开发。借助开发运维一体化工具实现软件开发更新修改的持续集成和持续部署，并降低了出错的概率，提高了发布效率和可靠性

（2）标准的 WebApi 微服务，独立发布独立部署。平台通过业务功能更细粒度的拆

分，拆分的粒度就是一个业务变化不会影响另一个业务，一个服务就对应一个业务而不是好几个业务功能耦合在一个服务接口，这样服务之间独立不受相互影响。一个一个微服务拥有自己数据模型和数据库，通过发布 WebApi 服务和前后端配置文件，实现独立发布部署。

（3）面向用户和现场实施人员，可视化、配置化开发。平台提供 FlowDesigner 流程配置工具，可以自定义流程和环节界面，可以任意设计流程中表单数据，灵活修改流程流转，并自行决定是否结构化存储流程中非结构的数据。通过用户自定义表单编辑工具，配置调整布局样式，进一步建立快捷菜单，实现对业务流程的管理配置和维护修改。除此之后，平台提供 MVC 前端界面模板，通过简单模板引用配置即可实现通用界面快速实现。

（4）开放的可扩展的体系结构。平台支持各种技术栈实现的 WebApi 接口的微服务，集成引入各种前端框架，Angular、React、Vue 等界面框架和其他功能强大的界面库如 BootStrap，支持个性化服务和界面的扩展开发和设计。

（5）丰富的前端展示和报表展示工具，包括图形工具、报表工具等。采用这些工具可以方便地生成各种图形和报表，使决策者可以获得丰富和全面的决策信息。可以采用如 Echart 等第三方图形插件进行二次开发，以及微软 Report Service（SSRS）、微软 PowerBI，基于模板生成网格展示类报表等展示工具。

（6）引入工作流引擎和可视化的流程设计配置工具，流程表单数据可以任意修改，自由设计。

8.31 设备完整性管理信息系统集成架构如何设置？

设备完整性管理信息系统集成架构如图 8-15 所示。完整性系统目前整理涉及的外围系统有：EM 数据集成、NW 数据集成、Lims 数据、实时数据库、安全管理系统、ERS、ISO、岗检、门户、个人工作平台、组织架构及人员中心系统、综合状态监测。需要实现与这些系统关键数据（完整性需要数据）的数据传输，完成接口开发工作，如表 8-1 所示。

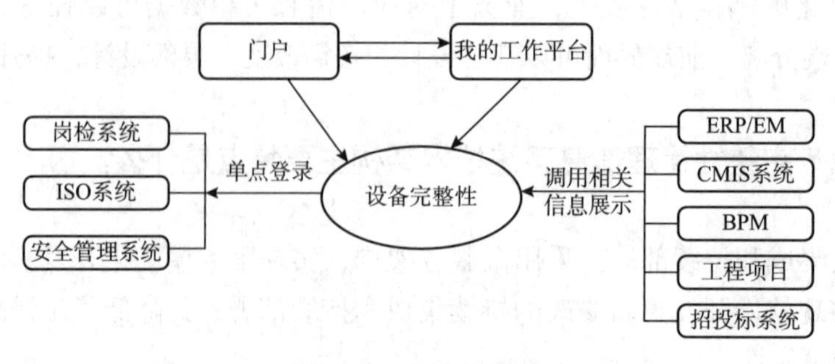

图 8-15 集成架构图

表 8-1　需完成的接口开发工作

序号	接口概述	系统	业务需求	定时事务 / 流程	专业	对应完成性流程
1	从 EM 中获取换油清单	ERP	每天从 EM 中获取需要加换油的设备清单，提醒设备员	定时事物	动	机泵定期加换油
2	获取设备的最近一次润滑油分析记录、分析时间、确认时间	NW	根据业主设备的采样周期和设备的上次分析时间得出下次分析时间，并提前 5 天提醒设备员进行润滑油分析 如果分析记录中有确认时间则代表润滑油分析已确认，没有则提醒设备员确认	定时事物	动	润滑油分析、润滑油分析确认
3	获取烟机月报	NW	运行部级：月底提前 3 天去 NW 查询是否录入装置的烟机月报，如果没有记录则提醒设备员录入烟机月报	定时事物	动	烟机运行月报（运行部级）
4	获取机泵状态月报提报情况	NW	检测机泵状态监测月报的提报状态，如果没有录入提醒运行部设备员进行提报	定时事物	动	机泵状态监测月报
5	获取设备开停车记录表	NW	每周定时从 NW 系统获取下周需要的开停车记录（设备号，设备名称，设备位号，开机时间，停机时间，切换周期），提醒设备员接收清单	定时事物	动	动设备定期切换
6	获取特护设备月报（运行部、专业）	NW	月底前 2 天去 EM 系统查询是否有录入特护设备运行月报（运行部级），没有提醒专工录入	定时事物	动	特护设备运行月报（运行部级）
7	EM 获取预防性维护通知单（获取年度列表，根据通知单号获取通知单）	ERP	每年获取预防性维护通知单列表（维修策略为常压储罐或压力容器 / 压力管道），由运行部特种设牵头人分发给维护工程师	定时事物	静	常压储罐外部检查 压力容器 / 压力管道年度检查
8	获取 ERP 设备基础检验数据	ERP	获取 ERP 设备基础检验数据中法定检验日期，提前 3 个月提醒 根据工单号与检验历史表中的工单号比对，有流程结束，没有不结束	定时事物	静	安全阀校验 锅炉年度外部检验
9	链接 EM 中的年度定期检验计划	ERP	链接 EM 中的年度定期检验计划	定时事物	静	年度定期检验计划
10	获取项目实施进度节点控制表	ERP	项目实施进度节点控制表中实际完工时间一个月后，推送项目至完整性中提醒该项目进入后评价	定时事物	综合	机动专业项目后评价
11	查询专业对应的供应商	ERP	通过专业查询对应的修理商	业务流程		废旧物资修复管理
12	KPI 指标相关 ERP 表	ERP	获取 EDW 表	KPI		

续表

序号	接口概述	系统	业务需求	定时事务/流程	专业	对应完成性流程
13	链接到BPM系统查询	BPM	业务操作人员在完整性系统中录入会议纪要号、发文编号。系统点击纪要号或发文编号，能够链接到BPM中查看会议或发文	定时事物	电气综合	1. 年度专业会议 2. 月度专业会议 3. 年度机动工作会议 4. 机动工作例会 5. 年度规划、年度方针政策（企业级） 6. 未到期报废资产原因分析及责任认定会 7. 承包商年度评审
14	会议纪要发文编号验证	BPM	录入会议纪要号或发文编号，保存时需要验证BPM中是否有相关信息，没有的需提示重新录入正确的编号	定时事物	电气综合	
15	获取应急演练记录上传情况	安全管理系统	获取应急演练记录上传情况，附件无上传则提醒	定时事物	电气仪表	应急演练工作上传情况 事故演练（中心级）
16	根据代表性仪表位号获取装置开停工状态	PI	通过PI装置停工到开工的信号转换，提醒技术员及时提交装置停工检修总结报告	定时事物	仪表	检修总结流程
17	获取ERS系统中报销申请	ERS	获取ERS系统中报销申请类型，如：公务出差、有补助培训、无补助培训报销，人员，报销可有多个人。提醒报销人上传培训小结	定时事物	仪表	培训小结
18	链接到ISO系统	ISO	链接到ISO系统	定时事物	综合	法律法规评审
19	链接到岗检系统	岗检	链接到岗检系统	定时事物	综合	法律法规评审
20	统一身份认证、单点登录	总部身份认证	使用中国石化统一身份认证。实现与各企业炼化门户、EM、BPM、ISO、总部安全管理系统、综合状态监测单点登录			
21	同步人员、组织机构	组织架构及人员中心	完整性系统和组织架构及人员中心系统同步组织机构和人员			
22	推送代办	门户，我的工作平台	门户集成需完整性项目的待办，我的工作平台需集成完整性项目的代办			

8.32 设备完整性管理信息系统部署架构如何设置？

部署架构如图8-16所示。采用防火墙、入侵检测进行安全隔离、访问控制和入侵检测及安全防护手段。数据体系建设系统网络域划分为：生产应用区、生产数据库区。生

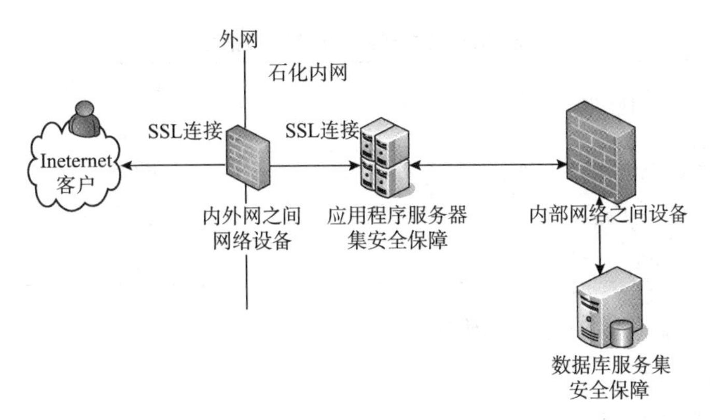

图 8-16　部署架构

产应用区、生产数据库区、采用物理防火墙进行安全隔离及访问控制。对应用服务器及数据服务器以及 WEB 中间件根据安全基线进行安全加固。

8.33　设备完整性管理信息系统配置原则是什么？

系统配置本着集中、经济、实用的原则。一方面要充分满足系统功能、性能上的高要求，另一方面要充分利用现有的资源，尽可能降低投资。

从系统可靠性、安全性、可用性、先进性、成熟性、实用性、标准性、开放性以及节约投资等多方面考虑提出软件、硬件配置原则：

（1）满足企业实际业务需要；

（2）设计、开发、实施周期短；

（3）受委托方有充足的本行业业务经验；

（4）开发过程易控，全程可视；

（5）基于配置，能够随着企业管理业务和思路的变化，灵活扩展。

8.34　设备完整性管理信息系统安全等级有何要求？

（1）业务信息安全保护等级

系统处理的主要业务信息包括：①策略管理；②风险管控 / 可靠性决策；③质量保证；④检验、检测和预防性维修；⑤缺陷管理；⑥绩效管理；⑦ KPI 统计分析；⑧数据集成；⑨专业管理流程等。

系统为企业内部信息管理系统，使用人员为机动部、运行部及设备相关各部门管理人员，业务信息受到破坏时会造成数据错误和数据丢失，信息受到破坏时侵害的客体是公民和法人的合法权益。

系统信息受到破坏后将对侵害客体造成一般损害，表现为：数据丢失、数据错误等。

查《定级指南》（表 8-2）知，系统业务信息安全保护等级为第一级。

表 8-2　业务信息安全定级指南

业务信息安全被破坏时所侵害的客体	对相应客体的侵害程度		
	一般损害	严重损害	特别严重损害
公民、法人和其他组织的合法权益	第一级	第二级	第三级
社会秩序、公共利益	第二级	第三级	第四级
国家安全	第三级	第四级	第五级

（2）系统服务安全保护等级的确定

系统提供如下服务：

①定时事务自动触发和结果统计。

②集成 EM 数据，实现数据集成和 KPI 统计分析统计。

③建立 KPI 指标，依托于已有的设备管理信息系统数据，实现 KPI 统计分析。

系统服务受到破坏时侵害的客体为公民、法人的合法权益，可以表现为：无法在线查询相关的基础数据，无法进行计划和优化模型的运行。

系统服务受到破坏后将对侵害客体造成一般损害。

查《定级指南》（表 8–3）知，系统服务安全保护等级为第一级。

表 8-3　系统服务安全定级指南

系统服务被破坏时所侵害的客体	对相应客体的侵害程度		
	一般损害	严重损害	特别严重损害
公民、法人和其他组织的合法权益	第一级	第二级	第三级
社会秩序、公共利益	第二级	第三级	第四级
国家安全	第三级	第四级	第五级

（3）安全保护等级的确定

由于业务信息安全保护等级为第一级，系统服务安全保护等级为第一级，最终确定系统安全保护等级为第一级，见表 8–4。

表 8-4　设备完整性管理系统安全保护等级

信息系统名称	安全保护等级	业务信息安全等级	系统服务安全等级
设备完整性管理信息系统	第一级	第一级	第一级

①物理安全。本项目信息系统直接相关设备，在机动部有专门的机房，物理安全有专用保护。

②网络安全。本系统是在中国石化已有的信息技术安全基础之上，建立本系统的网络完全防护功能。并坚持以下安全原则：

对外部网络信息建立安全防范策略；

对内部网络信息建立访问授权控制策略；

对服务器和客户端系统安全采用中国石化一体化病毒防御系统。充分利用现有安全系统。系统服务器端和系统客户端安装 360 天擎防病毒软件客户端软件，有效地控制服务器端和客户端病毒的感染和传播。

8.35　设备完整性管理信息平台建设内容主要包括哪些?

（1）定时事务和业务流程管理。

设备完整性管理信息平台以流程 / 任务为核心，根据完整性管理要素和任务规则确定设备管理工作中的流程 / 任务，按专业和设备分类管理，明确流程中的组织人员岗位职责，由指定人员处理流程执行过程中发现的问题和填写表单，流程结束后做出评价并提出改进方案。根据岗位职责规划岗位能力模型制定培训计划。

（2）设备 KPI 管理。

为了有效评审和改进设备完整性体系实施效果，根据《中国石化设备完整性管理体系要求》，借鉴国内外企业经验，设备完整性管理体系绩效指标设立的目的是评审和改进设备完整性体系能按照 PDCA 循环运行，量化考核、改善管理，同时形成积极的设备管理导向作用。

（3）流程运行监控。

针对企业管理流程和专业管理流程的管理需求，建立相应的报表，统计汇总相关数据，完整性管理体系的运行情况做出分析评价。

涉及完整性系统监控报表、定时事务 / 业务流程待办数监控、定时事务 / 业务流程待办处理率、人员使用情况监控等业务。

①定时性工作统计表：

定时性工作统计表主要业务内容为：统计展示每项定时事务的触发时间、触发条件及执行人，已经每个定时事务在不同的时间段内容都有哪些事务超期未执行。

主要功能：a. 统计展示定时任务清单（包含触发条件、触发时间、触发执行人角色 / 岗位）；b. 统计展示每个定时任务在执行时效内超期未执行的清单；c. 可以通过未执行数字穿透进入对应的页面查看数据。

②定时事务 / 业务流程各环节执行人统计：

统计在查询时间区间内每个流程中各环节执行人信息，每个人员在哪些流程执行了动作，统计执行动作分部在哪些流程等，可以得到哪些人 / 岗位工作涉及流程多这些额外信息。

（4）软件平台。

①统一身份认证：将用户账号与统一身份用户身份建立对应关系。为实现统一认证、单点登录、账号统一管理做好数据映射；

针对 B/S 应用，统一身份管理系统提供实现统一认证与单点登录的接口，用户通过输入统一账号即可登录有权限登录的应用系统；

用户访问企业信息门户，跳转到统一登录界面，输入用户名和密码，通过统一身份校验后进入应用系统；

认证和登录方式登录界面由统一身份统一提供；

应用系统需按《中国石化用户统一身份管理系统身份认证集成实施手册》，实现单点登录。

系统采用统一身份账号和AD域用户账号双重支持作为用户登录账号，通过此账号即可登录设备完整性管理系统，账号的密码将统一加密存储在统一身份管理系统，应用系统无需存储账号。新系统接入时也无需存储用户的密码信息，只需要将统一账号作为应用系统的登录名即可。

统一身份管理系统为各应用系统账号在统一身份管理系统内创建统一账号，并做映射处理。与统一身份集成之后，统一身份管理系统负责账号的管理，包括账号的增、删、改、查、禁用、启用等操作。

②权限管理：

实现组织机构、用户、角色、菜单的增、删、改、查等信息维护；

实现角色与菜单的权限组态；

实现角色与用户的权限组态；

实现审批流程和审批环节配置；

实现审批权限的配置；

实现按企业模板导出权限矩阵与用户清单

③安全与日志管理：

软件平台信息安全管理，根据漏扫进行安全补丁升级等内容。记录系统运行日志。

④主页与待办管理：

完整性系统个人待办页面，所有的个人要处理的业务数据都会展示在同一个页面，根据人员权限进行过滤，当个人要处理的事情多的时候不用去多个流程下单独处理。

为提高系统使用者的用户体验度，针对完整性系统的前端页面内容进行优化提升，包含内容：

a）界面个性化配置功能。

针对不同的岗位角色人员进行定制化设置，使用人员可以根据自己的实际需求设定显示自己关心的工作内容。

b）系统通用首页内容布局。

对通用首页显示内容进行调整布局，提升使用者体验，如图8-17所示。参照北京燕山石化，后期进行专项。

⑤基础数据管理：

系统软件平台设备基础数据、人员基础数据、组织机构基础数据、人员权限数据等的维护管理功能。

⑥流程引擎：

系统平台流程引擎功能，实现管理定时事务和业务流程的执行。

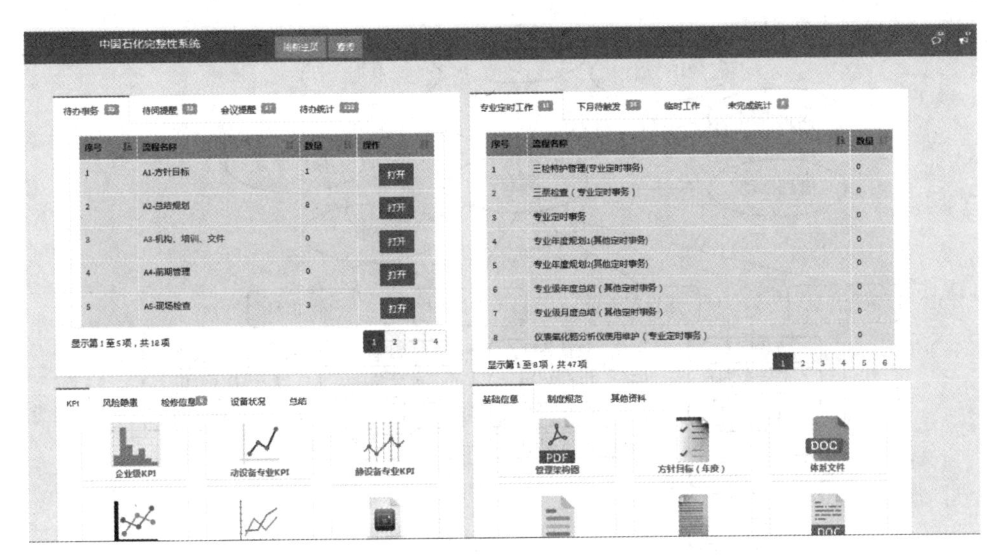

图 8–17　系统页面布局

8.36　设备完整性管理信息平台中的业务流程如何设计？

为了实现完整性管理体系的有效运行，构建了以流程 / 任务为核心的设备完整性管理信息系统流程模型，见图 8–18，涉及岗位、人员、专业、装置、设备、管理活动、程序、体系要素等方面，见图 8–19，详细的流程设计遵循 4W1H 模型，基于模型的关键信息，可以对流程分类汇总，实现企业间的统一管理和差异分析。

设备完整性管理信息系统流程模型包含 5 个关键信息（4W1H），见图 8–20。

（1）归属（Why）：流程制定的依据，源于哪个体系要素和程序文件；

（2）对象 + 表单（What）：流程管理什么专业、什么设备类、填写什么表单；

（3）活动（How）：流程如何实现，完成什么任务、符合什么规则、需要用什么工具；

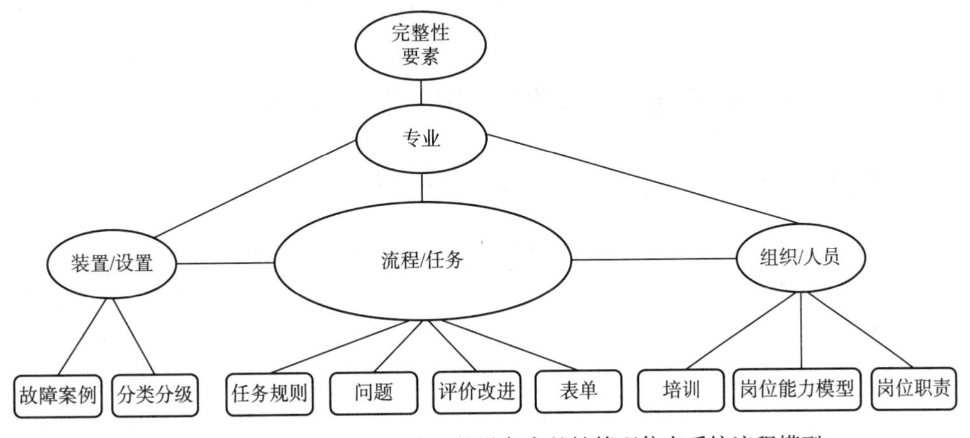

图 8–18　以流程 / 任务为核心的设备完整性管理信息系统流程模型

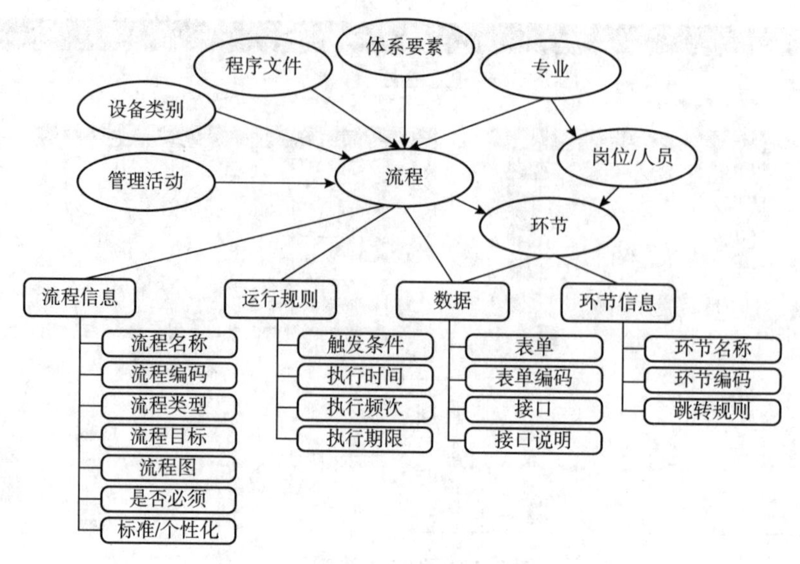

图 8-19　设备完整性管理信息系统流程模型

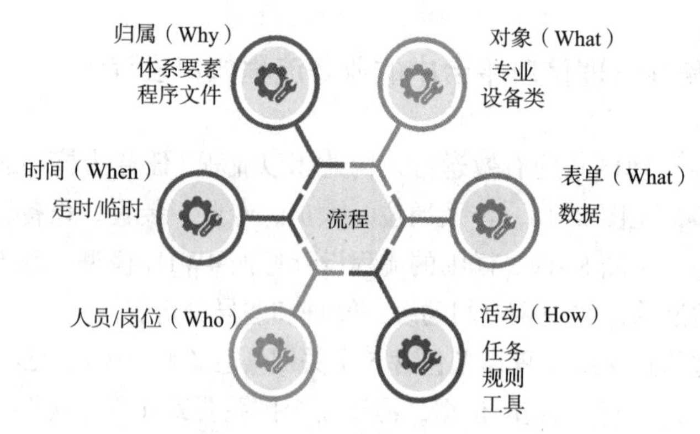

图 8-20　设备完整性管理流程 4W1H 模型

（4）人员 / 岗位（Who）：流程由谁执行，岗位职责是什么；

（5）时间（When）：流程什么时间完成，定时触发或非定时触发。

8.37　设备完整性管理信息系统包含哪些基本流程？

设备完整性管理信息系统包含 121 个标准流程，详见表 8-5。

表 8-5　设备完整性管理信息系统标准流程列表

序号	管理体系要素		对象			时间	设备完整性管理体系标准流程
	一级要素	二级要素	一级专业	二级专业	设备类		
1	5 领导作用	5.2　管理方针	综合专业	会议类		定时	5.2.1 年度方针政策讨论会
2	5 领导作用	5.2　管理方针	综合专业	会议类		定时	5.2.2 年度方针政策回头看讨论会流程

续表

序号	管理体系要素		对象			时间	设备完整性管理体系标准流程
	一级要素	二级要素	一级专业	二级专业	设备类		
3	5 领导作用	5.3 组织机构、职责和权限	综合专业	综合管理类		临时	5.3.1 组织机构、职责和权限
4	6 策划	6.3　管理目标	综合专业	会议类		定时	6.3.1 企业级大检修策略
5	6 策划	6.3　管理目标	综合专业	会议类		定时	6.3.2 专业级大检修策略
6	6 策划	6.3　管理目标	综合专业	总结类		定时	6.3.4 企业级月度总结
7	6 策划	6.3　管理目标	综合专业	总结类		定时	6.3.5 专业级月度总结
8	6 策划	6.3　管理目标	综合专业	总结类		定时	6.3.6 片区级月度总结
9	6 策划	6.3　管理目标	综合专业	总结类		定时	6.3.7 企业级年度总结
10	6 策划	6.3　管理目标	综合专业	总结类		定时	6.3.8 专业级年度总结
11	6 策划	6.3　管理目标	综合专业	总结类		定时	6.3.9 片区级年度总结
12	6 策划	6.3　管理目标	综合专业	总结类		定时	6.3.10 企业级大检修总结
13	6 策划	6.3　管理目标	综合专业	总结类		定时	6.3.11 专业级大检修总结
14	6 策划	6.3　管理目标	综合专业	总结类		定时	6.3.12 片区级大检修总结
15	6 策划	6.3　管理目标	综合专业	会议类		定时	6.3.13 专业年度规划
16	6 策划	6.3　管理目标	综合专业	会议类		定时	6.3.14 专业年度规划回头看
17	6 策划	6.3　管理目标	综合专业	会议类		定时	6.3.15 片区年度规划
18	7 支持	7.5 培训	综合专业	培训类		临时	7.5.1 培训计划编制与发布
19	7 支持	7.5 培训	综合专业	培训类		临时	7.5.2 培训计划执行
20	7 支持	7.5 培训	综合专业	培训类		临时	7.5.3 专业制度培训、检查
21	7 支持	7.5 培训	综合专业	培训类		临时	7.5.4 培训效果评价
22	7 支持	7.6 文件和记录	综合专业	文件管理类		临时	7.6.1 通用标准
23	7 支持	7.6 文件和记录	综合专业	文件管理类		临时	7.6.2　管理制度
24	7 支持	7.6 文件和记录	综合专业	文件管理类		临时	7.6.3 专业资料
25	7 支持	7.6 文件和记录	综合专业	文件管理类		临时	7.6.4 文件归档
26	8 运行	8.1 设备分级管理	综合专业	综合管理类		临时	8.1.1 设备分级管理
27	8 运行	8.2 风险管理	综合专业	综合管理类		临时	8.2.1 风险评估
28	8 运行	8.2 风险管理	综合专业	综合管理类		临时	8.2.2 隐患排查
29	8 运行	8.2 风险管理	综合专业	综合管理类		临时	8.2.3 风险管控
30	8 运行	8.2 风险管理	综合专业	综合管理类		临时	8.2.4 风险预评估
31	8 运行	8.3 过程质量管理	综合专业	综合管理类		临时	8.3.1 设计
32	8 运行	8.3 过程质量管理	综合专业	综合管理类		临时	8.3.2 采购
33	8 运行	8.3 过程质量管理	综合专业	综合管理类		临时	8.3.3 安装
34	8 运行	8.3 过程质量管理	综合专业	综合管理类		临时	8.3.4 试运
35	8 运行	8.3 过程质量管理	综合专业	综合管理类		临时	8.3.5 操作规程

续表

序号	管理体系要素		对象			时间	设备完整性管理体系标准流程
	一级要素	二级要素	一级专业	二级专业	设备类		
36	8 运行	8.3 过程质量管理	动设备专业			定时	8.3.6 润滑管理（动）
37	8 运行	8.3 过程质量管理	动设备专业			定时	8.3.7 动设备定期切换
38	8 运行	8.3 过程质量管理	动设备专业			定时	8.3.8 动设备重点设备维护
39	8 运行	8.3 过程质量管理	静设备专业		加热炉	定时	8.3.9 加热炉月度维护
40	8 运行	8.3 过程质量管理	静设备专业		锅炉	定时	8.3.10 锅炉月度维护
41	8 运行	8.3 过程质量管理	静设备专业		呼吸阀	定时	8.3.11 呼吸阀校验
42	8 运行	8.3 过程质量管理	静设备专业		换热器	定时	8.3.12 换热器反冲洗
43	8 运行	8.3 过程质量管理	静设备专业		重点阀门	定时	8.3.13 重点阀门维护保养
44	8 运行	8.3 过程质量管理	电气专业			临时	8.3.14 润滑管理（电）
45	8 运行	8.3 过程质量管理	电气专业		变压器	定时	8.3.15 变压器油位检查
46	8 运行	8.3 过程质量管理	电气专业			定时	8.3.16 电气设备开盖检查
47	8 运行	8.3 过程质量管理	电气专业			定时	8.3.17 防雷防静电
48	8 运行	8.3 过程质量管理	仪表专业		大机组仪表	定时	8.3.18 大机组仪表设备
49	8 运行	8.3 过程质量管理	仪表专业			定时	8.3.19 仪表“六防”措施
50	8 运行	8.3 过程质量管理	仪表专业		可燃、有毒气体报警器	定时	8.3.20 可燃、有毒气体报警器校验
51	8 运行	8.3 过程质量管理	仪表专业		氧化锆	定时	8.3.21 氧化锆分析仪
52	8 运行	8.3 过程质量管理	综合专业	综合管理类		临时	8.3.22 设备停用处置
53	8 运行	8.3 过程质量管理	综合专业	综合管理类		临时	8.3.23 设备再启用处置
54	8 运行	8.4 检验、检测和预防性维修	动设备专业			定时	8.4.1 设备完好
55	8 运行	8.4 检验、检测和预防性维修	动设备专业			定时	8.4.2 动设备维护月度检查
56	8 运行	8.4 检验、检测和预防性维修	动设备专业			定时	8.4.3 动设备防冻防凝检查
57	8 运行	8.4 检验、检测和预防性维修	静设备专业		压力容器	定时	8.4.4 压力容器月度检查
58	8 运行	8.4 检验、检测和预防性维修	静设备专业		压力容器	定时	8.4.5 压力容器年度检查
59	8 运行	8.4 检验、检测和预防性维修	静设备专业		常压储罐	定时	8.4.6 常压储罐月度检查
60	8 运行	8.4 检验、检测和预防性维修	静设备专业		压力管道	定时	8.4.7 压力管道月度检查

续表

序号	管理体系要素		对象			时间	设备完整性管理体系标准流程
	一级要素	二级要素	一级专业	二级专业	设备类		
61	8 运行	8.4 检验、检测和预防性维修	静设备专业		小接管	定时	8.4.8 小接管季度检查
62	8 运行	8.4 检验、检测和预防性维修	静设备专业			定时	8.4.9 静设备防冻防凝检查
63	8 运行	8.4 检验、检测和预防性维修	静设备专业			定时	8.4.10 静设备定期检验
64	8 运行	8.4 检验、检测和预防性维修	电气专业		380V	定时	8.4.11 380V 红外检测
65	8 运行	8.4 检验、检测和预防性维修	电气专业		110kV、35kV	定时	8.4.12 110kV/35kV 红外检测
66	8 运行	8.4 检验、检测和预防性维修	电气专业		变配电室	定时	8.4.13 变配电室完好检查
67	8 运行	8.4 检验、检测和预防性维修	电气专业			定时	8.4.14 设备放电检查
68	8 运行	8.4 检验、检测和预防性维修	仪表专业		仪表控制室	定时	8.4.15 仪表控制室检查
69	8 运行	8.4 检验、检测和预防性维修	仪表专业			定时	8.4.16 设备本体及附件
70	8 运行	8.4 检验、检测和预防性维修	仪表专业		高温仪表	定时	8.4.17 高温区域仪表
71	8 运行	8.4 检验、检测和预防性维修	仪表专业		控制系统	定时	8.4.18 控制系统卡件、安全栅
72	8 运行	8.4 检验、检测和预防性维修	仪表专业			定时	8.4.19 仪表防冻防凝检查
73	8 运行	8.4 检验、检测和预防性维修	动设备专业			定时	8.4.20 特护管理
74	8 运行	8.4 检验、检测和预防性维修	动设备专业			临时	8.4.21 动设备状态监测
75	8 运行	8.4 检验、检测和预防性维修	动设备专业			临时	8.4.22 动设备能效监察
76	8 运行	8.4 检验、检测和预防性维修	静设备专业			临时	8.4.23 静设备运行监控
77	8 运行	8.4 检验、检测和预防性维修	静设备专业			临时	8.4.24 腐蚀监测
78	8 运行	8.4 检验、检测和预防性维修	静设备专业			临时	8.4.25 静设备能效监察
79	8 运行	8.4 检验、检测和预防性维修	电气专业			临时	8.4.26 电气设备状态监测

续表

序号	管理体系要素		对象			时间	设备完整性管理体系标准流程
	一级要素	二级要素	一级专业	二级专业	设备类		
80	8 运行	8.4 检验、检测和预防性维修	电气专业			临时	8.4.27 电气设备停送电管理
81	8 运行	8.4 检验、检测和预防性维修	电气专业			临时	8.4.28 电气运行管理
82	8 运行	8.4 检验、检测和预防性维修	电气专业			临时	8.4.29 高压临时用电管理
83	8 运行	8.4 检验、检测和预防性维修	电气专业			临时	8.4.30 继电保护动作管理
84	8 运行	8.4 检验、检测和预防性维修	电气专业			临时	8.4.31 电力设施管理
85	8 运行	8.4 检验、检测和预防性维修	电气专业			临时	8.4.32 继电保护整定管理
86	8 运行	8.4 检验、检测和预防性维修	仪表专业			临时	8.4.33 联锁运行
87	8 运行	8.4 检验、检测和预防性维修	仪表专业			临时	8.4.34 控制率
88	8 运行	8.4 检验、检测和预防性维修	仪表专业			临时	8.4.35 联锁变更
89	8 运行	8.4 检验、检测和预防性维修	仪表专业			临时	8.4.36 控制系统报警
90	8 运行	8.4 检验、检测和预防性维修	综合专业	综合管理类		定时	8.4.37 年度预防性工作
91	8 运行	8.4 检验、检测和预防性维修	综合专业	综合管理类		定时	8.4.38 月度预防性工作
92	8 运行	8.4 检验、检测和预防性维修	综合专业	综合管理类		临时	8.4.39 计划收编
93	8 运行	8.4 检验、检测和预防性维修	综合专业	综合管理类		临时	8.4.40 计划实施
94	8 运行	8.4 检验、检测和预防性维修	综合专业	综合管理类		临时	8.4.41 配件管理
95	8 运行	8.4 检验、检测和预防性维修	综合专业	综合管理类		临时	8.4.42 年度停工检修项目费用计划编制审批
96	8 运行	8.4 检验、检测和预防性维修	综合专业	综合管理类		临时	8.4.43 年度修理费预算及分解
97	8 运行	8.4 检验、检测和预防性维修	综合专业	综合管理类		临时	8.4.44 月度修理费用预算审批
98	8 运行	8.4 检验、检测和预防性维修	综合专业	综合管理类		临时	8.4.45 月度追加修理费用预算审批

续表

序号	管理体系要素		对象			时间	设备完整性管理体系标准流程
	一级要素	二级要素	一级专业	二级专业	设备类		
99	8 运行	8.5 缺陷管理	综合专业	综合管理类		临时	8.5.1 缺陷管理
100	8 运行	8.5 缺陷管理	综合专业	综合管理类		临时	8.5.2 故障分析
101	8 运行	8.6 变更管理	综合专业	综合管理类		临时	8.6.1 设备本体改造
102	8 运行	8.6 变更管理	综合专业	综合管理类		临时	8.6.2 运行环境、状态变更
103	8 运行	8.6 变更管理	综合专业	综合管理类		临时	8.6.3　管理制度变更
104	8 运行	8.6 变更管理	综合专业	综合管理类		临时	8.6.4 操作规程变更
105	8 运行	8.6 变更管理	综合专业	综合管理类		临时	8.6.5　管理人员变更
106	8 运行	8.8 定时事务	综合专业	综合管理类		临时	8.8.1 临时事务流程
107	8 运行	8.8 定时事务	综合专业	综合管理类		定时	8.8.2 报告审批
108	8 运行	8.8 定时事务	综合专业	会议类		定时	8.8.3 公司级会议
109	8 运行	8.8 定时事务	综合专业	会议类		定时	8.8.4 机动处处级会议
110	8 运行	8.8 定时事务	综合专业	会议类		定时	8.8.5 机动处专业会议
111	8 运行	8.8 定时事务	综合专业	会议类		定时	8.8.6 片区会议
112	8 运行	8.8 定时事务	综合专业	综合管理类		定时	8.8.7 机动处检查
113	8 运行	8.8 定时事务	综合专业	综合管理类		定时	8.8.8 专业检查
114	8 运行	8.8 定时事务	综合专业	综合管理类		定时	8.8.9 专业定时性事务流程
115	8 运行	8.8 定时事务	综合专业	综合管理类		定时	8.8.10 其他定时性事务管理
116	8 运行	8.8 定时事务	综合专业	综合管理类		定时	8.8.11 定时性工作统计表
117	9 绩效评价	9.1 监视、测量、分析和评价	综合专业	综合管理类		定时	9.1.1 KPI 统计分析
118	9 绩效评价	9.1 监视、测量、分析和评价	综合专业	综合管理类		定时	9.1.2 绩效评估管理
119	10 改进	10.2 持续改进	综合专业	综合管理类		定时	10.2.1 月度评审改进
120	10 改进	10.2 持续改进	综合专业	综合管理类		定时	10.2.2 工作目标、工作策略调整
121	10 改进	10.2 持续改进	综合专业	综合管理类		定时	10.2.3 年度体系评审流程

8.38　设备 KPI 的信息化实现如何开展？

设备 KPI 指标按照指标层级设置、指标选择、指标值设定、指标值分解、绩效指标考核、指标分析调整等内容进行构建。KPI 层级设置时应明确各层级指标的作用，通过设立不同层级的设备完整性管理绩效指标衡量设备完整性管理水平，进而起到绩效引领作用。在 KPI 层级上，一般可设立集团公司级、企业级、专业级、运行部级以及装置级五级绩效指标层级，形成类似金字塔形的层级分布，不同层级的指标代表了对不同设备业务活动的管控力度，其指标情况是对这一活动的总体绩效衡量。在进行 KPI 指标的选择时，在集团公司层和企业级指标选择上应以滞后型指标为主，如非计划停工次数、装置可靠性指数、维修费用指数、预防性维修占比等，而在专业级、运行部级以及装置级指标的选择上逐步转向领先型指标，比如由腐蚀泄漏次数、设备故障率逐步过渡到紧急抢修率、月度维修计划完成率、工艺报警数量、设备异常报警次数等指标。指标应分解到设备综合、动设备、静设备、电气、仪表等专业，各专业根据绩效指标设置情况进一步细分到各运行单元，部分指标还需落实到具体装置，进而形成有效的设备绩效指标体系，并建立考核制度。为了更好地发挥 KPI 的督促引导作用，企业应建立动态调整机制，每年根据设备管理的重点提升方向适当调整 KPI。

在信息化实现时，应结合设备 KPI 绩效指标数据源实际情况，努力实现本企业的设备完整性体系 KPI 绩效指标自动采集、自动计算。设备 KPI 计算的基础变量数据分为三类：自动采集数据、人工填报数据和常量数据。自动采集数据是指已经实现数据自动采集的变量数据，如转动设备故障维修次数等。人工填报数据是指目前无法自动采集的变量数据，如装置非计划停工天数、装置实际加工量等。常量数据是指长期不变数据或至少一个检修周期内不发生变化的数据，如装置加工能力、大检修分摊天数等。其中自动采集数据源包括：设备主数据、设备台账、检验计划、通知单、工单、LIMS、实时数据采集等，企业应积极协调信息系统接口，实现数据互通。在 KPI 指标计算时，应由最小装置单元逐级向上统计，如常压装置→炼油分部→企业→股份公司。设备 KPI 的数据架构如图 8–21 所示。

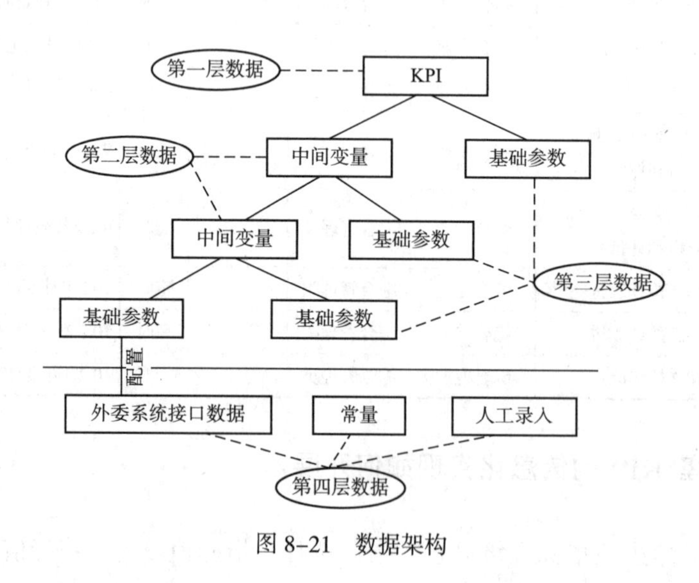

图 8–21 数据架构

以装置可靠性指数为例说明：

装置可靠性指数 =1–(Σ［装置综合当量能力 ×（大修分摊天数 + 日常维修天数）]）/（考核年日历天数 × Σ装置综合当量能力）×100%

其中中间变量为：

装置综合当量能力 = 工艺装置综合当量能力 + 公用工程综合当量能力 + 储运和接卸设施综合当量能力

工艺装置综合当量能力 = Σ（每套单元最大产能 × 该单元复杂系数）

装置可靠性指数最终可拆分为 7 个基础参数，分别为：每套单元最大产能、单元复杂系数、公用工程综合当量能力、储运和接卸设施综合当量能力、大修分摊天数、日常维修天数和考核年日历天数。

8.39 设备完整性管理体系绩效指标的设立原则是什么

（1）传承中国石化设备管理特色基础上，优化和改进设备完整性管理体系绩效指标，建立炼化股份公司级设备完整性管理体系绩效指标；

（2）设备完整性管理体系绩效指标依据设备完整性管理整体目标，以风险管控为主线，进行细化分解，在体现指标安全性、先进性、可靠性的同时兼顾经济性，通过设置合理的 KPI 指标，全面地对维护、维修质量、设备可靠性、维修成本、效率进行评价；

（3）公司级、专业级、装置级设备完整性管理体系绩效指标，由各企业结合本企业实际制定，可在指标类别、层级、数量、性质及结构逻辑关系上体现差异性和个性化。

8.40 设备完整性管理信息系统设备 KPI 功能模块实现的目标有哪些？

① KPI 指标维护功能；

② KPI 及其中间变量计算公式的配置功能；

③ KPI 指标基础参数维护功能；

④ KPI 指标业务常量维护功能；

⑤ KPI 指标数据维护

⑥ KPI 波动分析（趋势报警、波动报警）；

⑦ KPI 界面展示。

具体的实现情况举例如下：

（1）KPI 指标维护功能

系统提供指标字典维护功能，可以维护指标名称、指标对应的对象，快速浏览查询系统中指标内容，如图 8–22 所示。

（2）KPI 及其中间变量计算公式的配置功能

系统提供指标维护功能，每个指标根据维度、对象可以维护不同级别的 KPI（月度 – 装置、月度 – 车间、年度 – 装置、年度 – 企业等），同时根据需要维护、调整每个指标值得计算公式，用以计算 KPI 值，如图 8–23 所示。

结合数据架构中提出的将每个指标分解到基础参数层，然后梳理出每个指标的基础

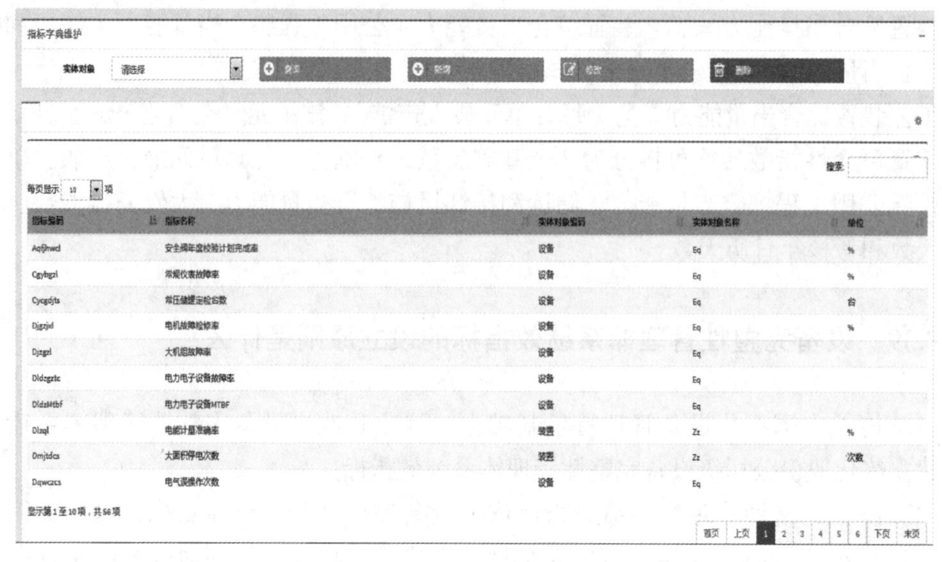

图 8-22　KPI 指标维护

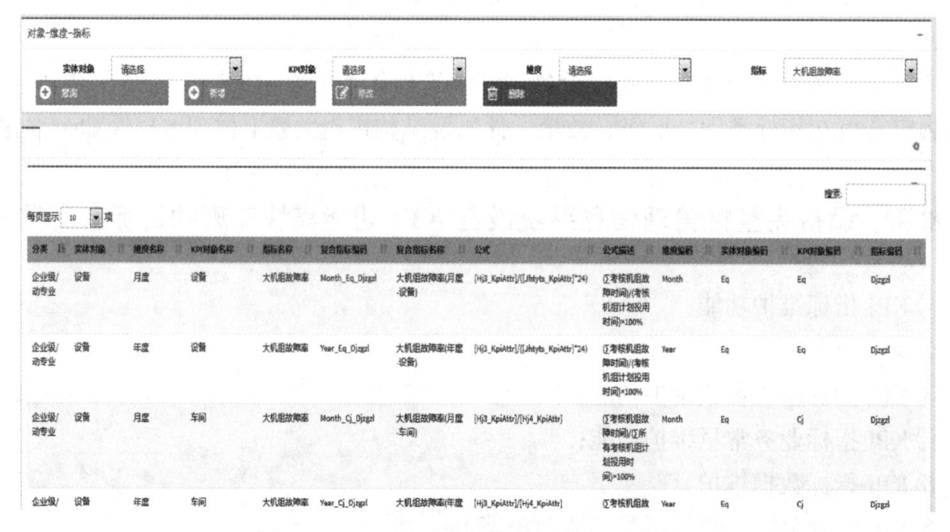

图 8-23　KPI 及其中间变量计算公式的配置

参数（变量）、中间变量、复合变量在此维护，后续计算 KPI 值时，用户可以根据录入的变量进行 KPI 指标公式的维护调整，实现 KPI 计算逻辑的调整，如图 8-24 所示。

（3）KPI 指标基础参数维护功能

系统提供了基础参数与第四层（数据架构）数据的配置功能，使用者可以根据实际业务计算逻辑进行调整。例如，某设备的故障时间，故障时间可以分为两个中间变量“故障日期”和“故障时间”，故障日期的取数逻辑为：某设备 M2 完成状态的通知单的“(故障结束日期 - 故障开始日期) *24”，通过系统提供的功能可以由使用者配置实现，如图 8-25 所示。

（4）KPI 指标业务常量维护功能

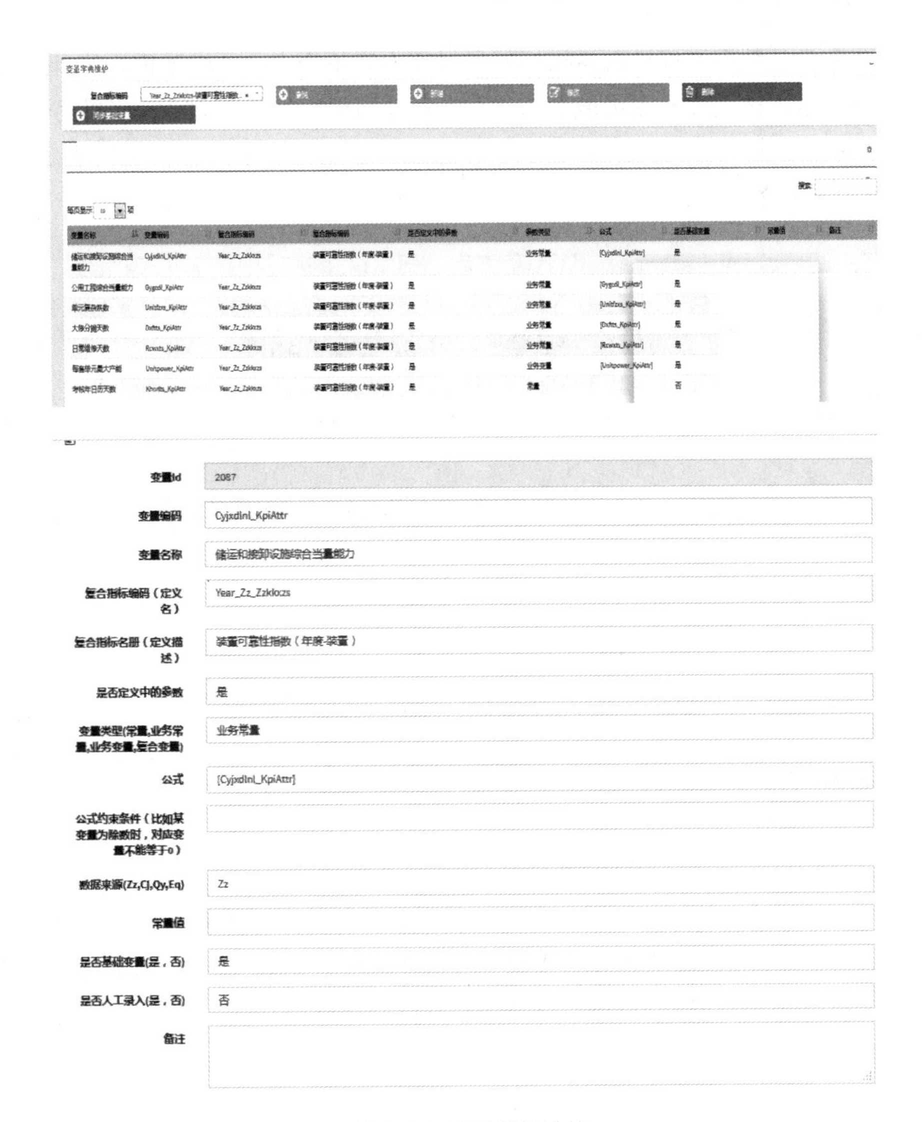

图 8-24　KPI 指标维护

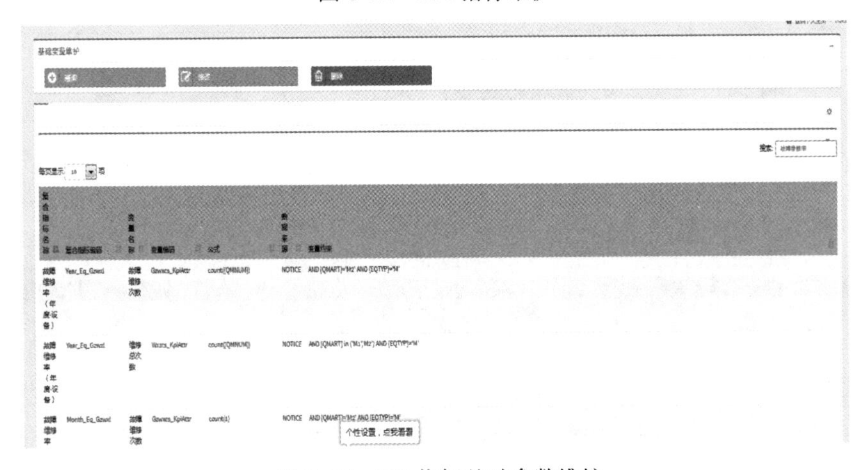

图 8-25　KPI 指标基础参数维护

通过业务常量数据模板导入各指标某段时间内容不会变化的参数值，当计算指标值时系统会自动带出这些业务变量值参与计算，后期可根据实际需要调整各业务常量数据值，如图 8–26 所示。

（5）KPI 指标数据维护

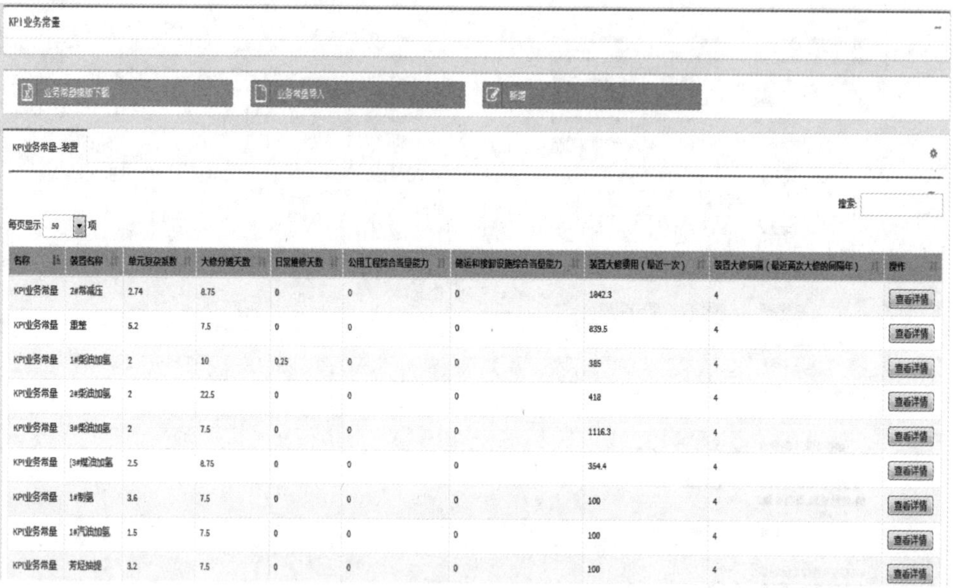

KPI业务常量

业务常量模板下载　业务常量导入　新增

KPI业务常量–装置

每页显示 30 项　搜索:

名称	装置名称	单元复杂系数	大修分摊天数	日常维修天数	公用工程综合当量能力	储运和接卸设施综合当量能力	装置大修费用（最近一次）	装置大修间隔（最近两次大修的间隔年）	操作
KPI业务常量	2#常减压	2.74	8.75	0	0	0	1842.3	4	查看详情
KPI业务常量	重整	5.2	7.5	0	0	0	839.5	4	查看详情
KPI业务常量	1#柴油加氢	2	10	0.25	0	0	385	4	查看详情
KPI业务常量	2#柴油加氢	2	22.5	0	0	0	418	4	查看详情
KPI业务常量	3#柴油加氢	2	7.5	0	0	0	1116.3	4	查看详情
KPI业务常量	[3#煤油加氢	2.5	8.75	0	0	0	354.4	4	查看详情
KPI业务常量	1#制氢	3.6	7.5	0	0	0	100	4	查看详情
KPI业务常量	1#汽油加氢	1.5	7.5	0	0	0	100	4	查看详情
KPI业务常量	芳烃抽提	3.2	7.5	0	0	0	100	4	查看详情

图 8–26　KPI 指标业务常量维护

系统穷尽了所有指标中要参加计算的参数值，并将常量和业务常量区分出去，其他从外围系统取数或者人工录入的参数提供了一个统一维护界面，如图 8–27 所示，只需找到对应的指标并录入需要录入的值（有部分是自动取数过来），点击保存，系统即可自动计算各级别的 KPI 值。

（6）KPI 波动分析（趋势报警、波动报警）

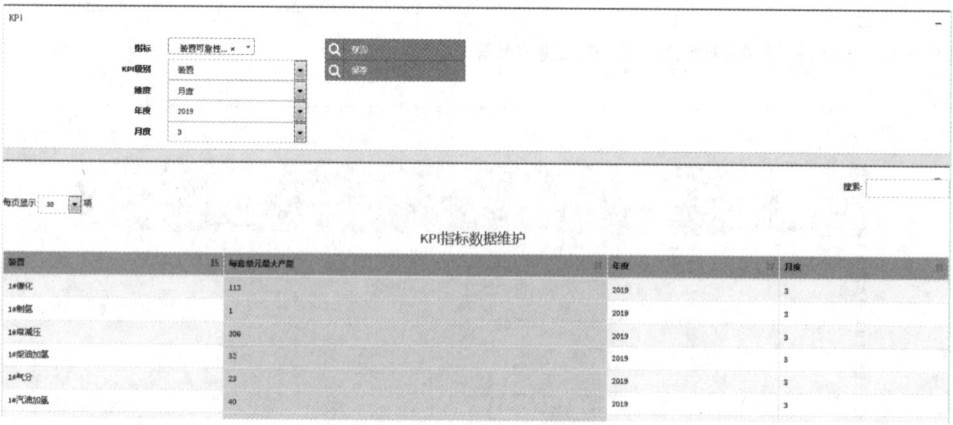

KPI

指标：装置可靠性...　KPI级别：装置　维度：月度　年度：2019　月度：3

每页显示 30 项　搜索:

KPI指标数据维护

装置	每套单元最大产能	年度	月度
1#催化	113	2019	3
1#制氢	1	2019	3
1#常减压	306	2019	3
1#柴油加氢	32	2019	3
1#气分	23	2019	3
1#汽油加氢	40	2019	3

图 8–27　KPI 指标数据维护

根据当前月份（年份）得到的（设备、装置、车间、企业）KPI 数据，与之前月份的数据形成趋势图，并设定波动标准值，当超出上下限标准值后给予推送报警进入完整性系统。

KPI 指标图形化展示、KPI 趋势分析及数据报表，如图 8–28 所示。

（7）KPI 界面展示

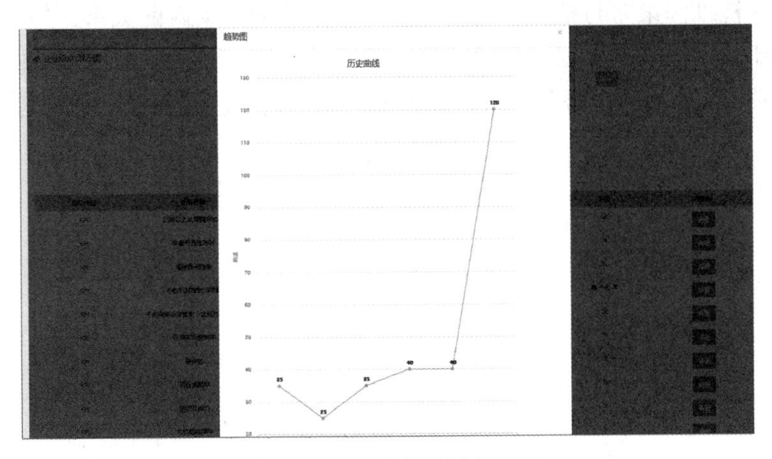

图 8–28　KPI 指标图形化展示

系统结合指标对象提供了相应的展示界面，可以根据需要浏览查看设备、装置、车间和企业级别的指标值，如 KPI 统计（企业级）、KPI 统计（专业级）、KPI 统计（车间级）、KPI 统计（装置级）、KPI 统计（设备级）、KPI 统计（设备类）。

每个 KPI 展示界面也可以选择浏览查看具体某一个设备、装置、车间对应的指标值，如图 8–29 所示。

中国石化完整性管理系统

KPI

指标　装置可靠性…

KPI级别　装置

维度　年度

年度　2019

每页显示 50 项

2019年度装置级装置可靠性指数

装置	储运和废卸设施综合当量能力	公用工程综合当量能力	单元复杂系数	大修分摊天数	日常维修天数	每套单元最大产能	考核年日历天数	结果	年度
1#催化	0	0	7.1	12	0	500	365	96.7	2019
1#制氢	0	0	3.6	7.5	0	16	365	97.9	2019
1#常减压	0	0	2.7	12	0	180	365	96.7	2019
1#柴油加氢	0	0	2	10	0.2	19	365	97.1	2019
1#气分	0	0	3.1	7	0.2	28	365	98.0	2019
1#汽油加氢	0	0	1.5	7.5	0	18	365	97.9	2019
1#焦化	0	0	6.9	10	0	20	365	97.2	2019

图 8–29　KPI 指标查询

8.41 预防性维修策略与计划管理如何管控？

（1）建立策略管理和计划管理功能，实现各类策略统一汇总管理和展示，如总部各专业制定的预防性维修策略，按策略等级分级管理，管控策略的制定、执行和优化情况，保证策略的有效性；

（2）建立检维修策略与检维修计划、定时事务等的自动匹配关系，如大修计划、消缺计划、更新计划、零购计划、月度计划、年度计划等，预防性计划策略的修改可与检维修计划等联动，减少人工操作，并提高智能应用，向智能编制检维修计划方向发展。

第 9 章　炼化企业设备完整性管理体系应用实践

9.1　武汉石化设备完整性管理体系建设历程是怎样的?

（1）2013 年 11 月，昌平会议确定武汉石化为设备完整性管理试点单位；

（2）2014 年 3 月，召开项目启动会，成立工作小组；

（3）2014 年 4 月，开展初始状态评估，多角度分析设备管理差距；

（4）2014 年 8 月，安工院完成“武汉分公司设备完整性管理体系现状评估报告”，指出 5 个管理要素与设备完整性管理体系要求有差距；

（5）2014 年 9 月至 2015 年 4 月，整改了 5 个管理要素，并对相关要素进行了管理改进与提升；

（6）2015 年 1 月，安工院基于科技部课题“基于完整性技术的设备缺陷管理系统开发”，启动武汉石化设备完整性管理信息化平台建设。

（7）2015 年 3 月至 2017 年 7 月，组织架构改革，在“设备监测防护中心”设立“设备技术支持中心”，试行“专业管理 + 区域服务”管理模式，搭建专业管理团队，建立了基于人员、技术、管理三维架构的设备完整性管理体系运行机制；

（8）2015 年 5 月，修改完善《设备完整性管理手册》，增加了 5 个管理程序、完善了 3 项管理制度，修订其他管理制度；

（9）2015 年 7 月 31 日，一体化管理手册——《质量、环境、职业健康与安全、设备完整性、能源、两化融合管理手册》发布；

（10）2015 年 7 月至 2016 年 12 月，安工院和武汉石化基于炼油事业部课题“中国石化炼油企业设备管理指标体系研究”，开展设备完整性管理绩效指标（KPI）的研究，通过设置合理的 KPI 指标，全面地对维护、维修质量、设备可靠性、维修成本、效率进行评价；

（11）2015 年 8 月至 2016 年，武汉石化设备完整性管理体系文件发布、培训并试运行；

（12）2017 年 12 月，武汉石化炼化企业设备完整性管理试点成果鉴定。

9.2 武汉石化设备完整性管理体系建设主要内容是什么？

第一阶段：现状评审

通过现状评审，指出风险管理、缺陷管理、组织机构、变更管理、绩效评估与纠正预防措施5个管理要素与设备完整性管理体系要求有差距，评估发现高风险6项、中高风险6项、中风险14项、低风险8项。风险管理未建立通用的程序来描述和管理风险，对具体风险分析方法没有进行明确和规范；缺陷管理方面未对根原因分析作出要求，没有明确的设备缺陷信息传达程序和规范；培训与文件控制等方面的技术能力还存在差距；变更管理方面没有明确变更范围和对应的管理步骤、责任人；绩效指标与完整性管理的要求有差距，不符合项分析有差距。

第二阶段：体系策划

分析企业设备管理的重要活动和关键流程，识别出对设备完整性影响较大的关键流程；针对目前企业设备管理内容与设备完整性管理体系进行对照，涵盖设备管理的实际工作要点，形成武汉石化设备完整性，管理流程整合设计有17个一级要素、55个二级要素、86个三级要素；梳理设备管理制度，形成武汉石化完整性体系文件目录及拟新增的管理程序和管理办法。增加了5个管理程序、完善了3项管理制度——设备检验、测试及预防性维修（ITPM）管理程序、设备检维修计划费用管理程序、设备缺陷管理程序、设备质量保证（QA）管理程序、设备完整性绩效管理程序以及根原因分析（RCA）管理办法、设备变更管理办法、设备风险评价及管理办法，修订了其他22项设备管理制度。在总部炼油事业部的指导下，编制《设备完整性“要素——部门”一览表》，设计了设备完整性业务蓝图。

为完善设备管理体系，适应公司发展，为设备完整性管理提供组织保障和人员保障，进一步做实基层设备管理，结合武汉石化设备管理实际情况，开展了设备管理组织架构改革，成立专家团队、专业团队、区域团队、维护团队，实行专业管理+区域服务模式，使设备管理重心下移，在片区形成区域技术中心、管理中心、成本中心。

同时，开展技术工具的集成应用，将已有的技术工具和规范管理，如以可靠性为基础的动态预防性维修（DRBPM）、SIL评估、RBI分析等，进行标准化、固化，并开发运用一些新的技术工具。

在此基础上，开发计算机程序，构建设备完整性管理平台。以“可靠性+经济性”为原则，以风险管控为中心，以业务流程为依据，以信息技术为依托，通过管理与技术的融合，高效简洁的搭建武汉石化设备完整性管理平台。

第三阶段：体系文件编写

针对武汉石化的实际，进行了武汉石化设备管理制度梳理，形成武汉石化完整性体系文件目录及拟新增的管理程序和管理办法。编制了 1 个手册、14 个程序文件、30 个操作文件的完整性体系文件。

第四阶段：体系实施与运行

经过制度梳理与完善、机构调整、人员安排、体系文件编写、工作流程和表单制定、培训等，在武汉分公司发布运行。

第五阶段：管理评审

目前，正在策划体系管理评审，制定评审准则，完成完整性体系的持续改进和完善，实现体系 PDCA 循环。

9.3　武汉石化设备完整性管理体系实施效果有哪些?

（1）紧扣专业安全，优化设备完整性管理体系。减少突发性设备故障，降低设备故障率，是设备专业安全管理对安全平稳的最大贡献。

（2）装置长周期运行创效。装置利用率提升、装置运行比例提升、年均开停工费用降低、装置运行漏损降低。武汉石化在 2012~2016 年度仅一次非设备原因造成的非计划停工，装置运行末期各项设备技术指标无明显劣化，顺利实现“软着陆”。被炼油事业部评价为综合绩效最好的一家。武汉石化 2016 年停工大检修，“八分准备、二分实施”，停得稳、修得好、开得顺，顺利实现“硬起飞”，获得工程部总经理奖重点项目奖。

（3）有效提高设备可靠性。转动设备 MTBF 从 2010 年 11 个月上升至 2017 年 43 个月；专业 SOP 编制使维护一致性增强；FEMA 分析、根原因分析的开展使得突发性故障得到显著控制，预测性维修成为主流，故障强度稳中有降；设备管理 KPI 指标大幅提升。

（4）设备管理队伍素质提升。培养了一支具有设备完整性理念的设备管理队伍。设备风险识别、设备风险管控、可靠性分析成为日常工作新常态。

（5）承包商绩效提升。设备突发故障抢修月均加班人次由 2010 年 90 人 / 月降低至 2016 年 11 人 / 月。故障抢修次数减少，承包商绩效显著提高。承包商服务宗旨由强调“三快一优”，发展为“专业规范，优质高效”。

（6）提高法律法规符合性。法规、制度、规程融入完整性体系管理，通过提示和预警，保证定时性工作的落实，从而设备使用的合规合法性得到保证。

（7）武汉石化设备完整性管理内部评审显示，各要素平均增幅达到 32.4%，其中设备缺陷管理、风险管控、设备分级管理、设备变更管理四大要素进步最为明显，增幅同比分别达到 67.5%、65.9%、55.2% 和 35.1%，设备完整性管理体系有效实施。

9.4　武汉石化设备完整性管理运用的技术工具有哪些？

（1）转动设备专业：以动态可靠性为基础的预防性维修系统 DRBPM（RCM）（2014 年投用）、DRBPM 扩展往复式压缩机子模块（RCM）（2017 年投用）、往复式压缩机能效监测功能（2017 年投用）；

（2）静置设备专业：RBI 工具应用、换热器能效监测平台（2017 年投用）、腐蚀在线监测系统（2014 年投用）、设备运行工艺环境监控系统（2015 年投用）；

（3）电气专业：基于寿命预测的预防性决策管理系统（正在调试中）、电气高压集控系统（2008 年投用）；

（4）仪表专业：仪表自控率平台（2016 年投用）；

（5）综合专业：风险矩阵（2014 年投用）、根原因分析（2017 年投用）、故障强度分析（2012 年投用）、修理费用估算（待应用）。

9.5　济南炼化设备完整性管理体系建设历程是怎样的？

（1）2015 年 4 月，开始项目准备，特检院技术人员与济南炼化进行项目总体规划和构想的交流对接；

（2）2015 年 6 月，特检院进行项目调研，明确了实施步骤和开展方式，建立了设备完整性工作团队；

（3）2015 年 8 月 ~ 9 月，特检院通过问卷调查方式对企业设备管理体系建立和运行情况进行调研，并完成问卷调查报告；

（4）2015 年 9 月 ~ 12 月，完成设备完整性管理体系评价标准的编制；

（5）2016 年 1 月，开展企业设备完整性管理第一次现场评价工作；

（6）2016 年 3 月 ~ 12 月，开展可靠性及 FMEA 技术方法应用；

（7）2016 年 6 月，开展企业设备完整性管理第二次现场评价工作；

（8）2016 年 7 月 ~ 9 月，完成企业设备完整性管理评价报告；

（9）2016 年 9 月 ~ 2017 年 11 月，完成以下工作：

编制济南炼化设备完整性管理体系手册；

编制济南炼化设备完整性管理体系程序文件；

编制设备管理过程各类工作表单等。

9.6　炼化企业设备完整性管理体系建设的进度如何安排？

炼化企业如镇海炼化、广州石化等第一批推广企业，设备完整性体系构建推广工作的实施周期为 3 年。2018 年启动，开展调研，落实初始状况评审、整体策划、体系文件建立和可靠性技术方法试点应用，做好顶层设计及启动策划工作。2019 年实施，完成管理体系文件发布和全面实施，开展完整性技术方法在成套装置的全面推广应用，做好体系宣贯及培训工作。2020 年评审，管理体系运行 1 年后，进行管理体系再评审，实施持续改进。

9.7　镇海炼化设备完整性管理体系建设的目标是什么？

企业应根据自身的特点明确设备完整性管理体系的建设目标，如镇海炼化设备完整性管理体系建设目标是“创造性开展具有镇海炼化特色的设备完整性管理体系建设，当好标杆；起点要高，从试点到示范的初心不变。”

9.8　镇海炼化设备完整性管理体系建设的建设思路是什么？

建设思路是以关键 KPI 绩效为指引，实现管理、技术与设备专业化一级管理组织架构的有机融合。建立基于风险理念、系统化管理、持续改进的全生命周期设备完整性管理体系。

9.9　镇海炼化设备完整性管理体系建设的内容包括哪些？

体系构建内容包括体系文件建立、技术方法集成应用、完整性管理信息平台搭建等内容。体系文件建立完善：在镇海炼化一体化管理手册、职责划分手册、内控管理制度等要求下，建立设备完整性管理体系文件，包括管理手册、程序文件、作业文件三个层次文件。技术方法集成应用：采用风险分析、可靠性分析等完整性管理相关技术方法，在成套装置设备全生命周期进行集成应用，从而实现技术方法与管理方法相结合的完整性管理实践。设备完整性管理信息平台搭建：在现有设备管理系统（EM 系统、腐蚀检测系统、机组状态监测系统、检修改造信息管理平台等）的基础上，通过完善系统功能、增加管理模块等方式，结合设备域健康管理平台建设，搭建具有镇海炼化特色的设备完整性健康管理信息平台。

9.10　镇海炼化设备完整性管理体系构建原则是什么？

镇海炼化设备完整性管理体系构建，要坚持“三个符合”“五个注重”的基本原则，其他专项方案制订和制度文件编制时以此为参考。

坚持“三个符合”的原则：

（1）要符合国家法律法规、标准规范和中国石化设备管理相关要求；

（2）要符合中国石化炼化企业设备完整性管理体系 V1.0 管理要求，体系结构要符合设备完整性管理体系推广实施方案和管理程序等基本管理要求；

（3）要符合镇海炼化一体化管理手册、职责划分手册、“三项制度”管理规定、文件控制程序和内控管理制度等要求，要符合镇海炼化设备专业化一级管理理念，传承镇海炼化设备管理特色，与镇海炼化设备管理发展规划相匹配。

坚持“五个注重”的原则：

（1）要注重设备管理的整体性，要涵盖镇海炼化成套装置所有设备设施的管理，根据镇海炼化设备管理实际情况，细化融入设备完整性管理体系要素，必须涵盖全部设备管理活动，具可操作性；

（2）要注重树立基于风险管理和系统化的思想，采取规范设备管理和改进设备技术的方法，体现管理规范性和技术先进性；

（3）要注重贯穿设备整个生命周期的全过程管理，包括设计、购置与制造、工程建设、投运、运行维护、设备修理、更新改造、报废处置等全生命周期管理；

（4）要注重管理与技术相结合，以整合的观点提出解决方案和措施，策划涉及设备各专业管理，包括综合、静设备、动设备、电气、仪表、公用工程、管道及其他特定设备及系统管理；

（5）要注重遵循 PDCA 循环的原则，体现设备完整性管理体系不断完善、持续改进的理念。

9.11 镇海炼化设备完整性管理体系建设的整体策划采用什么模式？

设备完整性管理体系的整体策划采用“1+N”模式，即一个整体策划方案和多个专项实施方案。专项实施方案主要包括：体系文件建设专项方案、动态分级管理专项方案、动设备专业专项方案、静设备专业专项方案、电气专业专项方案、仪表专业专项方案、信息平台建设专项方案、培训专项方案等，如表 9-1 所示。

表 9-1 镇海炼化设备完整性管理体系整体策划方案

序号	方案名称	单位	备注
1	设备完整性管理体系构建整体策划方案	综管科	总体方案
2	设备完整性管理体系构建文件建设专项方案	综管科	N
3	设备完整性管理体系构建动态分级管理专项方案	综管科	N
4	设备完整性管理体系构建静设备专业专项方案	静设备团队	N
5	设备完整性管理体系构建动设备专业专项方案	动设备团队	N
6	设备完整性管理体系构建电气专业专项方案	电气专业	N
7	设备完整性管理体系构建仪表专业专项方案	电气专业	N
8	设备完整性管理体系构建信息平台建设专项方案	信息中心 / 综管科	N
9	设备完整性管理体系构建培训专项方案	综管科	N

9.12　镇海炼化在培训方面有哪些要求？

组织开展设备完整性管理专项劳动竞赛，分层次、分阶段开展专项培训等活动，提高全员设备完整性管理意识，建立基于风险与全生命周期的设备管理理念，掌握设备完整性管理方法。

从设备完整性管理体系建设过程来看，培训主要包括：系统学习炼化企业设备完整性管理体系知识，提高设备管理人员的体系管理能力和意识；系统学习风险管理和可靠性管理技术及工程应用知识，提高专业管理人员风险管理和可靠性管理的能力；研讨典型案例，提高设备预防性维修水平和设备管理相关人员的综合能力。

9.13　镇海炼化如何树立人才强企理念，统筹规划设备专业人力资源？

一是营造敢担当、勇担责、善作为的氛围。完善机动专业人力资源培养方案及人才成长通道，建立容错、纠错机制，坚持问责调查和容错认定同步，让想干事者有机会、能干事者有舞台、干成事者有地位。二是坚持将合适的人放到合适的岗位。持续开展各层级轮岗培训、送外培训，通过建立健全培训过程考核评价机制，统一培训、调研资料管理，提升培训效果，培养复合型人才；以问题为导向，通过开展课题攻关、技术讲堂、编制培训教材等方式，提高技术人员系统性考虑问题、分析问题、解决问题能力，培养专家型技术人才，为新一体化项目设备全生命周期标准化管理等工作提供技术支持。三是完善《设备技术培训教材》的同时，开展“点菜式”上门培训服务，建立图文并茂的3D数字化教材库和考试题库，录制真人实景教学视频等措施，实现技术人员、操作人员、承包商技能培训智慧、互动、便捷，更好地掌握设备“四懂三会”等知识，引导养成上标准岗、干标准活的工作习惯。

9.14　镇海炼化如何开展设备专业规范化检查，推进全员设备管理？

镇海炼化分公司一是充分发挥设备专业化一级管理大团队优势，在全公司范围内成立由成本中心设备经理、可靠性工程师、维护工程师、维保单位等成员组成，涵盖动静电仪、设备综合等10个设备专业规范化检查小组，建立全覆盖、实时滚动的检查、整改、评价考核、提升优化闭环管理机制。通过检查统一管理思路、管理要求和工作标准，营造各运行部间的PK氛围，实现总部设备大检查模式常态化，引导全员设备管理，实现检查、培训、学习于一体，有效培养设备管理人员。二是落实设备承包责任制，督促操作、维保人员各自对照检查分工及标准进行检查，及时发现设备缺陷。

9.15 镇海炼化如何保证设备专业管理的运行？

设备专业管理是设备完整性管理体系运行的主要内容。一是通过识别和确定设备全生命周期的专业管理内容，进行设备分级管理，并将可靠性管理和风险管控作为设备专业管理的重要组成部分。二是积极开发和运用如RCM、RBI、腐蚀监控与决策信息系统、状态监测信息系统等各类先进技术工具和FMEA分析、SIL评估、寿命周期管理等先进技术方法，为设备专业管理水平的提高提供技术保障。三是设备各专业应对本专业的业务流程进行梳理，根据设备完整性管理的基本要求，结合专业管理特点，建立相应的业务流程，确保各要素落地。在现有设备专业管理的基础上，将设备完整性管理体系各管理要素的具体要求体现到各设备专业管理中。

9.16 镇海炼化体系文件编制时如何进行过程控制？

体系文件的编制是建立和保持某种管理体系的一项重要的基础工作，是将管理体系的一种显化，也是企业规范体系实施和运行，达到预期管理绩效，评价和改进管理体系，并最终实现风险控制和持续改进的依据和见证。体系文件编制时一般需要遵循法规性、系统性、适宜性、继承性等原则，即体系文件应符合相关法律法规、标准的要求，体系文件应层次清楚、接口明确、结构合理、协调有序，同时体系文件的编制和形式应充分考虑企业自身的特点、组织规模等因素，并将企业的良好管理经验、规章制度加以继承，以具有可操作性，真正能够起到指导实际工作的作用。

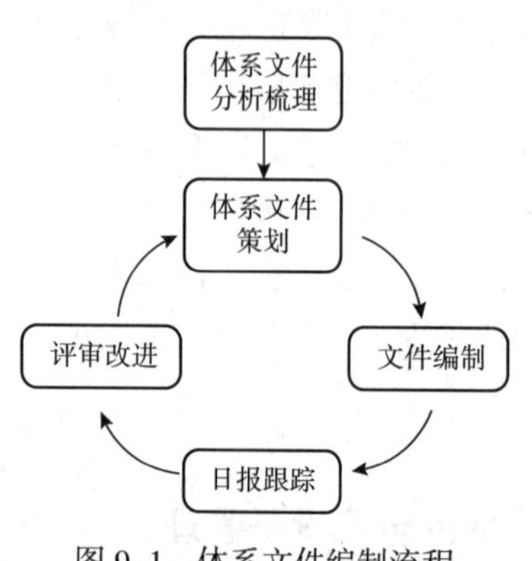

图 9–1　体系文件编制流程

设备完整性管理体系文件的编制流程可分为五个阶段：体系文件分析梳理、体系文件编制策划、文件编制、日报跟踪、评审改进，整体符合PDCA循环理论，如图9–1所示。

（1）体系文件分析梳理：企业在建设设备完整性管理体系文件初期，应首先对企业现有的设备管理相关文件进行梳理和分析，找出与体系要求之间的差距，分析是否覆盖体系管理要素，初步筛选出拟增加、删减和修订的文件清单，在梳理文件时，应按照标准的分析梳理表进行梳理，梳理内容至少包括法律法规、体系文件（制度、流程、表单）、设备KPI、岗位工作清单、技术工具。

（2）体系文件编制策划：根据分析梳理情况，策划需要制修订的体系文件，并制定体系文件编制原则，设备完整性管理体系制度文件编制时，要坚持“三个符合”和“五个注重”的“八项基本原则”。在确定文件编制原则后，应对上述八大原则进行量化识别，以显示具体的编制要求。策划时，还需确定体系文件架构，设备完整性管理手册中各要素内容的编写统一采用 P、D、C、A 四部分结构，以增强体系性思想的贯彻。

（3）文件编制：在进行设备完整性管理体系制度文件编制时，应首先填写设备完整性管理体系制度建设说明表，从 8 个方面对 8 个体系文件编制原则分别进行量化识别，并附上量化识别记录，然后根据量化识别内容编制设备管理制度文件，以确保编制的制度能够统一、规范、实效、继承和创新。在量化识别过程中，还应明确与制度相匹配的流程和表单，并作为制度内容。

（4）日报跟踪：为了确保设备完整性管理体系文件编制进度和质量受控，可建立日报跟踪机制，每天对设备完整性管理体系文件编制情况进行跟踪，以更好地管控制度编制风险，其内容一般包括总体情况、今日进展、参考资料三部分。总体情况将之前开展的所有工作展示，并附有具体内容的附件。每日更新，便于企业相关人员只需看当日的日报就可以及时了解相关进度和总体情况。参考资料主要包括策划方案、文件模板、人员分工以及其他的参考性资料。

（5）评审改进：制度编制人完成制度编写后，应向企业全员征集修改意见，修改后进行评审，评审通过后相关人员应签字确认，并经过企业领导层批准发布。发布后在运行过程中发现问题后，应转入到新的 PDCA 循环，以提升设备完整性管理体系文件的可执行性和有效性。

9.17　镇海炼化信息系统建设方案是什么?

镇海炼化建立了多层次的管理与技术相结合的设备管理信息化系统架构，分为三个层次，分别为检测层、专业层和公司层。

检测层模块包括动设备监控、静设备监控、电气设备监控、仪表设备监控、水务监控、热工监控等 6 个模块。动设备监控主要集成大机组状态监测、泵群状态监测、离线状态检测等系统数据；静设备监控主要集成在线腐蚀监测、离线腐蚀监测、特种设备检验等系统数据；电气设备监控主要集成 SCADA 监测、电气红外局放监测、离线状态检测等系统数据；仪表设备监控主要集成仪表健康管理系统、智能仪表监测、控制系统监测、离线状态检测等系统数据；水务监控主要集成循环水物料泄漏监测系统、离线分析化验等数据；热工监控主要集成汽水品质监测、离线分析化验等数据。通过建设在线实时监控、在线预知监控和离线检测有效合一的状态感知系统，实现各专业设备实时安全状态监控。

专业层按照 P（计划）、D（执行）、C（检查）、A（改进）四个部分分别设计。P（计划）主要体现 KPI 绩效引领的管理理念，以风险管控为主线，在体现指标安全性、先进性、可靠性的同时兼顾经济性，通过设置合理的设备 KPI 指标，对设备全过程管理进行有效评价，发挥 KPI 绩效对设备管理的导向作用。D（执行）主要包括基于体系的要素管理和基于 EM 的专业技术管理两部分，实现管理与技术共同驱动的管理理念，基于体系的要素管理，主要设置设备分级管理、风险管理、缺陷管理、变更管理、预防性维修、过程质量管理等要素模块，实行设备全生命周期的体系化管理，具体实施方式主要是按照要素管理内容，分专业（设备综合、动设备、静设备、电气专业、仪表专业、水务专业、热动专业）梳理和确认设备管理相关的业务流程，并将 PDCA 理念应用到具体流程中，设定标准化的表单信息，建设符合设备管理体系要求的信息化流程，实现体系化管理。基于 EM 的专业技术管理，其以 EM 为核心，按照设备全生命周期管理理念，将承包商管理、项目管理、资产管理、技术管理等进行联动，实现设备管理信息化系统与 ERP PS 模块、PM 模块、EM 系统、财务等模块的数据连通，消除信息孤岛，实现基于体系要素的系统管理。C（检查）是设备检查模块，其主要按照基于体系思维的设备规范性检查标准，通过建立标准检查流程，分为设备综合、动设备、特种设备、锅炉、加热炉、常压储罐、电气、仪表、工业水、EM 系统管理、承包商管理等 11 个专业化检查组对 D 环节的相关工作开展常态化检查，检查数据可自动统计分析、预警管理风险，并与绩效考核互相连通。通过每季度或半年循环、滚动检查，可实现月度讲评、季度或半年度分析总结，为 A（改进）环节提供改进依据。A（改进）主要是大数据的分析应用和管理总结提升，其主要分为单设备分析、装置分析、专业分析等不同层级的分析，通过整合在线、离线设备运行、状态参数，综合利用腐蚀评估、可靠性管理、大数据分析技术对设备的健康状态进行综合评估、自动报警提醒，并动态优化预防性维护和维修策略和 KPI 指标，自动进入下一个 PDCA 循环，促进设备管理提升。

公司层在专业层的基础上，按照 P（计划）、D（执行）、C（检查）、A（改进）四个部分设计。P（计划）设置关键绩效管控，可展现关键绩效指标的管理情况。D（执行）设置设备报警管控、设备缺陷管控、现场作业管控、人员分布管控、设备检查管控、费用使用管控六个模块，可以为操作人员实时监控、为管理人员提供数据比对分析、为可靠性工程师开展专业分析、为各级人员实时查看现场动态、管控缺陷提供便利。C（检查）设置体系运行管控模块，通过设置流程评价指标实现体系运行的评价和管控。A（改进）设置企业分析模块，主要从公司层面设置总结分析内容，开展必要的不符合项分析，促进管理的持续改进。通过以上功能模块的设置，可实现对管理绩效、设备运行、设备缺陷、现场作业、检查结果等管理活动的实时综合管控及展示，可以帮助各级人员进行管理决策和实时了解企业设备管理状况。

9.18 广州石化设备完整性管理体系如何与一体化管理融合？

设备完整性管理体系的建设内容涉及组织机构、制度文件、专业技术、信息系统等方面，其是企业一体化管理体系的基础体系，在构建过程中需要做好一体化融合。在具体融合方面，需要做到以下几方面的融合工作：制度文件（程序文件）、业务流程、专业技术、优秀实践（包括维保单位）、组织机构与职责、设备 KPI 指标、体系审核。在具体融合时，企业企管、人力、安环、生产、物装、工程等部门共同参与融合，如企管部门应牵头做好一体化管理手册、设备绩效指标考核、体系审核（内审、管理评审、外部审核）的融合工作，并系统识别各部门的职责分配，以满足设备完整性管理要求；安环部门应参与融合设备变更管理和设备风险管理以及相关专业安全管理制度的内容要求，并做好相关业务流程的符合性审核工作；生产部门参与设备分级中工艺相关的量化评价打分和相关的管设备管运行内容的审查等。特别的，为确保设备完整性管理体系的有效运行，需要企业总结本企业的优秀实践做法，并融合到体系文件和业务流程设计中，同时考虑维保单位的运营情况，将设备完整性管理体系要求传递到维保单位的相关要求中。

9.19　广州石化设备完整性管理体系培训是如何开展的?

根据体系建设各阶段的工作特点，策划和梳理形成炼化企业设备完整性管理总体培训方案，涵盖理念宣贯、初始状况评审、整体策划、体系文件编写与发布、体系实施与技术应用、体系审核 6 个部分。根据体系 1.0 建设的要求，配合体系建设开展不同阶段的培训工作，采用外部培训与内部培训相结合的方式，开展不同主题的培训 20 余次，受训人员超过 600 人次，极大地提高了受训人员的体系意识和思想，为设备完整性管理的建设提供了保障。除组织企业设备管理人员的专业培训外，持续定期开展相关人员的能力培训，持续提高设备管理人员的水平和能力。同时，重视设备可靠性工程师的培训，分专业开展专项培训，如开展动设备可靠性工程师培训 3 期，培训 150 人，并有 3 人取得 ISO 国际振动分析师 CAT-Ⅱ证书。

9.20　广州石化原有设备管理业务流程信息化实现存在的问题有哪些?

在设备管理信息化过程中，存在孤岛式信息化、伪信息化等现象，造成设备管理效率提升不明显，甚至不升反降。目前大部分石化企业梳理出的关于设备管理的工作流程数量基本在 200 个左右，梳理出来的流程没有规范的划分规则，大致的划分规则为按设备专业进行划分，或者按业务内容进行划分，划分后只是单纯地将线下工作实现到线上。但是由于没有很好的系统设计，带来三大弊端：①流程原样搬上线，工作效率提升有限，甚至不升反降；②检查结果、专业要求以附件形式上传，数据非结构化，后期难以利用；③各业务模块之间相互割裂，离散的分布，未形成体系，造成重复录入、重复工作问题难以解决。

9.21　广州石化设备完整性管理体系的业务流程是如何建设的?

广州石化设备完整性管理体系的业务流程建设经历了流程梳理、流程整合、流程优化、流程再造四个过程。在流程梳理时，按照动、静、电、仪、综合对照设备完整性管理要求，按要素分别梳理本专业领域的业务流程，经过初步梳理共计 308 项业务流程。

对308个业务流程按照体系要素对流程内容相近的检查类、会议类流程进行了合并，整合后为202项，按照定时事务、缺陷管理等程序文件，对流程进行了优化后为232项，在优化基础上，建立关联关系，打破了专业界面并进行系统化设计后，确定了计划费用、缺陷管理、预防性维护、预防性维修、事项跟踪、标准审批、风险管控等八个流程群组。

9.22 广州石化流程群组的设计思想是什么？

原有的设备管理业务在信息化时，按照众多流程分别实现，存在多方入口，且需要人工分别闭环，由于数据无法共享，重复工作很多，同样的数据多次输入，造成管理复杂化，管理效率难以提升。

按照流程群组的设计方法，其有以下几个特点：①采用了统一的数据提报入口，可避免多方输入；②按照业务相关性建立了以核心流程为中心的流程群组和流程群组所需的数据信息库，管理重心更突出；③建立了核心流程和附属流程一体的PDCA循环机制，实现一体式闭环管理；④附属流程相关信息可从流程群组的数据信息库中自动匹配，减少人工工作量。通过以上方式，可以实现流程整合，输入、输出数据同源，减少重复录入，实现数据共享，并减少流程闭环确认工作，管理更加高质高效。

9.23 广州石化流程群组的好处是什么？

（1）由于实现了数据统一提报入口和一体式的PDCA循环，提升了工作效率，减少了人工录入及维护工作量。以缺陷管理核心流程群组中的附属流程“压力容器月度检查”为例，原有检查模式一个企业每月需要240个工日，采用本技术后，只需80个工日。仅此一个附属流程即可节省160个工日/月，仅缺陷管理核心流程就有61个附属流程，实施后将带来巨大的工作效率提升。

（2）提升了工作质量，从个人业务变为了全员业务，流程覆盖范围更广，各流程间能够达到信息一致，解决了流程间信息不一致不匹配的问题。

（3）建立了核心流程的数据信息库，信息全面覆盖了核心流程和附属流程，解决了流程间信息孤岛的问题。

（4）由于实施了流程群组、一体化的PDCA循环，使业务关注点更加集中，过程控制更加精准高效。

9.24 广州石化缺陷流程群组是如何设计的？

原有思路是照搬线下模式，先在各检查流程录入检查数据，再将有问题数据选择进入缺陷管理流程。改进思路是流程群组模式，直接将发现的问题在缺陷流程提报，根据提报设备所属设备类自动判断进入所属的流程（根据设备类对流程进行了划分），缺陷处理结束，对应的附属流程对应数据自动关闭。其他没有问题的设备检查项，系统自动生成无问题清单。缺陷管理流程群组如图 9–2 所示。

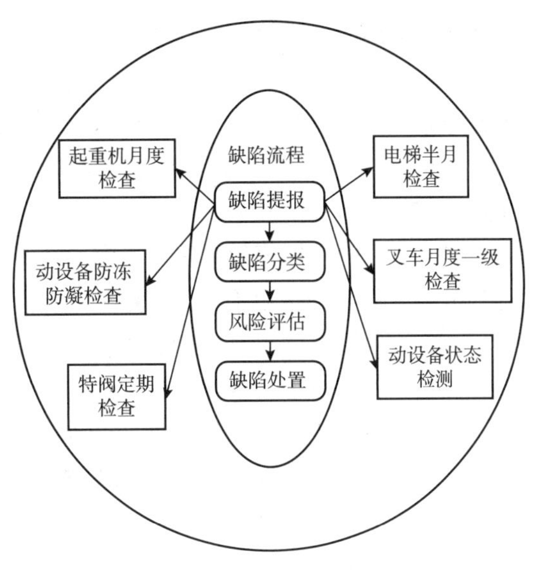

图 9–2　缺陷管理流程群组示意图

9.25　广州石化计划费用流程群组实现哪些功能?

以预防性策略为主线建设计划费用核心流程群组，根据企业制度的预防性策略可形成预防性计划、计划费用估算、计划实施执行、结算费用、费用比对分析。在智能检修方面，结合历史结算数据，总结出各装置、各类设备历年的检修项目数据，建设数据库，并与设备预防性计划、缺陷模块形成关联，创建检修计划时，结合缺陷模块及历史结算数据相关信息，生成检修计划项目信息。在费用估算方面，利用上述建设的结算数据库，创建新的计划时，匹配历史相近的结算数据信息，使用结算项目中的相关费用作为本次计划的估算费用，充分利用现代信息化大数据手段进行修理费的事前控制。在装置检修计划方面，使用建设的结算数据库，根据相关的业务规则，系统自动形成某装置的检修计划信息，并自动进行费用估算。在结算费用比对方面，系统提供实际结算费用展示功能，且提供项目估算与实际结算费用差异性分析，根据估算和实际值间的差异不断优化结算费用，避免修理费的不必要浪费。

9.26　广州石化设备完整性管理体系建设取得了哪些实效?

（1）设备事故事件管控取得长足进步。广州分公司 2018 上半年发生设备事故事件共 7 起，2019 年上半年发生设备故事事件 3 起，同比下降 57%。

（2）动设备健康管理取得良好效果。可实现实时监测设备状态、报警信息推送、快速定位到问题设备、快速故障诊断与分析，动设备检修和加班抢修次数大幅下降，降低操作人员巡检频次，优化人力资源配置，减轻了现场人员的工作量和压力。

动设备运行安全得到更好的保障；轴承更换数量和材料费用大幅下降，提升了动设备管理技术经济水平。

（3）设备运行管理水平进步明显。加热炉整体管理水平提升明显，2018 年分公司加热炉累计加权平均热效率 93.07%，比 2017 年度上升 0.44 个百分点。针对水冷器泄漏难题，广州石化开展了水冷器泄漏技术攻关。通过在日常管理强调循环水质关键指标超标预警和流速管控，引入气态烃水冷器泄漏检测仪提升水冷器查漏能力，及时排查泄漏水冷器并及时处理，避免循环水恶化；组织专题会针对15台重复泄漏水冷器逐台分析并制定更新、流程优化、材质升级等有效对策，扭转水冷器泄漏导致装置降量处理的被动局面。2019年上半年水冷器泄漏11台次，泄漏率为1.3%，低于半年度控制目标（1.5%）。

（4）装置的自控率效果提升显著。广州石化引进先进技术逐步实施装置PID参数整定工作。目前炼油区已有30套装置完成了PID参数整定功能，平均自控率达到了96%以上。通过自控率的提升，使装置操作平稳、优化，能耗降低，增产增效，产品收率提高，实现生产装置被控参数的卡边控制，降低操作工劳动强度。

（5）设备规范化标准化管理持续加强。在编制设备检修维护策略、大修计划编制指南、设备订货技术协议模板、设备检修质量验收标准等一系列成果的基础上，组织技术力量编制了《加氢装置隐蔽项目检查方法》《常减压装置隐蔽项目检查方法》，并由中国石化出版社出版发行。

9.27　沧州炼化设备完整性管理体系建设历程是怎样的?

（1）思想宣贯。2018年5月，通过“请进来讲解、走出去调研”等方式进行思想宣贯。

（2）组织策划。2018年5月，召开设备完整性管理体系建设启动会。明确体系建设重点任务，同时筹划建立了设备完整性管理组织机构，成立专家团队、可靠性工程师团队、运维团队，优化专业管理资源，确保人员架构能能够满足设备完整性管理体系需求。

2018年8月，公司总经理周庆水亲自参加集团公司《中国石化炼化企业设备完整性管理体系》V1.0版发布会，并签领了责任书，明确了设备完整性管理体系建设的工作任务和计划时间节点。

（3）开展现状评估，确定体系建设实施方案。2018年8月至12月，青岛安工院专家对沧州炼化公司进行了设备管理现状评审，识别出公司设备管理与设备完整性管理体系要求的偏差，指出设备管理的薄弱要素和环节，完成了公司设备完整性策划和实施方案。

（4）设备完整性管理体系文件的编写和发布。2019年，根据总部发布的体系文件、程序文件和定时事务，结合公司ISO 9000管理体系要求、制度建设总体思想，在青岛安工院专家的指导下、设备工程处和各相关处室专业人员的共同努力下，完成了设备完整性管理手册、程序文件、作业文件以及业务流程和信息流程编制。

2020年1月，召开了设备完整性体系文件发布会，体系正式进入实施阶段。

（5）设备完整性信息平台。2019年，共建设投用5个完整性相关信息平台。设备完整性管理信息平台、数据平台、巡检监测系统平台、RCM系统平台、自控率系统。

（6）设备技术支持中心成立。2020年1月，挂牌成立了设备技术支持中心。

9.28　沧州炼化设备完整性组织架构特点有哪些？

（1）增设班组设备员岗位，专人负责设备运维基础工作，承担了部分设备技术人员事务性工作，强化班组操作人员的设备管理意识，实现设备管理工作深入到班组，较好贯彻设备管理方针。

（2）增加了综合团队。负责整体组织协调各专业通用性事务性工作，既保证了设备工程部工作开展的系统性，又提高了各专业的工作效率，最终实现部里工作有序开展。

（3）科学设置可靠性工程师团队。可靠性工程师团队包括专业可靠性工程师和设备技术支持支持中心专职可靠性工程师，在明确分工的同时，又做到了专业技术水平的传承。目前，设备技术支持中心独立运行，总体受运行部和设备工程部的双重领导，主要负责体系文件的编写和修订、平台的运维、A、B 类设备的质量验收、技术分析等工作，强调与运行部的沟通，为运行部提供管理和技术支持，实现了“专业人干专业的事”，为设备的可靠运行提供了团队支持。

9.29　沧州炼化如何推动各团队成员职责落地？

2019 年，设备完整性工作得到了公司各级领导的大力支持。设备工程部牵头，设备副总经理参加可靠性工程师、班组设备员运行情况调研、落实“安全专业与专业安全”界限区分，完成可靠性工程师的培训和选拔。经过近一年的调研沟通、培训和考评，工作小组下设的 4 个团队成员已经到位并且开始按职责开展工作，初步实现了“专业人干专业的事”。

2020 年 1 月，挂牌成立了设备技术支持中心。设备专职可靠性工程师开始按职责开展工作，主要负责体系文件的宣贯和落实、可靠性技术分析和设备完整性信息平台的深化应用，支持中心的核心作用正在突显。

9.30　沧州炼化设备完整性信息系统设计理念及特点是什么？

设备完整性管理信息系统的系统架构分为三个层次：顶层是设备完整性管理驾驶舱，体现设备完整性管理综合输出结果，包括公司内部综合评比、关键绩效指标总体情况、各专业对标 A 类企业的差距，体现体系综合管理；中间层从要素的维度，按部门按专业展示设备分级、变更、风险、缺陷、ITPM 等 5 个关键二级要素的总体情况，体现以风险管理为核心的管理思想；下层是专业管理，以专业基础系统支撑起专业策略管理系统，通过基础数据、数据感知和其他信息的收集，通过管理工具包和技术工具包实现策略的输出，为上两层的流程化管理提供支持。

专业定时事务的实施提升工作效率；通过预防性维修策略的输出，协助专业制定预防性维修计划；通过风险管理、缺陷管理、变更管理与专业业务的集成实现设备的安全可靠运行。

9.31 沧州炼化设备完整性信息系统相关平台及其作用是什么？

（1）设备点检系统。设备点检系统实现漏检提醒、异常数据实时推送、自动生成各类报表等功能。漏检提醒可以使巡检人员按要求完成全部点检任务；异常数据实时推送能够确保设备管理及运维人员及时处理异常情况，将问题消除在萌芽状态；生成各类报表能够各级设备管理人员全面掌控设备运行状态，分析当前设备运行水平，提出改进策略。

点检系统既提高了设备巡检质量，又为完整性管理提供了大量设备运维数据。

（2）ERP达标考核平台。通过对EM系统专业业务和设备基础档案的监控，提高了检查效率，EM系统规则性和数据完善性得到了很好监控，提升了设备管理水平。

（3）数据平台。对各专业工艺运行参数的报警和设备波动率进行监控，对各运行部关键指标的执行情况进行评比和考核。通过对工艺参数的监控，随时掌控设备运行环境，对于提升设备的管理水平起到很好地促进作用。

9.32 沧州炼化设备完整性信息系统相关技术工具和巡检新技术有哪些？

（1）RCM系统。

①通过制定合理的维修策略，在保持恰当的可靠性水平和风险水平基础上，合理制定检修范围和检修周期，有效降低综合运行成本。

②利用实时数据和在线监测系统，分析确定关系变量，通过故障模式和可靠性的分析研究，及时预警设备故障，预期故障周期，及时采取措施，可减少或避免非计划停机，有效提高设备可靠性，降低运行风险。

③通过对设备运行状态分析，可以合理制定备品备件的采购和储存策略，帮助装置采购人员进行科学的设备选型，合理制定采购周期，以合理降低采购成本，提高采购效能。

④在装置持续实施RCM 3年后，通过精准维修，提高设备利用率，减少非计划停工或因设备故障造成的工艺波动、合理制定采购库存策略等。

（2）利用云端传输和手机APP技术的电池巡检仪。

该技术通过在线监测装置实时检测蓄电池内阻、温度和充放电流等信息，并将信息通过无线方式传输至阿里云，再由阿里云传输至手机APP程序，运行维护人员可通过手机远程实时了解蓄电池运行和报警情况。

（3）沧州炼化架空线监拍技术。

该技术适用于10kV~1000kV高压输电线路可视化监控和巡线，是一套针对输电线路可视化而设计的一款轻量级、便捷式安装的图像监拍装置，可通过 3G/4G/OPGW、光纤网络等将图片以定时和故障抓拍形式传输至监控中心，线路维护人员可通过电脑客户端、手机客户端、微信客户端实现远程图片浏览，便于及时发现处理线下隐患。

9.33　沧州炼化设备完整性管理特色做法有哪些？

总体思想：数据同源、数据可利用、各相关系统、各管理要素互相贯通，设备管理业务线上流转，输出结果直观反映管理问题，实现对症下药、精准施策。

（1）定时事务：以“定时定设备定人员推送、最低必须审批、数据同源化、数据结构化、缺陷问题集中输出管理、报告表单自动生成”为原则，提高工作效率，实时统计执行率，为缺陷管理提供数据支撑。

（2）设备分级管理：在平台上实现自动统计分析的功能，每月输出设备分级调整清单，同时数据源从 EM 系统直接获取，打分完毕后自动回写到 EM 系统，提高工作效率，两个系统数据实时更新、保持一致。

（3）设备变更管理：设备变更管理流程由设备工程部牵头、企管法律部、生产技术部、安全环保部参与制定，三大专业变更在完整性平台上统一管理。

设备变更管理细则是在公司生产变更安全管理的基础上制定的。综合考虑了总部的要求，同时从设备专业的角度增加了临时变更、变更后评价、设备设施重大 / 较大变更识别标准等部分内容，将设备完整性各专业沟通要求体现在管理过程中。

设备变更与风险评估子模块贯通，取风险评估模块评估结果。

（4）设备缺陷管理：

①非缺陷流程。对于管理类、制度类、现场卫生类等无缺陷分析意义的问题进入非缺陷流程，由相关单位反馈结果，自动生成表单，实现 PDCA 循环。

②缺陷流程。固定完整性平台一个登记口，一个处理流程，综合输出各种管理表单，EM 系统取数并实现自动反写，与风险评估、ITPM 流程实现贯通，全过程管理受控。

（5）ITPM 管理：通过检验检测数据、维修决策模型、监控设备的策略包输出预防性维修、预防性维护任务，并制定计划实施。

9.34　茂名石化基于华为公司最佳实践的检维修业务流程梳理和信息化试点有何成效？

茂名石化借鉴华为公司业务流程信息化建设理念和方法，完成了检维修业务全过程梳理、流程图绘制和流程说明文件编写，通过与 EM 系统、检维修费用系统、检修平台和竞价平台等系统的 10 个内外部集成，规范统一了 9 类 27 个流程模板，实现检维修业务 6 个场景的信息化管理。

9.35 茂名石化基于生产调度协同平台的缺陷闭环管理有何成效？

借助公司的生产调度协同平台，开发了生产异常反馈流程。实现了对装置现场问题从分类提报、分级审核到协同处理、进度跟踪等闭环管理。自 2014 年 10 月投用以来，共提报问题 13633 项（设备问题 11347 项），处理完成 13624 项（设备问题 11342 项），有效提升了各类缺陷问题的整治效率。

9.36 茂名石化基于 RCM 的技术应用有何成效？

茂名石化 RCM 研究从 2012 年开始，以化工分部高压聚乙烯装置、炼油分部加氢装置为试点，开发出以统计数学和 RCM 可靠性逻辑分析为基础的长周期运行决策系统。通过 RCM 分析和系统软件平台的应用，制定和优化茂名石化所有设备维修策略，形成预定的日常维修和大修任务清单，为建立科学的预防维修体系打好基础。通过威布尔分布定量分析设备维修数据，形成动态的 RCM 维修策略管理，自动计算和提醒维修计划执行，减少非计划停车，提高设备管理水平。

其中，化工分部高压车间积极推行装置设备预防性检修，有效杜绝了因设备突然故障导致装置非计划停工，通过 RCM（预防性检维修系统），提前更换了即将达到使用寿命的压缩区机过滤器滤芯、切刀、手阀，提前研磨压缩机的填料盘等 10 多项易导致装置非计划停工的设备配件。2020 年以来，高压车间制定装置杜绝非停、风险管控、隐患排查、强化培训等 200 条措施，责任到人，定期督查。车间还通过开展学习专班、班前班后五分钟组织班组员工开展非停事故案例分析、专题研讨会、现场设备培训等，不断提升全员设备管理水平，实现非计划停车次数同比下降 30%，质量产品质量指数（CPK）连续 3 个月在中国石化总部排名第一。

9.37 茂名石化基于 TPM 的理念推广和实践有何成效？

TPM 管理以设备自主维护、故障根原因分析、检修现场 5S 管理工作为抓手，有效促进全员重视设备管理，为实现设备高效、稳定、长周期、低成本运行夯实基础。一是班组人员通过设备自主维护工作，提高了“四懂三会”能力和设备管理意识，如设计新式机泵轴承箱呼吸阀及轴承箱油位标识、增加重要电机操作柱防误碰保护设施、规范各类标识提高巡检效率等充分体现了班组人员参与设备管理。其中新式轴承箱呼吸阀已推广至各装置 1600 余台机泵，新式轴承箱油位标识已推广至各装置 3300 余台机泵。二是专业技术人员开展故障根原因分析，采用故障树工具分析故障原因，逐级细化，最终确定故障发生的根本原因并采取有效措施，从根源上减少、避免同类及相似故障的再次发生，提高设备可靠性。三是检修现场推行 5S 管理，实现检修现场标准化。定置管理与可视化管理相结合，确保施工材料、工器具摆放整齐提效率、保安全，消除领料差错保质量，减少余料浪费降成本。

9.38　茂名石化在探索建设智能工厂过程中构建基于装置工程级三维模型的应用平台有何成效？

在苯乙烯、环氧乙烷、2# 裂解等装置，利用工程级三维数字化技术，构建现实物理工厂的虚拟镜像。设备模型粒度精细到螺栓、垫片级别，管线几何尺寸误差小于 10mm，有效地提升设备精细化管理程度，提高检维修工作效率，降低设备维修维护成本。2019 年 8 月环氧乙烷装置大修期间，三维应用平台达 1028 次访问量，有效提高了大修计划编制的时间。借助于三维应用平台，设备精细化管理水平大幅提升，从而为高效提报检维修材料数量、准确核验施工工程量和有效减少库存积压提供可靠手段，基本可以实现大修材料提报零差错。

9.39　茂名石化持续自主治理装置数据，夯实设备完整性管理数据基础有何成效？

为夯实设备完整性管理的数据基础，以环氧乙烷和渣油加氢装置数字化建设为契机，编制了企业级的数字化交付标准，提早介入设计审查、员工培训、台账建立等工作。同时，采用“数字化资产中心”工具软件，通过同构化、关联、校验等自动化手段，持续治理、发布统一的、以设备对象为中心的高质量数据，正在开展对 3693 条管道焊缝信息收集工作，截至 2020 年 6 月已完成 94442 道焊缝信息收集，为设备完整性体系建立、运行、管理夯实数据基础，同时大幅降低基层员工数据录入负担。

第 10 章　设备完整性体系评审细则

10.1　设备完整性管理体系评审目的是什么？

确定企业所建立的设备完整性管理体系是否符合标准的要求，是否符合设备完整性管理的计划安排，是否符合法规要求，是否被适当地实施和保持，是否满足企业的方针和目标的有效性，以确保设备完整性关系体系的持续符合性、充分性和有效性。

10.2　设备完整性管理体系评审范围及内容是什么？

企业在建立并实施设备完整性管理体系之后，按照体系规范要求开展设备完整性管理体系审核。该审核是完整性体系实施初始状况评审、整体策划、体系文件编写和审查、体系文件发布和体系实、审核和管理评审五个步骤中的最后一步。该审核可以与企业的其他管理体系的审核联合进行。本方法提到的审核分为两种：内部审核，企业对自身进行的设备完整性审核；第二方审核，上级部门对企业进行的审核。体系审核范围主要是企业设备完整性管理体系文件和管理体系运行情况两个方面，审核的范围覆盖管理体系的所有要素，但是审核的时候往往是抽样。体系审核的主要内容包括但不局限于以下内容：

（1）企业是否按中国石化炼化企业设备完整性管理体系要求建立了设备完整性管理体系。

（2）企业使用的设备完整性管理体系是否充分有效，即覆盖和控制了企业全部设备管理活动。

（3）设备方针、目标和计划的实现程度；

（4）适用法律法规、标准的合规性评估结果；

（5）设备风险评估结果，整改措施跟踪情况；

（6）设备管理绩效指标及趋势；

（7）事件、故障、不符合调查结果，纠正和预防措施的执行情况；

（8）设备完整性管理活动及体系运行审核结果；
（9）以前管理评审的后续措施；
（10）改进建议。

10.3　设备完整性管理体系评审依据是什么？

（1）设备管理适用的法律、法规、标准；
（2）中国石化炼化企业设备完整性管理体系文件；
（3）中国石化设备管理相关制度；
（4）评审企业设备完整性管理体系文件；
（5）评审企业设备管理相关制度。

10.4　设备完整性管理体系评审原则是什么？

（1）全面性原则：全面检查体系的运行情况，审核范围覆盖体系运行的各个部门，审核检查内容包括中国石化炼化企业设备完整性管理体系中所有要素。

（2）符合性原则：体系的管理内容是否与企业设备管理业务相符合。

（3）有效性原则：体系是否按照中国石化炼化企业设备完整性管理体系文件的规定在运行，并达到所设定的设备管理方针和目标的程度。

（4）适宜性原则：体系与企业设备管理实际的适宜情况，以实现规定的设备管理方针和目标。

（5）充分性原则：体系对企业全部设备管理活动覆盖和控制的程度，即体系的完善程度。

10.5　设备完整性管理体系评审步骤是什么？

（1）确定任务。审核应明确审核范围和审核准则，根据审核范围确定工作量和任务的大小。如是例行审核可按审核方案，如是追加审核则要明确目标和受审的部门或要素。每次审核还要明确审核准则，任务确定后要按程序由管理者代表批准下达。

（2）审核准备。建立合格的审核队伍才能保证审核的质量，审核需要合格、称职的审核员，因此，培训审核是一项重要的工作。应在企业的各部门内选择一批熟悉企业的业务、专业技术、管理流程、设备知识和管理知识（二方审核则应有相关有经验的管理人员和设备专家组成）；了解设备管理的法律、法规、标准规范；有一定的学历和工作经验、有交流表达能力和正直的人员进行培训。所有经过培训的审核员需经考核合格后由组织领导正式任命，授予其进行审核的权力。

由管理者代表指定审核组长和批准内部审核组人员的组成，二方审核则由委托方相关负责人指定。审核组长负责编制审核计划并分配审核组成员。审核组成员应进行文件预审，包括管理手册、程序文件、支持性文件、相关法律、法规、标准等有关文件。在审阅文件的基础上，审核组成员应编制检查表并经组长审批后实施。审核计划日程表确定后应及时通知受审部门，并请受审部门确定发言人及陪同人员并安排首末次会议参加人员。

（3）现场审核。审核组应准时到达审核现场，召开一次正式的首次会议，说明审核的目的、范围、准则和方法。如果是例行审核，而且是对一个部门进行审核这种首次会议可适当简化。现场审核应是客观的、独立的和公正的，就是应以事实为依据，以标准或其他文件的规定为准绳，收集客观证据做出公正判断。现场审核方法主要是通过查阅文件、记录、面谈和现场观察三种方式。如发现不符合，要按规定填写不符合报告，并请受审核方对事实表示认可签字。现场审核以末次会议结束。在末次会议上，审核方应报告审核发现，宣读不符合报告和宣布审核结论。在末次会议后还应要求受审核方提出纠正措施计划。

（4）编写审核报告。审核组长应参照规定的内容和格式编写审核报告，报告应经管理者代表审定后通过体系管理部门下达给受审部门。

（5）审核汇总分析。审核组长应根据审核小组成员的审核记录和报告，汇总编写一份全面的审核报告并分析体系运行的有效性和符合性。同时应与上次内审的情况做比较，评价其进步情况，以判断体系是否符合持续改进的精神。

（6）纠正措施的跟踪。体系管理部门应组织审核人员对受审核及纠正计划和措施的落实情况进行跟踪验证。应对各部门纠正措施的情况加以汇总分析，并将结果上报给最高领导层，作为管理评审的依据之一。

10.6　设备完整性管理体系评审工具和方法是什么？

（1）审核工具：审核表。

根据中国石化炼化企业设备完整性管理体系文件的相关要求，编制体系评审表，企业内审应结合自身设备完整性管理体系的相关要求进行策划。

（2）审核方法：文件查阅、现场调查及人员访谈等，具体形式包括但不局限于：

①与公司管理层、现场管理人员和操作人员进行面谈；

②与承包商作业人员进行面谈；

③查看设备管理文件及相关的文档记录；

④查看相关技术图纸和资料；

⑤到作业现场查看相关设施、设备；

⑥到作业现场观察正在进行的作业活动；

⑦对相关的设备设施进行测试等。

10.7　炼化企业设备完整性管理体系评审表编制原则是什么?

（1）炼化企业设备完整性管理体系审核方法的制定，遵循体系审核，同时体现中国石化设备管理特色，兼顾中国石化设备检查的要求。该方法以后成为第二方、第三方审核的标准。

（2）体系审核以炼化企业设备完整性管理体系（V1.0 版）要素为主线，重点突出 6 大要素要求，兼顾设备专业管理。

（3）按照《中国石化炼化企业设备完整性管理体系文件》（阶段汇编）要求，体现设备管理 KPI 绩效、设备分级管理、缺陷管理、预防性工作策略、定时性工作等内容。

（4）按照要素整体要求，遵循 PDCA 循环，细分检查内容，同时涵盖中国石化设备管理专业要求。

（5）按照设备完整性管理体系要求，确定关键要素，设置关键要素否决项，决定体系符合性。

10.8　炼化企业设备完整性管理体系评审题库主要来源是什么?

（1）以设备大检查的题目为基础，将设备大检查的综合管理、特种设备、加热炉、锅炉、常压储罐、动设备、电气设备、仪表设备、工业水 9 个专业整合为综合管理、静设备、动设备、电气设备、仪表设备 5 个专业。

（2）全面增加《中国石化炼化企业设备完整性管理文件（阶段汇编）》中的内容（分值占 60% 以上）：

①炼化企业设备分级管理程序；

②炼化企业设备缺陷管理程序；

③炼化企业预防性工作策略（转动设备、静设备、电气、仪控）；

④炼化企业定时性工作表；

⑤炼油企业设备完整性管理体系绩效指标（KPI）数据采集要求。

10.9　炼化企业设备完整性管理体系评审问项设置汇总情况如何?

见表 10-1。

表 10-1　设备完整性管理体系评审问项设置汇总

	综合	静设备	动设备	电气设备	仪控设备	合计
问项数	77	89	93	75	82	416
问项数权重	18.51%	21.39%	22.36%	18.03%	19.71%	100.00%
分值	216	256	284	268	268	1292
分值权重	16.72%	19.81%	21.98%	20.74%	20.74%	100.00%

10.10　炼化企业设备完整性管理体系评审问项设置明细情况如何？

见表 10–2。

表 10-2　设备完整性管理体系评审问项设置明细

一级要素	二级要素	综合管理			静设备			动设备			电气设备			仪控设备		
		问题数	分值	分值权重	问题数	分值	分值权重	问题数	分值	分值权重	问题数	分值	分值权重	问题数	分值	分值权重
5 领导作用	5.1 领导作用和承诺	5	11	5.1%	3	8	3.1%	2	3	1.1%	2	8	3.0%	2	8	3.0%
	5.2　管理方针	1	2	0.9%												
	5.3 组织机构、职责和权限	4	17	7.9%	2	6	2.3%	3	6	2.1%	2	4	1.5%	2	4	1.5%
6 策划	6.1 法律法规和其他要求	2	5	2.3%	4	16	6.3%	2	9	3.2%	1	6	2.2%	1	6	2.2%
	6.3　管理目标	2	5	2.3%	3	12	4.7%	2	8	2.8%	1	4	1.5%	1	4	1.5%
	6.4 风险管理策划	2	5	2.3%												
7 支持	7.1 资源	2	5	2.3%												
	7.2 能力	2	5	2.3%	3	9	3.5%	3	12	4.2%	3	8	3.0%	3	10	3.7%
	7.3 意识	1	2	0.9%	1	4	1.6%									
	7.4 沟通	3	5	2.3%	2	6	2.3%				1	4	1.5%	1	4	1.5%
	7.5 培训	1	3	1.4%	3	10	3.9%	3	9	3.2%	6	22	8.2%	4	14	5.2%
	7.6 文件和记录	5	13	6.0%	5	13	5.1%	2	9	3.2%	7	26	9.7%	4	14	5.2%

续表

一级要素	二级要素	综合管理			静设备			动设备			电气设备			仪控设备		
		问题数	分值	分值权重	问题数	分值	分值权重	问题数	分值	分值权重	问题数	分值	分值权重	问题数	分值	分值权重
8 运行	8.1 设备分级管理	4	9	4.2%	4	13	5.1%	4	16	5.6%	4	20	7.5%	4	20	7.5%
	8.2 风险管理	1	8	3.7%	4	11	4.3%	3	8	2.8%	5	10	3.7%	3	10	3.7%
	8.3 过程质量管理	14	32	14.8%	20	51	19.9%	13	42	14.8%	5	24	9.0%	12	36	13.4%
	8.4 检验、测试和预防性维修	2	7	3.2%	11	26	10.2%	8	18	6.3%	13	58	21.6%	19	62	23.1%
	8.5 缺陷管理	5	15	6.9%	4	11	4.3%	7	21	7.4%	4	14	5.2%	4	14	5.2%
	8.6 变更管理	1	4	1.9%	3	8	3.1%	2	8	2.8%	3	8	3.0%	5	14	5.2%
	8.7 外部控制	3	5	2.3%				1	2	0.7%						
	8.8 定时事务	2	6	2.8%	4	16	6.3%	20	38	13.4%	4	14	5.2%	4	12	4.5%
	8.9 专业管理				6	13	5.1%									
	8.10 技术管理							1	3	1.1%	1	4	1.5%	1	4	1.5%
9 绩效评价	9.1 监视、测量、分析和评价	8	23	10.6%	3	7	2.7%	7	37	13.0%	5	16	6.0%	5	16	6.0%
	9.2 内部审核															
	9.3　管理评审															
10 改进	10.1 不符合和纠正预防措施	5	22	10.2%	3	14	5.5%	9	27	9.5%	8	18	6.7%	7	16	6.0%
	10.2 持续改进	2	7	3.2%	1	2	0.8%	1	8	2.8%						
总计		77	216	100.0%	89	256	100.0%	93	284	100.0%	75	268	100.0%	82	268	100.0%

10.11　炼化企业设备完整性管理体系评审表结构是什么?

见表 10-3。

表 10-3　设备完整性管理体系评审表结构

检查要素			序号	评审问题	评审标准					标准分	重要度（高、中、低）	实际分值	评审描述	评审意见	备注
一级要素	二级要素	三级要素			检查标准（子项分值）	检查方法	检查数量	检查单位	资料清单						
5 领导作用	5.1 领导作用和承诺		1	主管设备的经理的设置情况	企业有主管设备的经理得 1 分，分管得 0.5 分	查阅文件资料	100%	设备经理	公司领导职责分工的正式文件	1	中				
			2	机械、电气、仪表专业的设备副总工程师（或首席专家）设置情况	3 个专业均有公司级设备副总工程师（或首席专家）得 3 分，2 个得 2 分，1 个得 1 分	查阅文件资料	100%	设备经理	公司级设备副总工程师、首席专家任命文件	3	中				
			3	年度 / 月度设备工作例会	1. 企业未召开年度机动工作例会扣 1 分，主管领导未参与扣 0.5 分，主要领导未参会扣 0.5 分；2. 主管（分管）领导参加月度设备例会不少于 6 次，每少 1 次扣 0.5 分，扣完为止	查阅会议纪要	100%	设备管理部门	1. 年度机动工作例会纪要 2. 月度设备例会纪要 6 份	2	中				
			4	主管领导参与关键会议情况	1. 主管领导参与设备大检查、系列装置停工检修会等设备管理专项工作会议 5 次及以上得 2 分 2. 主管领导参与设备大检查、系列装置停工检修会等设备管理专项工作的会议 3 次及以上得 1 分 3. 主管领导参与设备大检查、系列装置停工检修会等设备管理专项工作的会议 3 次以下得 0 分	查阅会议纪要	提供 5 次会议纪要	设备管理部门	设备大检查、系列装置停工检修会会议纪要	2	中				
			5	监督、督促重大设备风险管控的排查、整改	1. 访谈分管设备的副总经理，对企业重大设备风险、设备专业总体管理情况，对照检查的情况，视情扣 2 分； 2. 访谈设备管理部门领导，对企业重大设备风险、设备专业总体管理情况，对照检查的情况，视情扣 1 分	访谈企业分管设备的副总经理和设备管理部门主要领导	100%	设备管理部门		3	高				
	5.2 管理方针		1	企业有设备方针，并与企业方针的内涵保持一致，指导制定设备目标	1. 企业无设备方针扣 2 分； 2. 设备方针与企业方针或设备目标脱节扣 1 分	查阅文件资料	100%	设备管理部门	《设备完整性管理体系管理手册》	2	中				

第 11 章　设备完整性管理体系相关标准与规范

11.1　T/CCSAS 004—2019《危险化学品企业设备完整性管理导则》的制定目的是什么？

指导危险化学品企业建立并实施设备完整性管理体系，保证设备在物理上和功能上是完整的，处于安全可靠的受控状态，符合其预期的功能和用途，提高设备安全性、可靠性、维修性和完好性，从而避免危险化学品泄漏、中毒、火灾、爆炸等生产安全事故或环境污染事件的发生，保证满足企业“安、稳、长、满、优”运行的要求，为实施危险化学品过程安全管理奠定基础。

11.2　T/CCSAS 004—2019《危险化学品企业设备完整性管理导则》的适用范围是什么？

《危险化学品企业设备完整性管理导则》规定了危险化学品企业方针和目标，组织机构、资源、培训和文件控制，设备选择和分级管理，风险管理，过程质量保证，检查、测试和预防性维修，缺陷管理，变更管理，检查和审核，持续改进等设备完整性管理要素的管理要求。适用于危险化学品企业静设备、转动设备、电气设备、仪表设备、加热设备、安全及消防设施等所有影响完整性管理的设备。其他企业和生产经营单位的设备管理可参照执行。

11.3　T/CCSAS 004—2019《危险化学品企业设备完整性管理导则》的内容结构是什么？

包括 1 范围、2 规范性引用文件、3 术语、定义和缩略语、4 设备完整性管理体系要求、附录和参考文献。其中 4 设备完整性管理体系要求细分为 4.1 总则、4.2 方针和目标、4.3 组织结构、资源、培训和文件控制、4.4 设备选择和分级管理、4.5 风险管理、4.6 过程质量保证、4.7 检验、测试和预防性维修、4.8 缺陷管理、4.9 变更管理、4.10 检查和审核、4.11 持续改进。附录包括附录 A 设备完整性管理要素与企业设备管理活动对照示例、附录 B（资料性附录）设备完整性管理各岗位职责示例、附录 C 风险管理技术说明、附录 D 压力容器和管道完整性管理活动示例。

11.4 T/CCSAS 004—2019《危险化学品企业设备完整性管理导则》中对于组织机构、职责和资源有什么要求？

企业应建立相应的设备完整性管理组织机构，并对其职责和权限做出明确规定。

企业应确定与设备完整性管理相关的职能和层次，以及从事管理、技术和操作人员的职责和权限，形成文件并传达给相关人员。

企业各级管理者应确保为设备完整性管理体系的建立、实施和体系持续改进提供必要的人力、物力和财力资源。

企业应针对设备完整性管理各专业的需求，组织建立技术专家团队，及时并有效地处理重要设备完整性管理活动的风险评估及解决方案、管理策略建议。

11.5 T/CCSAS 004—2019《危险化学品企业设备完整性管理导则》中对于法律法规和其他要求有什么规定？

企业应建立、实施并保持程序，以识别和获取适用于本企业设备完整性管理的法律法规和其他要求，并及时更新。

企业应确保设备完整性管理体系遵循适用法律法规和其他要求，向管理、技术和操作人员以及其他相关方及时传达，并定期评价对适用法律法规和其他要求的遵守情况。

11.6 T/CCSAS 004—2019《危险化学品企业设备完整性管理导则》中人员能力和意识评估有什么要求

企业应系统开展设备完整性管理的能力和意识评估，识别设备管理培训需求、落实培训计划及评价培训有效性等，确保从事设备完整性管理、技术和操作人员必须经过培训，取得相应资质，具备所需的技能和经验。

11.7 T/CCSAS 004—2019《危险化学品企业设备完整性管理导则》中在培训方面对于培训计划和实施有什么要求？

企业应建立和实施设备完整性管理培训计划，以满足以下要求：

（1）使员工了解完整性管理设置和员工的具体角色和责任；

（2）评估员工在其岗位职能上的相关潜在风险；

（3）确保员工工作岗位变动时得到及时培训；

（4）为承担风险评价、可靠性分析、缺陷响应、变更管理等特定设备完整性管理角色的员工，提供相应的内部或外部培训、持续性培训。

11.8　T/CCSAS 004—2019《危险化学品企业设备完整性管理导则》中在培训方面对于培训效果的验证和记录有什么要求？

企业应建立员工设备管理、技术水平及操作技能培训效果的验证标准。培训效果验证可采用多种方法：笔试、演示及现场实操等。

企业应记录每个员工的培训需求和培训完成情况。培训记录应包括培训日期、效果验证方式及验证结果等。

11.9　T/CCSAS 004—2019《危险化学品企业设备完整性管理导则》中对于承包商培训有什么要求？

企业应确保与设备完整性管理活动相关的承包商接受必要的技能和知识培训。在做好入厂培训的同时，应审查承包商的培训计划及完成情况。企业应对从事特种作业的承包商进行相关资质审查。

11.10　T/CCSAS 004—2019《危险化学品企业设备完整性管理导则》中对于文件和记录有什么要求？

企业应建立和实施设备完整性管理体系文件，这些文件至少包括设备完整性管理手册、程序文件、作业文件，并与企业的一体化体系文件保持一致。相关文件按规定进行控制，确保现行有效。

企业应建立、保存和更新设备全生命周期的基础信息和文件记录，逐步建立设备完整性数据库，实现数据统一管理，并通过技术分析、工作月报、工作简报、信息化平台、掌上电脑、办公自动化等，主动开展设备数据统计分析工作。

企业应建立针对完整性基础数据管理的相应考核评价办法，实现对数据管理工作的检查和考核。

11.11　T/CCSAS 004—2019《危险化学品企业设备完整性管理导则》中对于设备选择和分级管理有什么要求？

企业应依据设备完整性管理目标的要求，结合设备实际危害程度，综合考虑合规性、安全环保性、经济性和可靠性等因素，确定纳入设备完整性管理的设备范围。根据设备类型明确完整性管理的内容，原则上包括设备全生命周期的风险管理，过程质量保证，检验、测试和预防性维修，缺陷管理，变更管理等。

企业应对设备实行分级管理，确定管理内容的详略程度，合理配置资源。按照设备在生产过程中的重要性和可靠性、发生故障的危害性来确定设备等级，按照关键设备、主要设备、一般设备进行分级管理，明确管理权限，落实管理职责，并根据设备检修、或装置改扩建及其他情况，及时对设备分级进行审定。

11.12 T/CCSAS 004—2019《危险化学品企业设备完整性管理导则》中对于风险管理有什么要求？

企业应建立风险管理程序，在设备全生命周期的各阶段识别风险并评价其影响因素、后果及可能性，对风险进行分类分级，并对已识别的设备风险及时管控，确保其在可接受的水平。

11.13 T/CCSAS 004—2019《危险化学品企业设备完整性管理导则》中对于过程质量保证有什么要求？

企业应识别设备全生命周期的过程质量管理活动，建立相应的过程质量保证程序和控制标准，以满足相关法律、法规、标准、技术规范、企业规定等文件的要求，确保设备系统性能可靠、风险和成本得到有效控制。具体的对前期管理（设计与选型、购置与制造、安装施工、设备投运）、使用维护、设备修理、更新改造、设备处置、备品配件、供应商、承包商提出了具体要求。

11.14 T/CCSAS 004—2019《危险化学品企业设备完整性管理导则》中对于检验、测试和预防性维修有什么要求？

企业应建立并保持设备检验、测试和预防性维修（简称 ITPM）管理程序，在设备日常专业管理的基础上，识别、制定并实施设备检验、测试和预防性维修任务，提高设备的可靠性，确保设备的持续完整性。

企业应组建设备、工艺、操作、检维修、工程、腐蚀、可靠性、承包商等多专业人员的 ITPM 任务选择工作组，收集整理设备相关信息，确定不同类型设备的 ITPM 任务和工作频率，并制定每台设备的工作计划。企业应组织车间、检维修及维保单位，在日常巡检、运行维护、停工检修等期间执行 ITPM 任务，妥善管理延期任务，定期优化工作计划和任务频率、人员职责。

11.15　T/CCSAS 004—2019《危险化学品企业设备完整性管理导则》中对于缺陷管理中缺陷识别与评价有什么要求？

企业应建立缺陷识别与评价标准，依据标准在设备全生命周期各阶段识别、评估设备缺陷，按其对设备完整性影响程度进行分类分级管理。

设备缺陷识别主要来源于设备监造、出厂验收、入库检验、安装验收、ITPM、使用操作、风险评估、维护检修等环节。缺陷评价可采用合于使用性评价（FFS）技术。

11.16　T/CCSAS 004—2019《危险化学品企业设备完整性管理导则》中对于缺陷响应与传达有什么要求？

企业应根据缺陷对安全、生产、经济损失的影响程度建立缺陷响应办法，依据响应的紧急程度对缺陷做出响应，包括以下内容：

（1）通报可能受影响的上、下游装置或其他相关方；

（2）制定（临时）措施，并通过审批；

（3）实施和跟踪（临时）措施；

（4）明确（临时）应急措施的终止条件。

缺陷响应情况应及时传达给相关部门和人员，包括设备管理人员、操作人员、检维修人员、供应商或服务商等。

11.17　T/CCSAS 004—2019《危险化学品企业设备完整性管理导则》中对于缺陷消除有什么要求？

企业应根据技术规范和标准，通过修复、更换、进行合于使用评价等措施对设备缺陷进行处置，并对处置结果进行确认。通过失效分析、技术改造等手段，消除设备故障和隐患；针对临时措施，利用停工检修或计划外停工等机会进行彻底消除。

11.18　T/CCSAS 004—2019《危险化学品企业设备完整性管理导则》中对于变更管理有什么要求？

企业应对变更进行分类分级管理，对设备变更过程进行管控，消除风险，防止产生新的缺陷。设备变更分为一般变更、较大变更和重大变更。具体的对变更申请、变更评估、变更审批、变更实施、变更关闭提出了详细要求。以下变更应纳入设备变更管理的范围但不仅限于此：

（1）企业架构、相关方（如管理人员、服务人员）或职责发生变更；

（2）管理方针、目标或计划发生变更；
（3）设备管理活动的过程或程序发生变更；
（4）设备本身材质、结构、用途、工艺参数、运行环境的变更；
（5）引入新的设备、设备系统或技术（含报废或退役）；
（6）外部因素变更（新的法律要求和管理要求等）
（7）供应链约束导致变更；
（8）产品和服务需求、承包商或供应商变更；
（9）资源需求变化（人员、工机具、场所等）。

11.19 T/CCSAS 004—2019《危险化学品企业设备完整性管理导则》中对于检查和审核有什么要求？

企业应建立、实施和保持检查和审核的管理程序，检查和监测设备状态和管理绩效，明确检查和审核工作流程和内容，对不合格项进行调查并采取纠正预防措施。

11.20 T/CCSAS 004—2019《危险化学品企业设备完整性管理导则》中对于持续改进要素中设备事故管理有什么要求？

企业应建立设备事故管理程序，明确职责和权限，处理和调查设备事故事件。设备事故发生后，基层单位（业务单元）应按照管理程序立即逐级上报设备管理部门，并采取相应的应急措施。企业应按照管理程序及时开展设备事故调查工作，调查分析事故发生的管理原因和技术方案、操作规程缺陷等技术原因。通过根原因分析明确事故发生的直接原因、管理原因和根本原因。

11.21 T/CCSAS 004—2019《危险化学品企业设备完整性管理导则》中对于持续改进要素中绩效评估有什么要求？

绩效指标包括目标指标实现情况、关键任务和计划的进度、设备关键特性指标。绩效指标分为被动指标和主动指标，设备被动绩效指标涉及设备故障导致的火灾、爆炸、泄漏、人身伤害、非计划停车等，设备主动绩效指标涉及设备安全性、设备可靠性、设备效率、成本能效等。企业应设置年度目标值，并进行月度、半年、年度绩效指标的监测。

为了收集和分析与绩效评估测量有关的数据，企业应推行在线数据采集、自动统计分析等信息系统，数据分析应包括所有必需的运算或数据处理并追踪结果以寻找趋势，特别是负面趋势（如检维修任务延期、设备检验计划延期数量增长）。对分析的负面趋势应指定负责人进行原因分析，采取纠正预防措施。

企业应根据自身设备管理的复杂程度、风险和其他相关要求等情况，制定量化的绩效指标并定期进行评估。

11.22 ISO 9001 质量管理体系如何发展的?

ISO 9000 族标准是国际标准化组织（ISO）于 1987 年颁布的在全世界范围内通用的关于质量管理和质量保证方面的系列标准。1994 年，国际标准化组织对其进行了全面的修改，并重新颁布实施。2000 年，ISO 对 ISO 9000 系列标准进行了重大改版。2015 年，ISO 对 ISO 9000 系列标准又进行了一次重大改版。

ISO 9001 是由全球第一个质量管理体系标准 BS 5750（BSI 撰写）转化而来的，ISO 9001 是迄今为止世界上最成熟的质量框架，全球有 161 个国家 / 地区的超过 75 万家组织正在使用这一框架。ISO 9001 不仅为质量管理体系，也为总体管理体系设立了标准。它帮助各类组织通过客户满意度的改进、员工积极性的提升以及持续改进来获得成功。

进入 21 世纪，信息化发展步伐日渐加速，很多企业重构信息化实现了自身核心竞争力的助力，质量管理信息系统已经在汽车、电子等行业全面应用和推广，为 ISO 9001 质量管理体系的电子化提供了平台支撑，并嵌入标准的 QC 七大手法、TS 五大手册、质量管理模型，为 ISO 9001 质量管理系统数字化成为可能。

11.23 ISO 9001 质量管理体系的最新结构是什么?

国际标准化组织（ISO）针对环境、质量、信息安全、职业安全等健康管理等多个领域发布了管理体系标准。这些管理体系拥有许多共同要素，但其结构各不相同，导致了相关标准制定后的实施阶段出现了一些混乱和困难，为了解决这个问题，质量管理体系 2015 年改版时推出了高阶结构。高阶结构包括适用范围、规范性引用文件、术语和定义、组织环境、领导作用、策划、支持、运行、绩效评价、改进十个部分，见图 11–1，

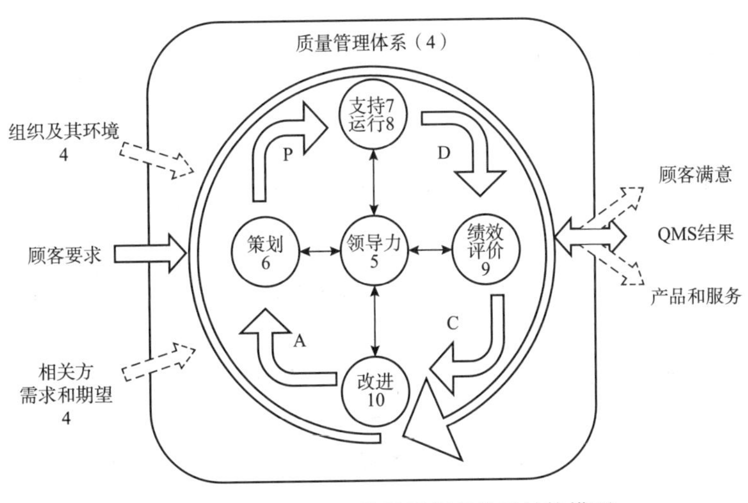

图 11–1 基于 PDCA 的质量管理体系结构模型

其增强了不同管理体系标准的兼容性和符合性。对于实施多体系的组织来说，为各体系的有效整合提供了一个便利的机会。由于采用高阶结构后每个标准的结构框架、论述方向是一致的，整合起来更加容易。

11.24 ISO 9001质量管理体系由哪些要素构成？

质量管理体系由适用范围、规范性引用文件、术语和定义、组织环境、领导作用、策划、支持、运行、绩效评价、改进十个一级要素组成，其中，4组织环境包括4.1理解组织及其环境、4.2理解相关方的需求和期望、4.3确定质量管理体系的范围、4.4质量管理体系及其过程。5领导作用包括5.1领导作用和承诺、5.2方针、5.3组织的岗位、职责和权限。6策划包括6.1应对风险和机遇的措施、6.2质量目标及其实现的策划、6.3变更的策划。7支持包括7.1资源、7.2能力、7.3意识、7.4沟通、7.5成文信息。8运行包括8.1运行的策划和控制、8.2产品和服务的要求、8.3产品和服务的设计和开发、8.4外部提供的过程、产品和服务的控制、8.5生产和服务提供、8.6产品和服务的放行、8.7不合格输出的控制。9绩效评价包括9.1监视、测量、分析和评价、9.2内部审核、9.3管理评审。10改进包括10.1总则、10.2不合格和纠正措施、10.3持续改进。

11.25 GB/T 32167《油气输送管道完整性管理规范》适用于什么范围？

GB 32167《油气输送管道完整性管理规范》于2015年10月颁布，2016年3月1日实施，标准规定了油气输送管道完整性管理的内容、方法和要求，包括数据采集与整合、高后果区识别、风险评价、完整性评价、风险消减与维修维护、效能评价等内容。标准适用于遵循GB 50251或GB 50253设计，用于输送油气介质的路上钢质管道的完整性管理。不适用于站内工艺管道的完整性管理。

11.26 GB/T 32167《油气输送管道完整性管理规范》由哪些要素构成？

油气输送管道完整性管理规范包括1范围、2规范性引用文件、3术语和定义、4一般要求、5数据采集与整合、6高后果区识别、7风险评价、8完整性评价、9风险消减与维修维护、10效能评价、11失效管理、12记录与文档管理、沟通和变更管理、13培训和能力要求及附录。其中，5数据采集与整合包括5.1数据采集、5.2数据移交、5.3数据存储与更新。6高后果区识别包括6.1识别准则、6.2高后果区识别工作的基本要求、6.3高后果区的管理、高后果区识别报告。7风险评价包括7.1评价目标、7.2评价方法、7.3评价流程、7.4风险可接受性、7.5风险再评价、7.6报告。8完整性评价包括8.1评价方法及评价周期、8.2内检测、8.3压力试验、8.4直接评价方法、8.5其他评价方法、8.6适用性评价、8.7管道继续使用评估。9风险消减与维修维护包括9.1日常管理与巡护、9.2 缺陷修复、9.3 第三方损坏风险控制、9.4 自然与地质灾害风险控制、9.5 腐蚀风险控制、9.6 应急支持、9.7 降压运行。12 记录与文档管理、沟通和变更管理包括 12.1 记录与文档管理、12.2 沟通、12.3 变更管理。附录包括附录 A 完整性管理数据采集清单、附录 B 提交数据表结构、附录 C 潜在影响区示意图、附录 D 管道完整性管理相关报告的内容、附录 G 管道泄漏频率统计和推荐可接受标准、附录 H 内检测类型和检测用途、附录 I 内检测典型性能规格、附录 J 缺陷类型与评价标准适用性对照表、附录 K 不同类型缺陷修复方法、附录 L 管道失效事件信息统计表、附录 M 管道完整性管理培训大纲。

11.27　资产管理体系系列标准包括哪些?

ISO 55000/GB/T 33172—2016 资产管理　综述、原则和术语

ISO 55001/GB/T 33173—2016 资产管理　管理体系　要求

ISO 55002/GB/T 33174—2016 资产管理　管理体系　GB/T 33173 应用指南

11.28　ISO 55001/GB/T 33173—2016《资产管理管理体系　要求》的适用范围是什么?

ISO 55001/GB/T 33173—2016《资产管理　管理体系　要求》给出了资产管理体系在组织环境下的要求，适用于所有类型的资产和所有类型及规模的组织。旨在管理实物资产，但也可用于其他类型的资产。不规定财务、会计或技术方面针对特定类型资产的要求。

11.29　ISO 55001/GB/T 33173—2016 由哪些要素组成?

2016 年，我国等同采用 ISO 55001：2014 颁布了 GB/T 33173《资产管理　管理体系　要求》，适用于所有类型企业的资产管理，具体阐明了建立、实施、保持和改进用于资产管理的管理体系的要求，在标准结构上采用了 ISO 高阶结构。包括引言、1 范围、2 规范高校引用文件、3 术语和定义、4 组织环境、5 领导力、6 策划、7 支持、8 运行、9 绩效评价、10 改进、附录 A 资产管理活动方面的信息、参考文献。其中，4 组织环境包括 4.1 理解组织及其环境、4.2 理解相关方的需求和期望、4.3 确定资产管理体系的范围、4.4 资产管理体系。5 领导力包括 5.1 领导力与承诺、5.2 方针、5.3 组织的角色、职责与缺陷。6 策划包括 6.1 资产管理体系中应对风险与机遇的措施、6.2 资产管理目标和实现目标的策划。7 支持包括 7.1 资源、7.2 能力、7.3 意识、7.4 沟通、7.5 信息要求、7.6 文件化信息。8 运行包括运行的策划与控制、8.2 变更管理、8.3 外包。9 绩效评价包括 9.1 监视、测量、分析与评价、9.2 内部审核、9.3 管理评审。10 改进包

括 10.1 不符合和纠正措施、10.2 预防措施、10.2 持续改进。

11.30 资产管理体系中应对风险与机遇的措施中有什么要求？

组织应考虑 4.1 中涉及的事项与 4.2 中涉及的要求，并确定风险与机遇。从而实现下述目标：确保资产管理体系能够实现其预期结果，避免或减少非预期影响；实现持续改进。

组织应策划：a）应对风险和机遇的措施，并应考虑到这些风险如何随时间而变化；b）如何在资产管理体系过程中整合并实施这些措施；评估这些措施的有效性。

11.31 资产管理体系如何实现资产管理目标的策划？

组织应实现资产管理目标的策划纳入组织其他策划活动中，包括财务、人力资源和其他支持职能等。

组织应建立、形成和保持资产管理计划，以实现资产管理目标。资产管理几乎应与资产管理方针和 SAMP 相一致。

组织应确保资产管理计划考虑到资产管理体系以外的相关要求，在策划如何实现资产管理目标时，组织应确定一下内容并形成文件：

（1）决策方法、决策准则以及各种活动与资源的优先级，以实现资产管理计划和资产管理目标；

（2）在全寿命周期内管理资产并采用的过程和方法；

（3）做什么；

（4）所需资源；

（5）谁来负责；

（6）完成时间；

（7）如何评估结果；

（8）资产管理计划的适当时间范围；

（9）资产管理计划对财务和非财务方面的潜在影响；

（10）资产管理计划的评审周期；

（11）应对与资产管理有关的风险和机遇的措施，并应考虑到这些风险与机遇如何随时间而变化。这些措施可以通过下述过程得以实现：识别风险和机遇、评估风险和机遇、确定资产在实现资产管理目标方面的重要程序、对风险和机遇实施适当处理和监视。

组织应确保其风险管理方法（包括应急计划）考虑到资产管理有关的各种风险。

11.32　资产管理体系中对于信息有什么要求？

组织应确定用于支持资产、资产管理、资产管理体系以及实现自治目标的信息要求，为实现这一目标：

（1）组织应考虑：已识别风险的重要性；资产管理的角色和职责；资产管理的过程、程序和活动；与相关方（包括服务供应商）进行的信息交换；信息的质量、可用性和管理对组织决策的影响；

（2）组织应确定：已识别信息的属性要求；已识别信息的质量要求；收集、分析和评价信息的方式和时机；

（3）组织应规定、实施和保持信息管理的过程；

（4）对于整个组织范围内与资产管理有关的财产和非财务术语的一致性，组织应确定要求；

（5）组织应确定财务、技术数据和其他相关非财务数据间的一致性、可追溯性，并且在考虑相关方要求和组织目标的情况下满足法律和法规上的要求。

11.33　运行的策划与控制有什么要求？

组织应策划、实施和控制所需的过程以满足要求，并实施 6.1 所确定的措施、6.2 所确定的资产管理计划和 10.1 与 10.2 所确定的纠正措施和预防措施，具体如下：

为所需过程建立相应的准则；按照准则对过程实施控制；保存必要的文件化信息，对过程按计划实施提供相应的证明和依据；应用 6.2.2 所描述的方法来处理和监视风险。

11.34　变更管理有什么要求？

任何影响资产管理目标实现的计划内变更，无论其是永久的还是临时的，由此带来的相关风险应在变更实施前进行评估。组织应确保按照 6.1 和 6.2.2 所述的方式来管理风险。组织应控制计划内的变更、评审变更所带来的非预期后果，必要时采取措施以减轻不利影响。

11.35　对于外包有什么要求？

组织将任何对实现其资产管理目标有影响的活动外包时，应评估其风险，组织应确保外包的过程和活动得到控制。

组织应确定并记录这些活动如何得到控制且整合到组织的资产管理体系中，组织应确定：a）将被外包的过程和活动（包括被外包的过程和活动的范围和边界，以及与组织自身的过程和活动的接口）；b）组织内管理外包过程和活动的职责和缺陷；c）组织及其承包服务供应商之间共享知识和信息的过程和范围。在外包任何活动时，组织应确保：被外包的资源满足7.2、7.3和7.6的要求；按照9.1的要求监视被外包活动的绩效。

11.36 对于监视、测量、分析和评价有什么要求？

组织应确定：a）需要监视和测量的内容；b）适用时，监视、测量、分析和评价的方法，以确保结果有效；c）何时执行监视和测量；d）何时分析和评价监视及测量结果。

组织应针对下述方面进行评价与报告：资产绩效、资产管理绩效，包括财务和非财务绩效；资产管理体系的有效性。

组织应就管理风险和机遇的过程的有效性进行评估与报告。组织应保留适当的文件化信息作为监视、测量、分析和评价的结果的证据。组织应确保其监视和测量能使其满足4.2的要求。

11.37 对于内部审核有什么要求？

组织应按策划的时间间隔进行内部审核，以提供信息来辅助确定资产管理体系是否：a）符合组织自身对资产管理体系的要求；本标准的要求；b）得到了有效的实施与保持。

组织应：a）策划、建立、实施和保持审核方案，包括频次、方法、职责、策划要求和报告等。审核方案应考虑到相关过程的重要性和以往的审核结果；

b）确定每次审核的准则和范围；

c）选择审核员和实施审核，以确保审核过程的客观性和公正性；

d）确保向相关的管理层汇报审核结果；

e）保留文件化信息作为审核方案实施的结果和审核结果的证据。

11.38 对于管理评审有什么要求？

最高管理者应按策划的时间间隔评审组织的资产管理体系，以确保其持续的适应性、充分性和有效性。

管理评审应考虑：a）以往管理评审后所采取措施的状态；b）与资产管理体系相关的内部和外部事项的变更；c）资产管理绩效方面的信息，包括下述趋势：不符合和纠正措施，监视和测量结果；审核结果；d）资产管理活动；e）持续改进的机会；f）风险和机会方面的变更。

管理评审的输出应包括与持续改进机会有关的决策和对资产管理体系进行变更的任何要求。组织应保留作为管理评审证据的文件化信息。

11.39　ISO 55002/GB/T 33174—2016《资产管理　管理体系 GB/T 33173 应用指南》的作用是什么？

与 GB/T 33173 中的要求统一，是用于资产管理的管理体系的应用指南，包含解释 GB/T 33173 中规定的各种要求所需的解释性文字并提供用于辅助实施的各种示例。本标准不提供管理具体资产类型的指南。

参考文献

[1] Center for Chemical Process safety. 机械完整性管理体系指南［M］. 刘小辉，许述剑，方煜等译 . 北京：中国石化出版社，2016

[2] Center for Chemical Process safety. 资产完整性管理指南［M］. 刘小辉，许述剑，屈定荣等译 . 北京：中国石化出版社，2019

[3] GB/T 33172—2016 资产管理　综述、原则和术语（ISO 55000）

[4] GB/T 33173—2016 资产管理　管理体系　要求（ISO 55001）

[5] GB/T 33174—2016 资产管理　管理体系　GB/T 33173 应用指南（ISO 55002）

[6] GB/T 19001—2016 质量管理体系　要求

[7] GB/T 24001—2016 环境管理体系　要求

[8] GB/T 28001—2011 职业健康安全管理体系　要求